高等职业教育"互联网+"创新型系列教材

数字电子技术与应用

主 编　李　鹏

副主编　李爱玲　郭美丽

参　编　徐守正　梁树先　黄　彬　张　静

机械工业出版社

本书以项目化的形式组织编写，包含了数字逻辑运算、逻辑门电路的功能与电气特性、组合逻辑电路、典型中规模集成电路的应用、时序逻辑电路、常用触发器、计数器的应用、定时与脉冲电路等内容。本书融入了智能电子产品的设计与开发、集成电路技术相关的技能大赛和技能证书考核标准，配套了丰富的学习资源，为读者呈现了较为全面的数字电子技术内容与测试案例。

本书将理论与实践充分融合，以 Proteus 仿真设计与测试为主，兼顾实验实训设备测试、实际电路制作训练，从逻辑思维建立到电子产品制作测试，旨在达到培养技术技能人才的目的。本书也可作为学习 Proteus 仿真、参加电子技术相关技能大赛和考取证书的参考资料。

本书可作为高等职业院校、职业大学电子信息类、通信类、自动化类等专业的教学用书，也可作为相关工程技术人员的参考用书。

为方便教学，本书配有电子课件、电子教案、巩固与提高答案、模拟试卷及答案等多种教学资源，凡选用本书作为授课教材的教师，均可通过 QQ（2314073523）咨询。

图书在版编目（CIP）数据

数字电子技术与应用 / 李鹏主编 . -- 北京：机械
工业出版社，2025.5. --（高等职业教育"互联网+"创
新型系列教材）. -- ISBN 978-7-111-77473-0

Ⅰ. TN79

中国国家版本馆 CIP 数据核字第 2025K15G22 号

机械工业出版社（北京市百万庄大街 22 号　邮政编码 100037）
策划编辑：曲世海　　　　　　责任编辑：曲世海　赵晓峰
责任校对：张亚楠　李　杉　　封面设计：马若濛
责任印制：李　昂
涿州市殷润文化传播有限公司印刷
2025 年 9 月第 1 版第 1 次印刷
184mm×260mm · 16.5 印张 · 423 千字
标准书号：ISBN 978-7-111-77473-0
定价：49.80 元

电话服务　　　　　　　　　　网络服务
客服电话：010-88361066　　　机　工　官　网：www.cmpbook.com
　　　　　010-88379833　　　机　工　官　博：weibo.com/cmp1952
　　　　　010-68326294　　　金　书　网：www.golden-book.com
封底无防伪标均为盗版　　机工教育服务网：www.cmpedu.com

前　言

党的二十大报告指出："统筹职业教育、高等教育、继续教育协同创新，推进职普融通、产教融合、科教融汇，优化职业教育类型定位。加强基础学科、新兴学科、交叉学科建设，加快建设中国特色、世界一流的大学和优势学科。"我国在实现中华民族伟大复兴的进程中，已进入高质量发展阶段，现代制造业、新一代信息技术、战略性新兴产业等领域需要大量高素质技能型人才。"数字电子技术"是电子信息类专业的一门重要的技术基础课，对后续学习计算机技术、单片机技术、嵌入式技术、集成电路技术、CPLD/FPGA技术等多门课程十分重要。它既是培养复合型、创新型、发展型技术技能人才的基础，也是促进职业院校学生提升学历层次，实现职普融通的基础。职业院校电子与信息、装备制造等大类专业的各专业，如应用电子技术、电子信息工程技术、机电一体化技术、计算机应用技术、集成电路技术等专业都需开设该课程，以加强专业基础，促进各专业、学科知识的交叉融汇。

数字电子技术发展很快，教学的内容和方式也随之快速变化。本书由国家高职骨干校、优质校、"双高"计划建设院校烟台职业学院与杭州朗迅科技股份有限公司、广州风标教育技术股份有限公司等企业合作开发。根据教育部对现代高等职业教育的要求，结合职业院校技能大赛"智能电子产品开发与设计""集成电路开发及应用"赛项的规程及集成电路开发与测试"1+X"证书标准，对传统"数字电子技术"课程进行项目化改造，融合了电子仿真技术、集成电路设计、应用与测试等相关技术。本书包含 7 个项目，每个项目包含若干个任务。每个任务的知识与操作都是完成本任务必需的知识，体现了学以致用，理论适度够用，重点培养学生的分析设计能力和电路制作能力，坚持培养学生的实践操作能力。本书采用 Proteus 仿真软件对学生后续学习单片机技术、嵌入式技术及Arduino 等技术有直接的帮助。

为方便读者对照阅读和理解，本书仿真图均保留书中所用仿真软件 Proteus 所生成的图形。

在本书的编写过程中，全体编者通力合作与辛勤付出，同时得到杭州朗迅科技股份有限公司和广州风标教育技术股份有限公司多位技术专家的帮助，在此向所有编者及为本书提供帮助的各界专家表示衷心的感谢。

由于编者水平和经验有限，书中难免有错漏与不妥之处，欢迎广大读者批评指正。

编　者

目　录

项目 1

三人多数表决器电路的设计、仿真与制作

项目要求

请使用数字逻辑电路设计一个三人多数表决器电路，要求每人控制一个表决按钮，同意表决事项则按下按钮，不同意则不操作按钮，表决结果用一个绿色 LED 灯表示。在不记名表决时，如多数人同意，则点亮 LED 灯；否则，LED 灯不亮。请设计该表决器电路并进行仿真测试，完成电路制作。

项目目标

项目分为 4 个任务，通过本项目的实施达到如下目标。

知识目标：

1. 理解模拟信号 / 电路、数字信号 / 电路的概念与特点。
2. 熟练掌握逻辑代数的基本运算、公式、规则及卡诺图的化简方法。
3. 熟练掌握表示逻辑问题的 5 种形式及相互转换的方法。
4. 理解逻辑门电路的逻辑功能和电气特性参数。
5. 熟知组合逻辑电路设计与分析的步骤与方法。
6. 初步了解 Proteus 仿真软件的功能与基本操作。

能力目标：

1. 能正确区分数字电路与模拟电路，并正确选用不同电路的分析方法。
2. 能熟练应用逻辑代数的基本运算、公式、规则进行逻辑问题的分析、化简。
3. 能顺利地进行简单逻辑问题的表示，能实现 5 种逻辑表示方法的转换。
4. 能根据设计需要和工作环境及电气特性正确选用集成门电路。
5. 能进行简单组合逻辑电路的分析和设计。
6. 会使用 Proteus 软件绘制简单电路并进行仿真分析。
7. 会使用实训室设备进行数字电路搭建并会使用仪表进行参数和逻辑功能测试。

素质目标：

1. 初步建立数字化逻辑思维，增强唯物辩证思维能力。
2. 培养对现实问题的客观认识及缜密的逻辑分析能力。

3. 提升对新知识、新技能的探索精神和求知欲，增强自学能力、独立思考判断能力。

4. 培养不断探究，不怕失败，挑战困难，精益求精的工匠精神和永攀科学高峰的勇气。

5. 培养电路安全操作意识。

任务 1.1　初探数字殿堂，认识数字逻辑

任务要求

通过研读教材、查询网络、观看配套学习资源，初步学习数字逻辑电路的基本概念和逻辑代数的基本公式、定理、规则等，并撰写介绍数字电路的小论文，开展逻辑代数应用竞赛，建立起数字逻辑的基本认知。

知识目标：

1. 了解数字信号 / 电路、模拟信号 / 电路的特点。

2. 掌握脉冲波形的主要参数。

3. 掌握各种进制的相互转换方法。

4. 认识常用二进制代码。

5. 掌握基本逻辑门电路的逻辑功能。

6. 掌握复合逻辑运算方法。

7. 掌握逻辑代数的基本公式和规则。

能力目标：

1. 能正确区分数字信号与模拟信号、数字电路与模拟电路。

2. 能正确进行各种进制数值的转换。

3. 能进行十进制数与 BCD 码的转换。

4. 能应用基本逻辑表示简单逻辑问题。

5. 能运用逻辑数学知识对逻辑问题进行化简。

6. 能借助参考资料、书籍、网络等手段查询并整理、筛选有价值的信息，并能撰写小论文。

实践建议

1. 教师搜集与电子生产、数字化设备相关的视频资料在课堂上与学生分享并进行讲解和讨论。教师展示有关脉冲及参数的课件或动画资料，让学生对此有直观的认识和理解。教师组织学生阅读教材并布置通过查阅图书资料和上网搜索获取资料，撰写关于数字电子技术发展和应用的小论文。

2. 教师组织学生自学和互助学习逻辑代数的知识并给予指导。当学生基本掌握逻辑代数知识以后，组织一次公式法化简和一次卡诺图化简的小组竞赛。每次竞赛设置题目分和速度分，竞赛完成后与学生一起批改并讲解竞赛试卷，最后评出成绩并给予点评。

知识与操作

1.1.1　数字电路的基本概念

1. 数字电路与模拟电路

在近代电子工程中，按照所处理信号的形式，通常将电子电路分成两大类：模拟电路

和数字电路。

模拟信号（Analog Signal）通常是指模拟物理量的信号形式，在时间上及数值上都是连续的，可以在一定范围内任意取值，如图 1-1a 所示。模拟电路是以模拟信号作为研究对象的电路，主要分析输入、输出信号在频率、幅度、相位等方面的不同，如交、直流放大器（AC、DC Amplifier）、信号发生器（Signal Generator）、滤波器（Filter）等。在模拟电路中，晶体管（Transistor）工作在放大状态。

数字信号（Digital Signal）是指时间上和数值上都是离散的信号。它们的变化在时间上是不连续的，数值大小和增减变化都以数字的形式表示，如图 1-1b 所示。

数字电路是处理数字信号并能完成数字运算的电路，在电子计算机、通信设备、自动控制、雷达、家用电器、汽车电子等许多领域得到了广泛的应用。在数字电路中，电压或电流通常只有两个状态，用逻辑 1 和逻辑 0 表示。数字信号通常是以 0、1 符号序列来表示的。数字电路输入与输出的 0、1 符号序列间的逻辑关系便是数字电路的逻辑功能。因而，数字电路也可认为是实现各种逻辑关系的电路，也称为逻辑电路。

数字电路通常由逻辑门、触发器、计数器及寄存器等逻辑器件构成。数字电路分析的重点已不再是输入、输出波形间的数值关系，而是输入、输出序列间的逻辑关系。数字电路的一般结构框图如图 1-2 所示，其输入与输出的信息及控制与操作的变量都是数字信号。数字电路中含有对数字信号进行传送、逻辑运算、控制、计数、寄存、显示及信号的产生、整形、变换等不同功能的数字器件。

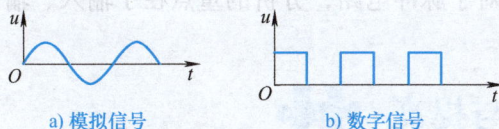

a) 模拟信号　　　b) 数字信号

图 1-1　模拟信号与数字信号

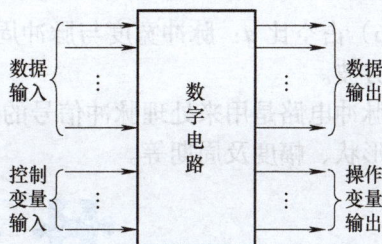

图 1-2　数字电路一般结构框图

数字电路的分析和设计采用的主要方法是逻辑分析和逻辑设计，数学工具是逻辑代数，基本分析方法与表示形式有真值表、逻辑表达式、波形图（也称为时序图）、卡诺图、逻辑符号（电路图）。常用的设计仿真软件有 EWB（Electronics Workbench）、Multisim、Proteus 等。数字电路的制作与测试中常用的仪器仪表有数字电压表、电子示波器、逻辑分析仪、万用表等。

2. 数字电路的特点

1）工作信号是二进制数字信号，在时间上和数值上是离散的，反映在电路上就是低电平和高电平两种状态（即 0 和 1 两个逻辑值）。

2）电路中晶体管工作于开关状态，对组成数字电路的元器件精度要求不高，只要在工作时能够可靠地区分 0 和 1 两种状态即可。

3）抗干扰能力强，可靠性和准确性高。

4）集成度高，通用性强，保密性好，电路设计、维修灵活方便。

5）在数字电路中研究的主要问题是电路的逻辑功能，即输入信号和输出信号状态之间的关系，遇到的问题是逻辑电路的分析与设计，数学工具主要是逻辑代数。

3. 脉冲信号及其参数

脉冲信号是指一种持续时间极短的电压或电流波形。从广义上讲，凡不具有连续正弦形状的波形，几乎都可以称为脉冲信号。

相对于零电平或其他基准电平，幅值为正的脉冲称为正脉冲，反之则为负脉冲。

理想的矩形脉冲突变部分是瞬时的，但实际上，脉冲电压从零值跃升到最大值，或从最大值降到零值，都要经历一定的时间，如图 1-3 所示。

矩形脉冲的主要参数有以下几个。

1）脉冲幅度 V_m：一个脉冲电压波从底部到顶部之间的数值大小。

2）脉冲上升时间 t_r：脉冲从 $0.1V_m$ 上升至 $0.9V_m$ 所经历的时间。

3）脉冲下降时间 t_f：脉冲从 $0.9V_m$ 下降至 $0.1V_m$ 所经历的时间。

4）脉冲宽度 t_w：脉冲的持续时间。通常取脉冲前、后沿 $0.5V_m$ 的时间间隔作为脉冲宽度。

图 1-3　矩形脉冲实际波形及其参数

5）脉冲周期 T：一个周期性的脉冲序列，两相邻脉冲重复出现的时间间隔称为脉冲周期 T。其倒数为脉冲频率 f，即 $f = 1/T$。

6）占空比 q：脉冲宽度与脉冲周期之比称为占空比，$q = t_w/T$。占空比 $q=1/2$ 的矩形波即为方波。

脉冲电路是用来处理脉冲信号的电路。对于脉冲电路，分析的重点在于输入、输出波形的形状、幅度及周期等。

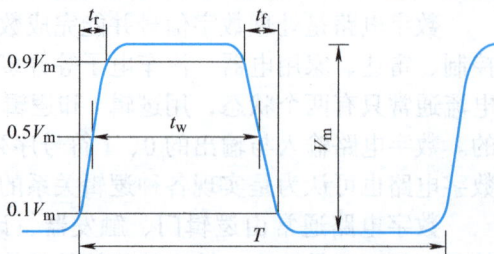

巩固与提高

1. 知识巩固

1-1　模拟信号的显著特点是_____，模拟电路主要分析输入、输出信号的_____、_____、_____等参数。

1-2　数字信号的显著特点是_____，它用逻辑_____和逻辑_____表示。数字电路是实现各种逻辑关系的电路，也称为_____电路。

1-3　某矩形波信号的频率是 10Hz，1s 的时间内高电平的累计时间是 0.3s，该矩形波的占空比是_____。

2. 能力提高

课下各学习小组利用图书资料和网络资料整理一篇小论文，主题是数字电路的发展、应用、特点及展望，同学间进行交流与展示。

1.1.2　表示与使用逻辑

1. 数制及其相互转换

（1）常用数制　数制就是计数的制度，进位计数制是按照进位的方式进行计数的制度。日常生活中常用的数制是十进制，数字电路及设备中使用的数制是二进制，在技术文

档和书籍材料中为了便于表示二进制而经常使用八进制和十六进制。除此之外，还有计时用的十二进制、二十四进制、六十进制等多种数制。

进位计数制的三要素是数据元素、基数、权重。

1）数据元素就是构成一种进制所使用的计数符号，如十进制中使用 0，1，2，…，9 这 10 个元素来计数；十六进制中使用 0～9、A、B、C、D、E、F 这 16 个元素，见表 1-1。

2）基数就是一种进位计数制逢几进一。如十进制的基数是 10，二进制的基数是 2，见表 1-1。

3）权重是指每种进位计数制中不同位置的元素所代表的数值，在 N 进制中，其整数部分从最低位向高位看，权重依次是 N^0，N^1，N^2，…，N^m；其小数部分从小数点后最高位向低位看，权重依次是 N^{-1}，N^{-2}，N^{-3}，…，N^{-k}，此处 m 和 k 均为正整数或 0，见表 1-1。例如，十进制的 111，3 个不同位置的"1"所代表的值是不同的，最后一个"1"代表的是 1，也即一个 10^0；中间位的"1"代表的是 10，即一个 10^1；最高位的"1"代表的是 100，即一个 10^2。

在表示不同进制的数据时，可以用 $(M)_N$ 的形式表示，括号中的 M 是 N 进制的数值，下标 N 是基数。也可以用字母 D 表示十进制、B 表示二进制、O 表示八进制、H 表示十六进制，见表 1-1。

表 1-1　常用数制的三要素比较

数制	数据元素	基数	权重	举例
十进制	0、1、2、3、4、5、6、7、8、9	10	10^n（n 是整数）	$(111)_{10}$，0.123D，3.321D
二进制	0、1	2	2^n（n 是整数）	$(101)_2$，0.1001B，10.01B
八进制	0、1、2、3、4、5、6、7	8	8^n（n 是整数）	$(754)_8$，567O，3.567O
十六进制	0～9、A、B、C、D、E、F	16	16^n（n 是整数）	$(1A2)_{16}$，3C2DH，1.AH

任何一个数值都可以写成数据元素乘以权重然后求和的形式，这种表达式称为按权展开式，如：

$$(5555)_{10}=5 \times 10^3+5 \times 10^2+5 \times 10^1+5 \times 10^0$$

$$(209.04)_{10}=2 \times 10^2+0 \times 10^1+9 \times 10^0+0 \times 10^{-1}+4 \times 10^{-2}$$

由此可以推广出，任意一个 N 进制数 $(a_m a_{m-1} \cdots a_3 a_2 a_1 a_0 . a_{-1} a_{-2} \cdots a_{-k})_N$，其按权展开式为

$$(a_m a_{m-1} \cdots a_3 a_2 a_1 a_0 . a_{-1} a_{-2} \cdots a_{-k})_N$$
$$=a_m \times N^m+a_{m-1} \times N^{m-1}+\cdots+a_3 \times N^3+a_2 \times N^2+a_1 \times N^1+a_0 \times N^0+a_{-1} \times N^{-1}+a_{-2} \times$$
$$N^{-2}+a_{-3} \times N^{-3}+\cdots+a_{-k} \times N^{-k}$$

$$=\sum_{i=-k}^{m} a_i \times N^i \quad（k、m \text{ 为正整数或 } 0）$$

因此，二进制数的按权展开式如下，并可进一步计算出对应的十进制数：

$(101.01)_2=1 \times 2^2+0 \times 2^1+1 \times 2^0+0 \times 2^{-1}+1 \times 2^{-2}$

　　　　　　$=4+0+1+0+0.25$　（此式中数字均为十进制，为方便，一般不加括号和下标）

　　　　　　$=(5.25)_{10}$

八进制数的按权展开式如下：

$(207.04)_8=2 \times 8^2+0 \times 8^1+7 \times 8^0+0 \times 8^{-1}+4 \times 8^{-2}$

$$=128+0+7+0+0.0625$$

$$=(135.0625)_{10}$$

十六进制数的按权展开式如下：

$$(D8.A)_{2}=13 \times 16^{1}+8 \times 16^{0}+10 \times 16^{-1}$$

$$=208+8+0.625$$

$$=(216.625)_{10}$$

由此可见，按权展开式可以将任意进制的任何数转换成十进制数。这是非十进制数转换成十进制数的通用方法。

（2）不同进制数的相互转换

1）非十进制数转换成十进制数。非十进制数转换成十进制数的统一做法就是根据按权展开式进行计算。如二进制数 $(1001.111)_{2}$ 转换成十进制数：

$$(1001.111)_{2}=1 \times 2^{3}+0 \times 2^{2}+0 \times 2^{1}+1 \times 2^{0}+1 \times 2^{-1}+1 \times 2^{-2}+1 \times 2^{-3}=(9.875)_{10}$$

2）十进制数转换成非十进制数。一个十进制数转换成任意 N 进制数（非十进制数），整数部分和小数部分要分别进行转换。整数部分采用短除法，小数部分采用短乘法。

短除法：用十进制整数除以目标进制的基数，取出余数，一直进行到商 0 为止，所得余数倒序排。简记为：除基取余，直至商为 0，余数倒排。

【例 1-1】将 $(43)_{10}$ 转换成二进制、八进制、十六进制数。

解：十进制整数转换成二进制、八进制、十六进制数采用短除法，如下：

2	43	
2	21	……1
2	10	……0
2	5	……0
2	2	……1
2	1	……0
	0	……1

8	43	
8	5	……3
	0	……5

16	43	
16	2	……11
	0	……2

因此，$(43)_{10}=(101011)_{2}$；43D=$(53)_{8}$；43D=$(2B)_{16}$。

转换成十六进制数时，余数为 10 ～ 15，要用对应的 A ～ F 表示。

短乘法：用十进制小数乘以目标进制的基数，取出整数，一直进行到满足精度要求为止，所得整数正序排列。简记为：乘基取整，直至足精，整数正排。

【例 1-2】请将 $(0.875)_{10}$ 转换成二进制、八进制、十六进制数。

解：用短乘法将十进制小数转换成二进制、八进制、十六进制数，如下：

	0.875	
×	2	
	1.75	……1
	0.75	
×	2	
	1.50	……1
	0.50	
×	2	
	1.0	……1
	0	

	0.875	
×	8	
	7.0	……7
	0	

	0.875	
×	16	
	14.0	……14
	0	

因此，$(0.875)_{10}=(0.111)_2$　$(0.875)_{10}=(0.7)_8$　$(0.875)_{10}=(0.E)_{16}$

需要说明的是，使用短乘法进行数制转换在很多情况下达不到或很难达到小数为 0 的目的，但是越往后运算，所得整数的权重越低，因此只要转换后的数据满足精度要求，即可停止运算而获得近似结果。

十进制的实数转换成非十进制数时，只要将整数和小数分别转换，然后将整数部分和小数部分的结果拼接在一起即可。

例如，$(43.875)_{10}=(101011.111)_2=(53.7)_8=(2B.E)_{16}$

3）二进制数与八进制数和十六进制数之间的相互转换。

① 二进制数与八进制数相互转换。将二进制数转换成八进制数时，以小数点为界，整数部分向左，小数部分向右，每 3 位分成一节，不够 3 位补 0，则每节二进制数变成一位八进制数。简记为：小点为界，分向左右，3 位一节，分别转换。

例如，将 $(1010101.11011)_2$ 转换成八进制数。

$$(\underset{1}{\underbrace{001}},\underset{2}{\underbrace{010}},\underset{5}{\underbrace{101}}.\underset{6}{\underbrace{110}},\underset{6}{\underbrace{110}})_2$$

因此，$(1010101.11011)_2=(125.66)_8$

思考： $(10101011110.100000111)_2=(?)_8$

将八进制数转换成二进制数，其过程是相反的，即将八进制数的每一个位变成 3 位二进制数，最前边的 0 可以去掉，小数部分最后边的 0 可以去掉。

例如，将八进制数 $(543.21)_8$ 转换成二进制数。

$$(5\quad 4\quad 3\ .\ 2\quad 1)_8$$
$$(101\quad 100\quad 011.\ 010\quad 001)_2$$

因此，$(543.21)_8=(101100011.010001)_2$

② 二进制数与十六进制数相互转换。将二进制数转换成十六进制数时，以小数点为界，整数部分向左，小数部分向右，每 4 位分成一节，不够 4 位补 0，则每节二进制数变成一位十六进制数。简记为：小点为界，分向左右，4 位一节，分别转换。

例如，将 $(1010101.11011)_2$ 转换成十六进制数。

$$\underset{5}{0101},\underset{5}{0101}.\underset{D}{1101},\underset{8}{1000}$$

因此，$(1010101.11011)_2=(55.D8)_{16}$

思考： $(11101.011000111)_2=(?)_{16}$

将十六进制数转换成二进制数，其过程是相反的，即将十六进制数的每一个位变成 4 位二进制数，最前面的 0 可以去掉，小数部分最后边的 0 可以去掉。

例如，将十六进制数 $(5A3.21)_{16}$ 转换成二进制数。

$$(5\quad A\quad 3\ .\ 2\quad 1)_{16}$$
$$(0101\quad 1010\quad 0011.\ 0010\quad 0001)_2$$

因此，$(5A3.21)_{16}=(10110100011.00100001)_2$

③ 八进制数与十六进制数相互转换。八进制数与十六进制数相互转换时，可以通过二进制数作为中间过渡进行转换。

例如，$(5A3.21)_{16}=(10,110,100,011.001,000,01)_2=(2643.102)_8$

对于 0 ～ 15 范围内常用的二进制数、八进制数、十六进制数、十进制数的转换关系需要熟悉，见表 1-2。

表 1-2 中的二进制数是 4 位，其权重分别为 2^3、2^2、2^1、2^0，即 8、4、2、1，所以可以快速地计算出每一个二进制数对应的十进制数、八进制数、十六进制数。

表 1-2   0 ～ 15 范围内二进制数、八进制数、十六进制数、十进制数对照表

十进制数（D）	二进制数（B）	八进制数（O）	十六进制数（H）
0	0000	0	0
1	0001	1	1
2	0010	2	2
3	0011	3	3
4	0100	4	4
5	0101	5	5
6	0110	6	6
7	0111	7	7
8	1000	10	8
9	1001	11	9
10	1010	12	A
11	1011	13	B
12	1100	14	C
13	1101	15	D
14	1110	16	E
15	1111	17	F

2. 常见二进制编码

码制即编码方式，编码是用按一定规则组合成的二进制码去表示数值、字符或电路状态等信息。它主要分为数值码和非数值码，数值码是对数值的二进制编码，有大小的区分，也有多种编码形式，如原码、反码、补码等，BCD 码也是一种数值码；非数值码是信息编码，不代表数量的多少，常用的非数值码有奇偶校验码、海明码、格雷码等。有些代码既可以表示数值，也可以表示非数值。

（1）BCD 码   BCD 码是用二进制表示的十进制代码（Binary Coded Decimal），即用 10 个 4 位二进制代码分别代表 0 ～ 9 这 10 个阿拉伯数字符号。它也有多种形式，如 8421BCD 码、余 3BCD 码、2421BCD 码等。本书中常用的是 8421BCD 码和余 3BCD 码，见表 1-3。

表 1-3   BCD 编码表

十进制数	8421BCD	2421BCD	5211BCD	余 3BCD
0	0000	0000	0000	0011
1	0001	0001	0001	0100
2	0010	0010	0100	0101
3	0011	0011	0101	0110
4	0100	0100	0111	0111
5	0101	1011	1000	1000
6	0110	1100	1001	1001
7	0111	1101	1100	1010
8	1000	1110	1101	1011
9	1001	1111	1111	1100

　　表 1-3 中 8421BCD、2421BCD、5211BCD 都是有权码，其中，8421BCD 的 4 位代码从高位到低位的权重分别是 8、4、2、1，这种代码的有效码是 0000 ～ 1001，从 1010 ～ 1111 6 个代码是伪码。余 3BCD 是无权码，其对应十进制数的代码是相应的 8421BCD 码 +0011 所得，因此称为余 3BCD。

　　（2）格雷码　格雷码（Gray Code），又称为循环二进制码或反射二进制码。格雷码是一种无权码，采用绝对编码方式。典型格雷码是一种具有反射特性和循环特性的单步自补码，它的循环、单步特性消除了随机取数时出现重大误差的可能，它的反射、自补特性使得求反非常方便。格雷码属于可靠性编码，是一种错误最小化的编码方式。

　　表 1-4 为自然二进制码与格雷码的对照表，图 1-4 是自然二进制码与格雷码的示意图。从表和图中可以得出格雷码具有以下特点：

表 1-4　自然二进制码与格雷码的对照表

十进制数	自然二进制码	格雷码	十进制数	自然二进制码	格雷码
0	0000	0000	8	1000	1100
1	0001	0001	9	1001	1101
2	0010	0011	10	1010	1111
3	0011	0010	11	1011	1110
4	0100	0110	12	1100	1010
5	0101	0111	13	1101	1011
6	0110	0101	14	1110	1001
7	0111	0100	15	1111	1000

阴影：0　空白：1

图 1-4　自然二进制码与格雷码的示意图

1）具有逻辑相邻性。两个代码只有一位不同而其他位都相同，称为逻辑相邻。格雷码中任意两个相邻代码都具有逻辑相邻性，即所有相邻的格雷码只有一个数位不同。它在任意两个相邻的数之间切换时，只有一个位发生变化，大大地减少了由一个状态变到下一个状态时逻辑的混淆。

2）具有循环性。格雷码的最大数和最小数之间也只有一位不同，具有循环性。可以看成这些代码是写在一个循环纸带上的，因此也称为循环码。

3）具有反射性。4位格雷码中以7和8为对称轴进行对折，会发现7和8，6和9，…，0和15是逻辑相邻的。

4）无权码。格雷码是一种数字排序系统，属于无权码。

格雷码可以是3位、4位、5位码等。以上展示的是4位格雷码。格雷码可以用卡诺图进行编码。卡诺图是按照位置相邻，逻辑也相邻的原则绘出的包含一个逻辑问题全部变量组合的方格图。如图1-5所示，用 A、B、C、D 代表4位格雷码的4位，这样在每个方格中可以获得一个由左侧和上侧代码拼接组合而成的4位代码（需要注意的是，左侧和上侧的代码编码顺序是00-01-11-10），格雷码就是沿着图1-5b所示路径获得的代码。

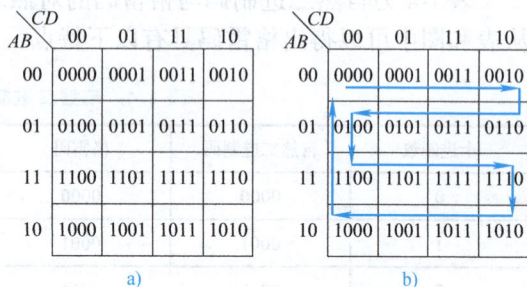

图1-5　在卡诺图中的格雷码编码

3. 基本逻辑运算及简单复合逻辑运算

逻辑是指人们思维的一种规律性。逻辑代数和普通代数一样，也是用字母代表变量，但逻辑变量只有0和1两个值。0和1不表示数量的大小，只表示对立的两种逻辑状态，如电位的高低（0表示低电位，1表示高电位）、开关的开合、电路元件的通断等。数字电路从其工作过程上看，总是体现一定条件下的因果关系，即输出与输入之间一定的逻辑关系，这就是逻辑函数，其表达形式有逻辑表达式、真值表、逻辑符号（逻辑电路）、波形图、卡诺图。因此，逻辑代数是分析和设计数字电路的数学工具。

（1）逻辑代数中基本的逻辑运算　逻辑代数中基本的逻辑运算是或（OR）、与（AND）、非（NOT）运算。

1）或运算。假设教室锁 L 有两把钥匙，分别由 A、B 两位同学保管，请分析锁 L 是否打开和 A、B 两位同学是否到来的逻辑关系。

首先，定义 A、B 两位同学在时用"1"表示，不在时用"0"表示，锁打开用"1"表示，打不开用"0"表示，这个过程是逻辑定义。对于逻辑问题的分析，都要进行逻辑定义，这样才能够有明确的逻辑意义和逻辑关系。这个开锁问题的逻辑分析如图1-6所示。读者也可以反过来定义，如带钥匙的人在时用"0"表示，不在时用"1"表示，获得的表格和结果是不同的。

通过图1-6的分析发现，锁

A	B	L		A	B	L
不在	不在	不开	用0和1分别表示不同的逻辑状态 锁开：1；锁不开：0。 人来：1；人不来：0。	0	0	0
不在	在	开		0	1	1
在	不在	开	→	1	0	1
在	在	开		1	1	1

图1-6　简单"或"逻辑问题分析表

是否打开这个逻辑问题的条件是 A、B 两位同学是否到来，当条件 A、B 中具备一个条件或两个条件同时具备时，问题的结果为"真"（锁打开），即 A 条件具备"或者" B 条件具备，结果为真，这种逻辑关系称为逻辑"或"。可以用表达式 $L=A+B$ 表示。

此处"+"不同于普通代数的加法运算，是逻辑"或"运算符，从图 1-6 的右表可以看出，当 A、B 中有 1 时，$L=1$；当 A、B 全为 0 时，$L=0$，该表是这个逻辑问题的真值表。

问题扩展与思考：如果钥匙有 3 把、4 把……，会怎样？请总结或逻辑规律，写出逻辑表达式。

2）与运算。假设某保险柜 Y 必须有 M、N 两把钥匙同时使用才可打开，两把钥匙分别由两人掌管，请分析保险柜锁是否打开和两把钥匙的逻辑关系。

我们还是先进行逻辑定义：带钥匙的人在时用"1"表示，不在时用"0"表示，锁打开用"1"表示，打不开用"0"表示，显然，可以得到图 1-7 中的结果，并从中发现，只有当条件 M 具备"并且"条件 N 具备时，保险柜锁 Y 打开的结果才为"真"。这种条件必须同时具备结果才为真的逻辑就是"与"逻辑。

M	N	Y
不在	不在	不开
不在	在	不开
在	不在	不开
在	在	开

用0和1分别表示不同的逻辑状态
锁开：1；锁不开：0。
人来：1；人不来：0。

M	N	Y
0	0	0
0	1	0
1	0	0
1	1	1

图 1-7　简单"与"逻辑问题分析表

与逻辑的表达式写成 $Y=M \cdot N$，可以简写为 $Y=MN$。

思考：如果保险柜钥匙有 3 把、4 把……，会怎样？请读者总结与逻辑的规律，并写出逻辑式。

3）非运算。非运算就是求反，如锁打开用"1"表示，打不开用"0"表示，"1"的非就是"0"，"0"的非就是"1"。非运算的表达式为 $Y=\overline{A}$。

4）逻辑运算的电路表示。请参考 1.3.1 节内容，在 Proteus 软件中绘制出图 1-8 所示电路并进行仿真测试，按照表 1-5 记录电路参数（保留两位小数）并进行逻辑分析，将分析结果与表 1-5 中数据进行比较。

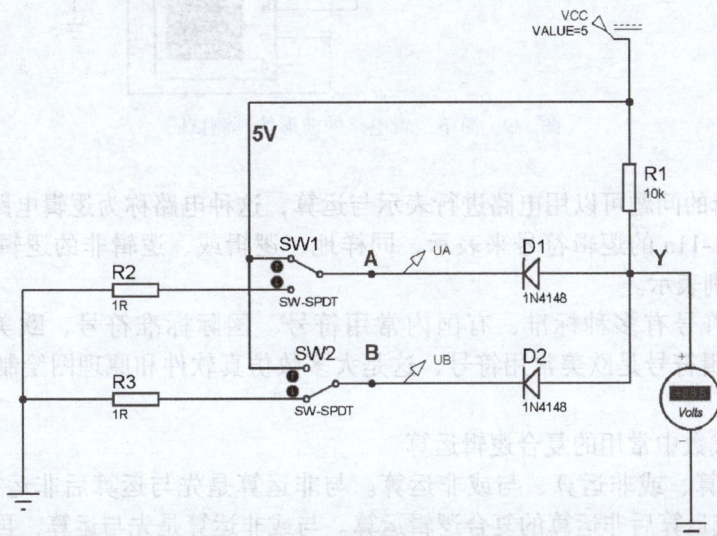

图 1-8　简单的逻辑电路仿真图

如规定 A 点、B 点及 Y 点的电压高于 2.5V 时，用 1 表示，低于 2.5V 时用 0 表示，可以获得表 1-6 的真值表，不难看出，这是一个逻辑与的关系。此电路中，R_1、VD1、VD2 构成与门电路，A、B 是输入端，Y 是输出端。将 A、B、Y 端信号分别接入示波器的 A、B、C 信号通道，如图 1-9 所示，可以仿真出随着 A、B 信号的输入变化，输出端 Y 信号的变化，如图 1-10a、b 所示。这种以时间为横轴，信号的逻辑值为纵轴绘出的波形称为逻辑电路的波形图或时序图。从波形图可以看出，任意时刻，Y 的逻辑输出都是 A、B 信号的逻辑值相与的结果。

表 1-5　图 1-8 所示电路的分析记录

SW_1	SW_2	U_A	U_B	U_Y	VD1 通断	VD2 通断
下	下	0.00	0.00	0.59	导通	导通
下	上	0.00	5.00	0.62	导通	截止
上	下	5.00	0.00	0.62	截止	导通
上	上	5.00	5.00	5.00	截止	截止

表 1-6　图 1-8 所示电路的真值表

A	B	Y
0	0	0
0	1	0
1	0	0
1	1	1

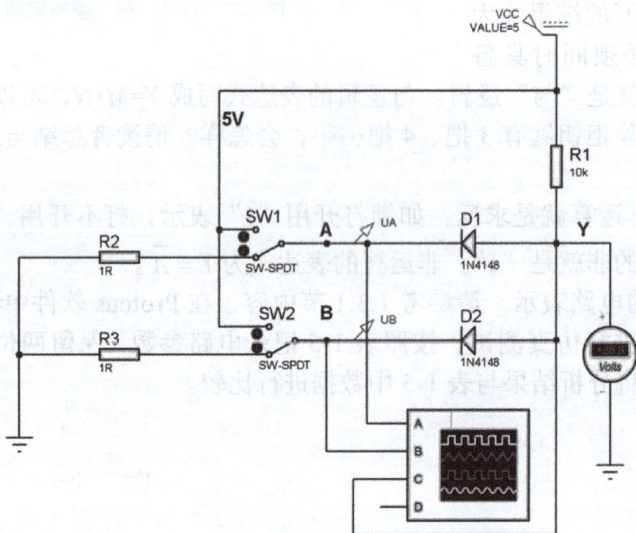

图 1-9　简单逻辑电路的波形仿真测试图

因此，逻辑的问题可以用电路进行表示与运算，这种电路称为逻辑电路。图 1-8 所示电路可以用图 1-11a 的逻辑符号来表示，同样地，逻辑或、逻辑非的逻辑符号可以使用图 1-11b、c 分别表示。

表示逻辑符号有多种标准，有国内常用符号、国际标准符号、欧美常用符号等。图 1-12 中的逻辑符号是欧美常用符号，这是大多数仿真软件和原理图绘制软件中普遍采用的符号。

（2）逻辑代数中常用的复合逻辑运算

1）与非运算、或非运算、与或非运算。与非运算是先与运算后非运算，或非运算是先或运算后非运算的复合逻辑运算。与或非运算是先与运算，再或运算，最后再非运算的逻辑运算。这 3 种运算及其逻辑符号如图 1-13 所示。

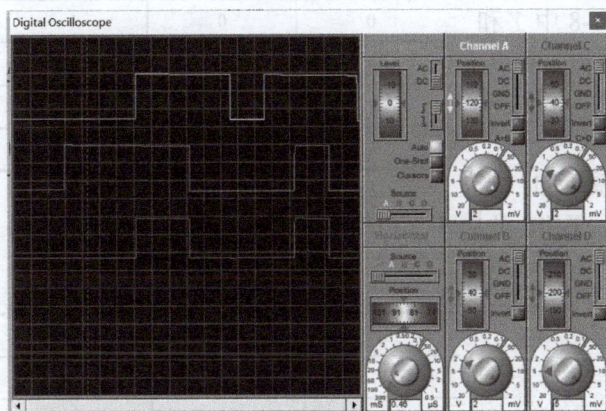
a) 示波器

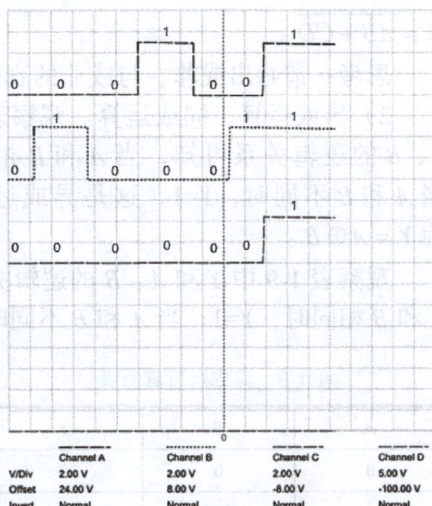
b) 波形

图 1-10　简单逻辑电路中示波器显示的一段波形

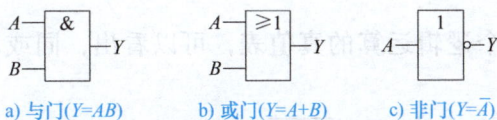

a) 与门($Y=AB$)　　b) 或门($Y=A+B$)　　c) 非门($Y=\overline{A}$)

图 1-11　基本逻辑运算的逻辑符号

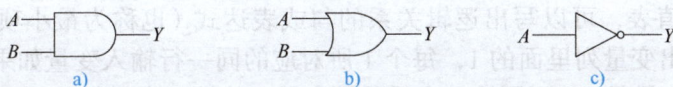

a)　　　　　　　　b)　　　　　　　　c)

图 1-12　欧美常用基本逻辑运算的逻辑符号

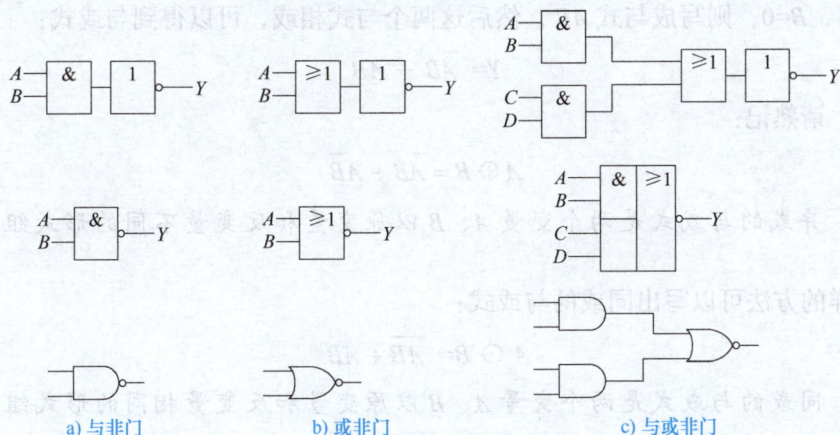

a) 与非门　　　　　　b) 或非门　　　　　　c) 与或非门

图 1-13　常用复合逻辑运算

请观察表 1-7 与非门的真值表，并画出或非门、与或非门的真值表。

由表 1-7 可以看出，与非运算的结果和与运算是相反的，当输入中全为 1 时，输出才为 0，否则输出为 1。

与非的表达式是 $Y=\overline{AB}$，或非运算的表达式是 $Y=\overline{A+B}$，与或非运算的表达式是

$Y = \overline{AB + CD}$。

思考： 请画出或非、与或非的真值表。

2）异或运算、同或运算。观察表 1-8 中 Y 和 A、B 的逻辑关系可知，当 A 和 B 相同时，Y=0，当 A 和 B 不同时，Y=1，这是异或运算，表达式为 $Y = A \oplus B$。

观察表 1-9 中 Y 和 A、B 的逻辑关系可知，当 A 和 B 相同时，Y=1；当 A 和 B 不同时，Y=0；Y 是 A、B 的同或，表达式为 $Y = A \odot B$。

表 1-7　与非门真值表

A	B	Y
0	0	1
0	1	1
1	0	1
1	1	0

表 1-8　异或运算真值表

A	B	Y
0	0	0
0	1	1
1	0	1
1	1	0

表 1-9　同或运算真值表

A	B	Y
0	0	1
0	1	0
1	0	0
1	1	1

对比异或和同或两个逻辑运算的真值表，可以看出，同或和异或是互为相反的函数，即

$$\overline{A \oplus B} = A \odot B$$

$$\overline{A \odot B} = A \oplus B$$

通过观察真值表，可以写出逻辑关系的与或表达式（也称为最小项表达式），方法：观察真值表中输出变量列里面的 1，每个 1 所对应的同一行输入变量如果是 0，则写输入逻辑变量的非；如果是 1，则写输入变量的原变量，将输入变量按规则写成与式，然后将各个与式相或。表 1-8 中，Y=1 有两个，第一个 1 对应 A=0，B=1，写成与式 $\overline{A}B$；第二个 1 对应 A=1，B=0，则写成与式 $A\overline{B}$，然后这两个与式相或，可以得到与或式：

$$Y = \overline{A}B + A\overline{B}$$

由此，请熟记：

$$A \oplus B = \overline{A}B + A\overline{B}$$

注意： 异或的与或式是两个变量 A、B 以原变量和反变量不同的形式组成与式再相或。

用同样的方法可以写出同或的与或式：

$$A \odot B = \overline{A}\,\overline{B} + AB$$

注意： 同或的与或式是两个变量 A、B 以原变量和反变量相同的形式组成与式再相或。

由于同或运算和异或运算是相反的，因此有

$$\overline{\overline{A}B + A\overline{B}} = \overline{A}\,\overline{B} + AB$$

$$\overline{\overline{A}\,\overline{B} + AB} = \overline{A}B + A\overline{B}$$

巩固与提高

1. 知识巩固

1-1 用按权展开式表示下列各数。

$(1528)_{10}$ $(1011)_2$ $(375)_8$ $(10F)_{16}$ $(010100)_2$

1-2 将下列各数转换成二进制数。

$(403)_{10}$ $(376)_8$ $(3A)_{16}$ $(F3B)_{16}$

1-3 比较下列数值，找出最大数和最小数。

$(369)_{10}$ $(107)_{16}$ $(100100011)_2$ $(467)_8$ $(1101011001)_{BCD}$ $(FA)_{16}$

1-4 将下列二进制数转换为十进制数。

（1）$(10101)_2$ （2）$(0.10101)_2$ （3）$(1010.101)_2$

1-5 将下列十六进制数转换为十进制数。

（1）$(6BD)_{16}$ （2）$(0.7A)_{16}$ （3）$(8E.D)_{16}$

1-6 将下列十进制数转换为二进制数，小数部分精确到小数点后第 4 位。

（1）$(47)_{10}$ （2）$(0.786)_{10}$ （3）$(53.634)_{10}$

1-7 将下列二进制数转换为八进制数和十六进制数。

（1）$(10111101)_2$ （2）$(0.11011)_2$ （3）$(1101011.1101)_2$ （4）$(1101111011)_2$

2. 能力提高

2-1 用真值表证明下列等式成立。（**提示：分别列出等号左右两边逻辑表达式的真值表，如真值表相同，则证明两个表达式是相同的。**）

（1）$\overline{ABC} = \overline{A} + \overline{B} + \overline{C}$ （2）$\overline{A + B + C} = \overline{A}\,\overline{B}\,\overline{C}$

（3）$A \oplus 0 = A$ （4）$A \oplus 1 = \overline{A}$

2-2 搜集各种逻辑运算的符号并按照国内常用、国际标准、欧美常用分类整理出来，并写出相应的表达式，理解其逻辑含义。

2-3 查阅资料，在 Proteus 中绘制二极管构成的或门电路并进行仿真，分析其逻辑功能。

1.1.3 逻辑代数的常用公式、定理及规则

1. 逻辑代数的运算公式和定理

逻辑代数的运算有常量的运算、常量与变量的运算、变量的运算，由于常量的运算比较简单，此处不再赘述。

（1）逻辑代数的基本定律 含逻辑变量逻辑运算的基本定律有如下 4 种。

0-1 律：　$A \cdot 0 = 0$　　　　　$A \cdot 1 = A$

　　　　　$A + 0 = A$　　　　　$A + 1 = 1$

重叠律：　$A \cdot A = A$　　　　　$A + A = A$

互补律：　$A \cdot \overline{A} = 0$　　　　　$A + \overline{A} = 1$

还原律：　$\overline{\overline{A}} = A$

逻辑代数中的交换律、结合律、分配律和普通代数极相似，见表 1-10。

表 1-10　逻辑代数中的交换律、结合律、分配律

交换律	$A+B=B+A$；$AB=BA$
结合律	$A+B+C=A+(B+C)$；$ABC=A(BC)$
分配律	$A(B+C)=AB+AC$
	$A+BC=(A+B)\cdot(A+C)$

从分配律的 $A(B+C)=AB+AC$ 可知，逻辑运算也可以像普通代数一样提取公因子，也可以将括号外的变量或因子与括号内的变量或因子分别进行相与。这一点可以用来证明 $A+BC=(A+B)\cdot(A+C)$，如下：

$(A+B)\cdot(A+C)=(A+B)\cdot A+(A+B)\cdot C$　（$A+B$ 分别和 A、C 相与）

　　　　　　　　$=AA+AB+AC+BC$　（利用重叠率 $A\cdot A=A$）

　　　　　　　　$=A+AB+AC+BC$　[继续利用 $A(B+C)=AB+AC$，提出公因子 A]

　　　　　　　　$=A（1+B+C）+BC$　（利用 $A+1=1$ 和 $A\cdot 1=A$）

　　　　　　　　$=A+BC$

　　　　　　　　$=$ 左边

（2）逻辑代数中的常用公式　逻辑代数中常用的公式包括：

① $A+AB=A$

② $AB+A\overline{B}=A$

③ $A+A\overline{B}=A+B$

④ $AB+\overline{A}C+BC=AB+\overline{A}C$

请认真观察每个公式的形式，要记住其特点并灵活运用。公式 $A+\overline{A}B=A+B$ 的特点是：如果一个变量（或因子）"+"上它的反变量与另外变量的"乘积"，那么这个反变量可以去掉。公式 $AB+\overline{A}C+BC=AB+\overline{A}C$ 的特点是：互反的变量分别和另外的变量相与，另外的变量相与组合出的第 3 项是多余的。这个公式可以扩展为

$$AB+\overline{A}C+BCDEF=AB+\overline{A}C$$

对此公式的证明如下：

左边 $=AB+\overline{A}C+BCDEF$

　　$=AB+\overline{A}C+BCDEF(A+\overline{A})$　（利用 $A+\overline{A}=1$ 及 $A\cdot 1=A$，进行配项）

　　$=AB+\overline{A}C+ABCDEF+\overline{A}BCDEF$　（找到公因子，进行提取）

　　$=AB(1+CDEF)+\overline{A}C(1+BCDEF)$

　　$=AB+\overline{A}C$

　　$=$ 右边

这个公式证明采用的是配项法，从上面的证明过程可以看出，在第 3 项中的所有变量都会和"1"相或成为"1"。

（3）摩根（Morgan）定理　摩根定理是求反的逻辑关系，内容如下：

① $\overline{AB}=\overline{A}+\overline{B}$

② $\overline{A+B}=\overline{A}\,\overline{B}$

摩根定理可以扩展成多个变量，下面是 4 个变量的摩根定理。

$$\overline{ABCD}=\overline{A}+\overline{B}+\overline{C}+\overline{D}$$

$$\overline{A+B+C+D} = \overline{A}\,\overline{B}\,\overline{C}\,\overline{D}$$

其证明如下：

因为

$$\overline{A}\,\overline{B}\,\overline{C}\,\overline{D}$$
$$= \overline{\overline{AB} + \overline{CD}}$$
$$= \overline{A} + \overline{B} + \overline{C} + \overline{D}$$

所以 $\overline{\overline{A}\,\overline{B}\,\overline{C}\,\overline{D}} = \overline{A} + \overline{B} + \overline{C} + \overline{D}$ 成立。

说明：这个公式可以扩展到无限多的变量，其格式特点是多个变量与非等于每个反变量的或。

请自行证明式 $\overline{A+B+C+D} = \overline{A}\,\overline{B}\,\overline{C}\,\overline{D}$ 成立，并总结其规律。

（4）逻辑式的化简和变形　灵活地运用以上公式和定理可以对逻辑函数进行化简和变形。常用的化简结果形式有与或式、与非式等，化简可以使逻辑关系更加明显，也能够简化电路，化简的方法有配项法、吸收法、并项法等。

【例1-3】化简逻辑式 $P = A + A\overline{B}\overline{C} + \overline{A}CD + \overline{C}E + \overline{D}E$。

解：$P = A + A\overline{B}\overline{C} + \overline{A}CD + \overline{C}E + \overline{D}E$　　（利用 $A+AB=A$）

　　$= A + \overline{A}CD + \overline{C}E + \overline{D}E$　　（利用 $A+\overline{A}B=A+B$）

　　$= A + CD + \overline{C}E + \overline{D}E$

这还不是最简式，还需进一步化简：

　　$P = A + CD + (\overline{C} + \overline{D})E$　　（利用摩根定理）

　　$= A + CD + \overline{CD}\,E$　　（利用 $A+\overline{A}B=A+B$）

　　$= A + CD + E$

这里使用摩根定理使 $\overline{C} + \overline{D}$ 变换成 $\overline{CD}$，请注意这个技巧，在化简中会经常遇到。

判断化简到最简与或逻辑式的标准是：相或的与式最少，每个与式的变量数最少。

【例1-4】化简逻辑式 $P = A + AB + \overline{A}C + BD + ACFE + \overline{B}E + EDF$。

解：$P = A + AB + \overline{A}C + BD + ACFE + \overline{B}E + EDF$

　　$= A + \overline{A}C + BD + \overline{B}E + EDF$

　　$= A + C + BD + \overline{B}E + EDF$　　（利用公式 $AB + \overline{A}C + BC = AB + \overline{A}C$）

　　$= A + C + BD + \overline{B}E$

【例1-5】化简逻辑式 $P = \overline{AC} + \overline{A}\overline{B} + BC + \overline{AC}D$。

解：$P = \overline{AC} + \overline{A}\overline{B} + BC + \overline{AC}D$　　（将 $\overline{AC}$ 看成一个整体，利用 $A + AB = A$）

　　$= \overline{AC} + \overline{A}\overline{B} + BC$

　　$= \overline{A}(\overline{B} + \overline{C}) + BC$　　（利用摩根定理）

　　$= \overline{A} \cdot \overline{BC} + BC$　　（利用 $A + \overline{A}B = A + B$）

　　$= \overline{A} + BC$

2. 逻辑代数的基本规则

（1）代入规则　在利用逻辑代数公式时，公式中的一个变量可以用一个因式来代入，即代入规则。例如，化简 $Y = \overline{A}B + \overline{A}\overline{B} + \overline{A}BC + ABC$，过程如下：

$$Y = \overline{AB} + A\overline{B} + \overline{AB}C + ABC$$
$$= \overline{AB} + A\overline{B} + (\overline{AB} + AB)C$$
$$= \overline{AB} + A\overline{B} + \overline{\overline{AB} + A\overline{B}} \cdot C \quad (将 \overline{AB} + A\overline{B} 看成一个整体代入公式 A + \overline{A}B = A + B)$$
$$= \overline{AB} + A\overline{B} + C$$

上面化简的过程中，是将 $\overline{AB} + A\overline{B}$ 代入到公式 $A + \overline{A}B = A + B$ 中，以 $\overline{AB} + A\overline{B}$ 替换 A，同时利用了同或和异或相反的特性。

（2）反演规则　如果给函数 $Y = AB + \overline{A}C$ 求反，在逻辑代数中，可以直接给等号两边加非号，变为：$\overline{Y} = \overline{AB + \overline{A}C}$，然后可以使用摩根定理继续变形或化简。

反演规则提供了另外一种函数求反的方法，其实质仍然是摩根定理，规则内容：将原式中的原变量变成反变量，将"0"变为"1"，将"1"变为"0"，将"+"变为"·"，将"·"变为"+"。可以简记为下面的形式：

$$A \Leftrightarrow \overline{A}; \quad 1 \Leftrightarrow 0; \quad + \Leftrightarrow \cdot$$

按照这种方法求 $Y = AB + \overline{A}C$ 的反函数为 $\overline{Y} = (\overline{A} + \overline{B}) \cdot (A + \overline{C})$。

使用反演规则，还需注意以下两点：

1）求反函数时，需要保证原先变量的运算顺序不变，上式中加（ ）就是为了保证运算顺序不变。

2）求反函数时，两个或两个以上变量共同使用的非号不变。

【例1-6】求 $Y = \overline{\overline{ABC} + A + \overline{B}}$ 的反函数。

解：
$$\overline{Y} = \overline{\overline{A} + \overline{B} + \overline{C} + \overline{A} \cdot B}$$

（3）对偶规则　对偶规则提供了一个为逻辑函数求对偶式的方法：将原式中的"0"变为"1"，将"1"变为"0"，将"+"变为"·"，将"·"变为"+"。可以简记为下面的形式：

$$1 \Leftrightarrow 0; \quad + \Leftrightarrow \cdot$$

函数 Y 的对偶式用 Y' 表示，如果 $Y_1 = Y_2$，则 $Y_1' = Y_2'$，可以利用这一特性证明逻辑函数的相等关系。

【例1-7】证明 $A + BC = (A + B)(A + C)$。

证明：因为，左边的对偶式 $= A(B + C)$
$$= AB + AC$$

右边的对偶式 $= AB + AC$

显然，原式两边的对偶式相等，所以，原式 $A + BC = (A + B)(A + C)$ 成立。

巩固与提高

1. 知识巩固

1-1　请写出下列逻辑式的最简结果。

$A \cdot (B \cdot \overline{B}) = \underline{\hspace{2cm}}$　　　$A + B \cdot \overline{B} = \underline{\hspace{2cm}}$　　　$A + A \cdot \overline{A} = \underline{\hspace{2cm}}$

$1 + A + \overline{A} = \underline{\hspace{2cm}}$　　　$A \oplus 0 = \underline{\hspace{2cm}}$　　　$A \oplus 1 = \underline{\hspace{2cm}}$

$A \odot 0 = $ _____ 　　　　　　　　$A \odot 1 = $ _____

1-2　逻辑代数中的 3 个基本规则是 _____、_____、_____。

1-3　逻辑化简是为了让逻辑式的逻辑关系 _____，相应的逻辑电路 _____。一般化简的结果形式主要有 _____、_____ 等，判断最简与或式的标准是 _____。

1-4　利用所学的逻辑公式将下面的逻辑式化简成最简与或式。

（1）$Y = A\overline{B} + \overline{A}B + A$

（2）$Y = ABCD + \overline{A}BC\overline{D} + \overline{B}CD$

（3）$Y = (\overline{A} + B)(\overline{B} + C)(\overline{C} + D)(\overline{D} + A)$

（4）$Y = \overline{\overline{AB} + \overline{BC} + AC}$

1-5　利用基本定律和逻辑规则证明下列逻辑等式。

（1）$ABC + ABC + AB\overline{C} = AB + AC$

（2）$AB\overline{D} + A\overline{B}D + AB\overline{C} = A\overline{D} + AB\overline{C}$

（3）$(A + B + C)(\overline{A} + \overline{B} + \overline{C}) = A\overline{B} + \overline{A}C + B\overline{C}$

1-6　写出下列逻辑函数的反函数和对偶式。

（1）$Y = AB + \overline{C + D}$

（2）$Y = A\overline{B} + \overline{B}\overline{C} + C(\overline{A} + D)$

1-7　请按要求完成下面的问题。

（1）求反演式：$Y = \overline{\overline{AB} + ABC}(A + BC)$ ；$Y = (A + (\overline{B}\overline{C} + CD)E) + F$

（2）求对偶式：$Y = AB + \overline{D} + \overline{(AC + BD)E}$ ；$Y = ACD + BCD + E$

2. 能力提高

教师组织学生完成表 1-11 中 4 组题目的小组知识竞赛，练习公式法化简。

表 1-11　学生分组进行公式法化简竞赛的题目

第一组	第二组
$AB + A\overline{B}$	$A + AB$
$A + \overline{A}B$	$C + \overline{C}D$
$AB + \overline{A}C + BCD$	$CA + B\overline{C} + BC$
$\overline{ABC} + \overline{AB}$	$\overline{A + B + C} + \overline{A + B}$
$ABC + A\overline{D} + \overline{C}D + BD$	$\overline{A}BC + \overline{A}B\overline{C} + AB\overline{C} + AB\overline{C}$
$AB + \overline{B}\overline{C} + A\overline{C}D$	$AB\overline{C} + \overline{ABC} \cdot \overline{AB}$
第三组	**第四组**
$CD + \overline{C}\overline{D}$	$\overline{C}D + CD$
$AB + \overline{AB}C$	$D + \overline{D}A$
$CD + A\overline{D} + ABC$	$AB + \overline{B}C + ABC$
$\overline{ABCD} + \overline{AB}$	$\overline{A + B \cdot (\overline{A + B})}$
$AB + \overline{A}C + CB$	$A\overline{B} + \overline{A}B + ABCD + \overline{ABCD}$
$AD + A\overline{D} + AB + \overline{A}C + \overline{C}D + \overline{A}BEF$	$\overline{AB} + \overline{BC} + \overline{CD} + \overline{DA}$

1.1.4　卡诺图化简

前面认识的卡诺图是接下来进行逻辑化简的利器，但是只适合变量数比较少的情况。图 1-14a、c 所示分别是二变量、三变量逻辑的卡诺图，图 1-14b、d 所示是用逻辑值组合表示的卡诺图。从图中可以看出，每个方格中都包含了一个相与项，其中包含了该函数所有的变量，并且可以是原变量也可以是反变量，这种相与项称为最小项。例如二变量中的 $\overline{A}\,\overline{B}$、$\overline{A}B$、$A\overline{B}$、$AB$，三变量中的 $\overline{A}\,\overline{B}\,\overline{C}$ 等都是最小项。请注意在图 1-14c、d 中 BC 和 $B\overline{C}$、11 和 10 的顺序。

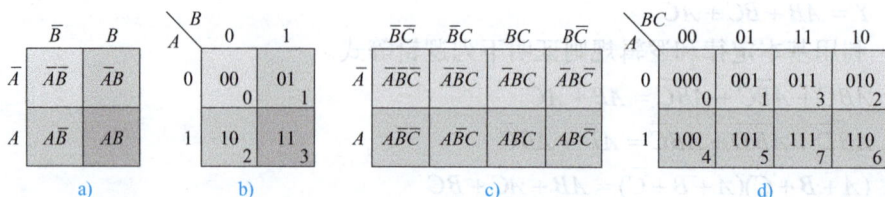

图 1-14　二变量和三变量卡诺图

1. 最小项的特性

在卡诺图中位置相邻的最小项，有且只有一个变量不同，可以任意选取两个相邻的最小项，如 $\overline{A}\,\overline{B}\,\overline{C}$ 和 $\overline{A}\,\overline{B}C$，比较一下，其中 $\overline{A}\,\overline{B}$ 相同，$\overline{C}$ 和 C 不同，这种情况称为两个最小项逻辑相邻。将逻辑相邻的两个最小项相或，可得

$$\overline{A}\,\overline{B}\,\overline{C} + \overline{A}\,\overline{B}C = \overline{A}\,\overline{B}\,(\overline{C}+C) = \overline{A}\,\overline{B}$$

由此可得最小项的一个性质：两个逻辑相邻最小项相或，可以去掉不同变量而保留相同变量。因此在卡诺图中位置相邻的最小项相或，可以去掉不同变量而保留相同变量，这是用卡诺图化简的基本原理。

最小项还具有以下特性：

1）n 个变量具有 2^n 个最小项。

2）使每一个最小项为 1 的逻辑取值有且只有一组。

3）所有最小项之和为 1，所有最小项之积为 0。

2. 最小项的表示及用最小项表示逻辑函数

表 1-12 是 3 个变量 A、B、C 的所有最小项，从该表可知，使任何一个最小项 =1 的逻辑取值只有一组，最小项可以用 m 加使之为 1 的数字下标来表示，如 $\overline{A}\,\overline{B}\,\overline{C}$ 用 m_0 表示，ABC 用 m_7 表示。因此，用最小项构成的表达式写法将变得很简洁，如

$$\overline{A}\,\overline{B}\,\overline{C} + \overline{A}\,\overline{B}C + \overline{A}B\overline{C}$$

$$=m_0+m_1+m_2$$

$$= \sum_m (0,1,2)$$

任意一个逻辑函数都可以用最小项之和的形式来表示，称为最小项表达式。方法是给没有包含全部变量的相与项用配项法配上缺少的变量，如将 $AB+AC$ 写成最小项之和的表达式如下：

$$AB+AC$$
$$= AB(C + \overline{C}) + AC(B + \overline{B})$$
$$= ABC + AB\overline{C} + A\overline{B}C$$
$$= m_5 + m_6 + m_7$$
$$= \sum_m (5,6,7)$$

表 1-12　三变量的最小项及符号

十进制数	A	B	C	对应的最小项	最小项的符号
0	0	0	0	$\overline{A}\,\overline{B}\,\overline{C}$	m_0
1	0	0	1	$\overline{A}\,\overline{B}C$	m_1
2	0	1	0	$\overline{A}B\overline{C}$	m_2
3	0	1	1	$\overline{A}BC$	m_3
4	1	0	0	$A\overline{B}\,\overline{C}$	m_4
5	1	0	1	$A\overline{B}C$	m_5
6	1	1	0	$AB\overline{C}$	m_6
7	1	1	1	ABC	m_7

由于卡诺图中每一个方格对应一个最小项，所以可以将表达式在卡诺图中表示出来，表达式 $AB+AC$ 在卡诺图中表示出来如图 1-15 所示，其中图 1-15b 中将表达式不出现的最小项对应的方格内空白，仅保留表达式中出现的最小项，并用"1"来表示。

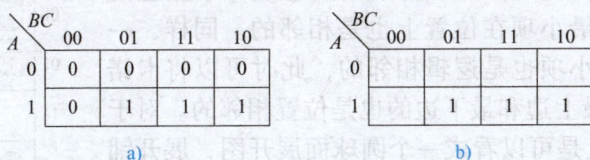

图 1-15　$AB+AC$ 的卡诺图表示

任意一个逻辑函数都可以用最小项的形式来表示，也可以用卡诺图来表示，但是对于变量数较多的情况，画卡诺图比较麻烦，一般将这种方法应用在 5 变量以内的逻辑问题中。

3. 用卡诺图化简逻辑函数的方法

卡诺图化简逻辑函数适合于逻辑变量数不多于 5 个的情况，当变量数较多时，卡诺图的绘制将变得十分复杂，应用十分不方便。

化简的原则：在逻辑函数的卡诺图中，2^n 个相邻且构成矩形的"1"可以合并在一起消去不同变量，保留相同变量。请特别注意：不是 $2n$ 个"1"，而是 2 的 n 次方个"1"可以合并在一起。例如，由图 1-16 的卡诺图写出相应的逻辑式 P。这是四变量的逻辑函数卡诺图，注意左侧每一行和上侧每一列标注的数字，是 00、01、11、10 的顺序，这样才能保证位置相邻的最小项在逻辑上也是相邻的。把 m_3 和 m_7 两个小方格圈在一起（这个圈称为卡诺圈），

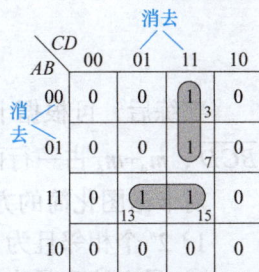

图 1-16　某四变量函数中间位置相邻项卡诺图化简

它占有两行一列，两行中互为反变量的变量可以消去，即

$$m_3 + m_7 = \overline{A}\overline{B}CD + \overline{A}BCD = \overline{A}CD(\overline{B} + B)$$
$$= \overline{A}CD$$

把 m_{13} 和 m_{15} 圈在一起，它占两列一行，两列中互为反变量的变量可以消去，处于同一行中的变量不能消去。于是有

$$m_{13} + m_{15} = AB\overline{C}D + ABCD$$
$$= ABD(\overline{C} + C) = ABD$$

$$P = m_3 + m_7 + m_{13} + m_{15} = \overline{A}CD + ABD$$

所以，当相邻方格占据两行或两列时，变量相同的保留，变量之间互为反变量的消去，即卡诺图中圈在一起的最小项外面"0""1"标号不同者，所对应的变量应消去。

在卡诺图中，如果有 2^n（$n=0$，1，…，k）个取 1 的小方格连成一个矩形带，这样的一个矩形带就代表一个与项。实际上，一个与或型逻辑式的每个与项都对应一个包含 2^n 个小格的矩形带。不同的 n 值与最小项小格数的对应关系如下：

当 $n=0$ 时，对应 1 个小方格，即最小项，不能化简。

当 $n=1$ 时，一个矩形带含有 2 个小方格，可消去 1 个变量。

当 $n=2$ 时，一个矩形带含有 4 个小方格，可消去 2 个变量。

当 $n=3$ 时，一个矩形带含有 8 个小方格，可消去 3 个变量。

因此，一个矩形带中含有 2^n 个小方格时，可消去 n 个变量。

如图 1-17 所示，在卡诺图中处在同一行的最左边和最右边的两个最小项也是相邻的，此时，可以将卡诺图卷成一个竖立的圆筒，最左边和最右边的最小项在位置上也是相邻的。同样，一列中最上边和最下边的最小项也是逻辑相邻的，此时可以将卡诺图卷成一个横放的圆筒，最上边和最下边的也是位置相邻的。对于 4 个变量的卡诺图，实际上是可以看成一个圆球面展开图，展开铺平后的 4 个角的顶点在圆球面上是一个点。

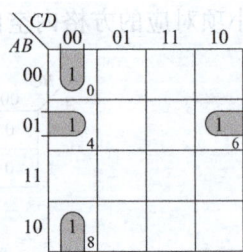

图 1-17 某四变量函数四边位置相邻项卡诺图化简

写出图 1-17 所示卡诺图对应的逻辑式，如果将 m_0 与 m_4 圈在一起，那么 m_6 与 m_4 就无法圈在一起。若把 m_0 与 m_8 圈在一起，m_4 就可以与 m_6 圈在一起，则有

$$m_0 + m_8 = \overline{A}\overline{B}\overline{C}\overline{D} + A\overline{B}\overline{C}\overline{D}$$
$$= \overline{B}\overline{C}\overline{D}$$
$$m_4 + m_6 = \overline{A}B\overline{C}\overline{D} + \overline{A}BC\overline{D} = \overline{A}B\overline{D}$$
$$P = \overline{B}\overline{C}\overline{D} + \overline{A}B\overline{D}$$

熟练后，可根据卡诺图直接写出结果。m_0+m_8 占一列两行，消去行上的变量 A，剩下 $\overline{B}\overline{C}\overline{D}$；$m_4+m_6$ 占一行两列，消去列上的变量 C，剩下 $\overline{A}B\overline{D}$。

对卡诺图化简的方法，总结如下：

1）2^n 个相邻且为 1 可以合并在一起消去 n 个不同项，保留相同因子。

2）最左边和最右边的，最上边和最下边的，四角的 1 可以合并在一起。

3）卡诺图中的 1 可以重复使用，但是每个卡诺圈中至少有一个 1 只被使用一次。

4）划 0 比较方便的时，可以划 0 求反函数，再对反函数求反得到正确的结果。

5）在符合上述方法的前提下，每个卡诺圈尽量大，卡诺圈的数量尽量少。

【例 1-8】 将图 1-18a 中的逻辑函数化为最简与或式。

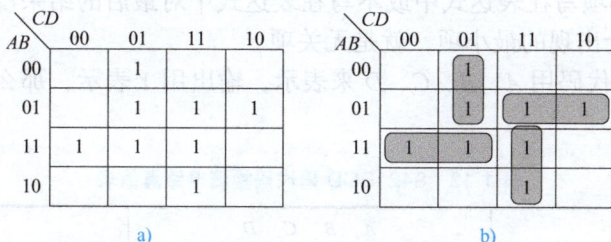

a)

AB\CD	00	01	11	10
00		1		
01		1	1	1
11	1	1	1	
10			1	

b)

AB\CD	00	01	11	10
00		1		
01		1	1	1
11	1	1	1	
10			1	

图 1-18　例 1-8 图

解： 如图 1-18b 所示，在卡诺图中正确地画上卡诺圈。

$$Y = \overline{A}C\overline{D} + \overline{A}BC + ACD + AB\overline{C}$$

注意： 此处中间的 4 个 1 如果画到一个圈中，就会出现多余项 BD。另外，在图中，可以将填 0 的地方空白。

【例 1-9】 将图 1-19a 中的逻辑函数用卡诺图法化简为最简与或式。

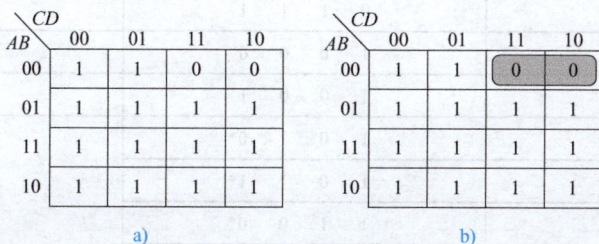

a)

AB\CD	00	01	11	10
00	1	1	0	0
01	1	1	1	1
11	1	1	1	1
10	1	1	1	1

b)

AB\CD	00	01	11	10
00	1	1	0	0
01	1	1	1	1
11	1	1	1	1
10	1	1	1	1

图 1-19　例 1-9 图

解： 如图 1-19b 所示，由于图中的 0 比较少，可以采取将 0 画在一起的方法求解。

$$\overline{Y} = \overline{A}\,\overline{B}C$$

使用摩根定律可以求得 $Y = A + B + \overline{C}$。

如果改为将 1 画在一起，如图 1-20 所示，可得到相同的结果。此处画了 3 个卡诺圈，所以最后结果有 3 项，每个圈有 8 个"1"，可以消掉 3 个变量，保留 1 个变量。3 个卡诺圈中有的"1"被使用多次，但是能保证每个卡诺圈中至少有一个"1"只被使用一次。因此，每个卡诺圈化简结果是最终结果中的一个项，圈的数量越少越好。每个圈尽量包含最多的"1"（但是要符合 2^n 个，并且构成矩形），消掉尽可能多的变量，使得最后的结果最简。

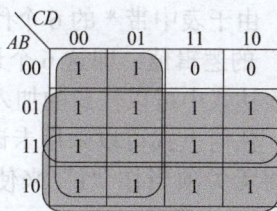

AB\CD	00	01	11	10
00	1	1	0	0
01	1	1	1	1
11	1	1	1	1
10	1	1	1	1

图 1-20　例 1-9 问题的常规化简法

4. 带有无关项卡诺图的化简

现有一个代码检测电路，能够检测出输入的 8421BCD 码是奇数还是偶数，如果输入的 8421BCD 码是奇数，电路输出 1，否则输出 0。

　　分析：4 位二进制代码的范围是 0000 ～ 1111，而 8421BCD 码只有 0000 ～ 1001，因此，有 1010 ～ 1111 6 个伪码，在这个代码检测电路中，伪码是不会出现的。对于这种不会出现的代码，所对应的最小项也不会出现，将 0000 ～ 1001 代入这些最小项，结果都是 0，所以这些最小项写在表达式中或不写在表达式中对最后的结果没有影响。这些对电路没有影响的或不会出现的最小项，就是无关项。

　　如果 8421BCD 代码用 A、B、C、D 来表示，输出用 Y 表示，那么可以列出该电路的真值表，见表 1-13。

表 1-13　8421BCD 码代码检测电路真值表

序号	A	B	C	D	Y
0	0	0	0	0	0
1	0	0	0	1	1
2	0	0	1	0	0
3	0	0	1	1	1
4	0	1	0	0	0
5	0	1	0	1	1
6	0	1	1	0	0
7	0	1	1	1	1
8	1	0	0	0	0
9	1	0	0	1	1
10	1	0	1	0*	
11	1	0	1	1*	
12	1	1	0	0*	伪码不出现
13	1	1	0	1*	
14	1	1	1	0*	
15	1	1	1	1*	

　　由该真值表可以得到电路的表达式：

$$Y=m_1+m_3+m_5+m_7+m_9$$

　　由于表中带 * 的 6 个代码不会出现在这个电路的输入端，对应的最小项得不到取值为"1"的逻辑值，即这 6 个最小项在电路中始终为"0"，即 $m_{10} \sim m_{15}$ 是无关项，因此在 Y 的表达式中可以任意的加入这些无关项而不改变 Y 的值。

　　化简上式可以采用卡诺图法。在卡诺图中，无关项用 × 表示，化简时，可以根据情况将无关项当作"1"来使用，也可以当作"0"来使用，如例 1-19 问题的常规化简法，如图 1-21 所示。

　　由例 1-19 问题的常规化简法，图 1-21 可以得到

$$Y=D$$

　　从这个结果上可以分析出，当 8421BCD 码的最低位为"1"时，这个数是奇数，当 8421BCD 码的最低位为"0"时，这个数是偶数或者是 0。这个逻辑结果与逻辑分析的事实情况是一致的。

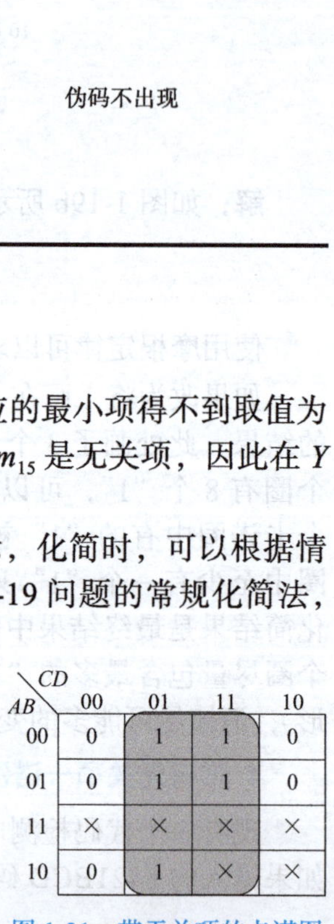

AB＼CD	00	01	11	10
00	0	1	1	0
01	0	1	1	0
11	×	×	×	×
10	0	1	×	×

图 1-21　带无关项的卡诺图

巩固与提高

1. 知识巩固

1-1　请总结卡诺图化简的步骤、规则和技巧。

1-2　将下列函数写成最小项表达式，并用卡诺图化简成最简与或表达式。

（1）$Y = \overline{A}\overline{B}\overline{C} + \overline{A}B\overline{C} + \overline{A}C$

（2）$Y = \overline{A}BCD + \overline{A}\overline{B} + A\overline{D} + \overline{A}\overline{D}$

（3）$Y = \overline{A}\overline{B}C + \overline{A}BC + ABC + AB\overline{C}$

（4）$Y = AB + ABD + \overline{A}C + BCD$

1-3　请将下列带有无关项逻辑函数用卡诺图化简为最简与或式 [$\sum_{d}$ （ ）表示无关项]。

（1）$Y_1 = \sum_{m}(0,1,3,5,8) + \sum_{d}(10,11,12,13,14,15)$

（2）$Y_2 = \sum_{m}(0,2,3,4,7,8,9) + \sum_{d}(10,11,12,13,14,15)$

（3）$Y_3 = \sum_{m}(2,3,4,7,12,13,14) + \sum_{d}(5,6,8,9,10,11)$

（4）$Y_4 = \sum_{m}(0,2,7,8,13,15) + \sum_{d}(1,5,6,9,10,11,12)$

2. 能力提高

小组知识竞赛：教师组织学生分组完成小组知识竞赛，练习卡诺图法化简。学生分 4 组，每组 6 个题目，每个题目 20 分，根据完成的顺序，依次加 60 分、40 分、20 分，学生在比赛过程中可以讨论，发挥小组团队的力量完成。

第一组竞赛题目：

$$Y_1 = A\overline{C} + \overline{A}C + B\overline{C} + \overline{B}C$$

$$Y_2 = ABC + AD + \overline{C}D + A\overline{B}C + \overline{A}C\overline{D} + \overline{A}CD$$

$$Y_3 = \sum_{m}(0,2,4,6)$$

$$Y_4 = \sum_{m}(0,1,2,3,4,6,7,8,9,10,11,14)$$

$$Y_5 = \sum_{m}(0,1,4,5,6,7,9,10,11,12,13,14,15)$$

$$Y_6 = \sum_{m}(0,1,3,5,8,10,11,12,13,14,15)$$

第二组竞赛题目：

$$Y_1 = \overline{A}B + AC + \overline{B}C$$

$$Y_2 = \overline{\overline{A}B + ABD} + \overline{C}D + A\overline{B}C + \overline{A}C\overline{D} + \overline{A}CD$$

$$Y_3 = \sum_{m}(0,1,2,4,5,6)$$

$$Y_4 = \sum_{m}(0,2,5,7,8,10,13,15)$$

$$Y_5 = \sum_m (0,2,6,8,10,14)$$

$$Y_6 = \sum_m (0,1,2,3,4,7,8,9,10,11,12)$$

第三组竞赛题目：

$$Y_1 = \overline{A}\overline{B}\overline{C} + \overline{A}B\overline{C} + A\overline{C}$$

$$Y_2 = AB + ABD + \overline{A}C + BCD$$

$$Y_3 = \sum_m (3,5,6,7)$$

$$Y_4 = \sum_m (0,6,8,10,11,12,13,14)$$

$$Y_5 = \sum_m (0,1,8,9,10,11)$$

$$Y_6 = \sum_m (2,3,4,5,6,7,12,13,14,15)$$

第四组竞赛题目：

$$Y_1 = \overline{A}C + A\overline{B} + \overline{C}A + BC$$

$$Y_2 = A\overline{B}CD + A\overline{B} + A\overline{D} + \overline{A}\overline{D}$$

$$Y_3 = \sum_m (0,1,3,5,6,7,8)$$

$$Y_4 = \sum_m (0,2,3,4,5,6,8,14)$$

$$Y_5 = \sum_m (3,4,5,7,9,13,14,15)$$

$$Y_6 = \sum_m (0,1,2,5,6,8,9,10,11,12)$$

任务1.2　三人多数表决器的设计

任务要求

采用任务1.1学习的逻辑分析方法及逻辑函数的表示方法、化简方法，以及本任务学习的集成门电路基础知识，设计三人多数表决器电路的逻辑图（原理图）。

知识目标：

1. 掌握逻辑函数的5种表示方法和相互转换的方法。
2. 学会一般组合逻辑电路的设计步骤和方法。
3. 掌握基本门电路的逻辑功能和使用方法。

能力目标：

1. 能用5种方法表示逻辑问题并能实现5种表示方法的转换。
2. 能理解各类门电路的逻辑意义和电气特性，会合理选用集成门电路并正确连接使用。

3. 会综合运用逻辑代数、门电路、组合逻辑电路分析设计方法进行由门电路构成的小规模组合逻辑电路的分析和设计。

实践建议

学生分组，在教师的指导下，按照组合逻辑电路设计的基本步骤设计出简单的三人多数表决器的原理图，并进行相互展示和交流。

知识与操作

1.2.1 逻辑函数及其表示方法

我们通过三变量判奇电路来研究逻辑函数及其表示方法。某逻辑电路输入 3 个逻辑变量 A、B、C，如果 A、B、C 中 "1" 的个数为奇数，则电路的输出 Y 为逻辑 1，否则，电路的输出 Y 为逻辑 0。

我们将这种逻辑的问题用一种数学的形式表示出来，就是逻辑函数。在这里，函数的输入量（自变量）是 A、B、C，输出量（因变量）是 Y，它们都是逻辑变量，取值只能是逻辑的 0 和 1。

逻辑函数的表示可以采用 5 种方法，即真值表、逻辑表达式（函数式）、逻辑图（电路图）、卡诺图、波形图。每种表达形式不同，各有特点，但是表达的逻辑意义相同。下面列出这个三变量判奇逻辑的 5 种表达形式。

表达形式 1：真值表

真值表就是根据逻辑问题的输入变量和输出变量的关系将所有的输入情况列举出来，然后对应列出输出的逻辑值。这是一种穷举法表示逻辑问题的方法。表 1-14 为三变量判奇逻辑的真值表。

在画真值表时，要注意按照二进制组合的顺序列举输入逻辑的所有组合情况，这样可以有效避免列举时产生重复和遗漏，而且每一个输入逻辑组合都对应了一个最小项，也方便写出最小项。

真值表的特点是按照顺序列举所有的逻辑组合情况，并对应列出输出逻辑值，不能看出在某一时段中哪种逻辑情况会出现，以及出现的时间长短和先后顺序。

表 1-14   三变量判奇逻辑的真值表

A	B	C	Y
0	0	0	0
0	0	1	1
0	1	0	1
0	1	1	0
1	0	0	1
1	0	1	0
1	1	0	0
1	1	1	1

表达形式 2：逻辑表达式（函数式）

根据逻辑函数的真值表可以方便地写出逻辑表达式。方法：在输出结果中找 "1"，其对应的输入变量构成一个最小项，将这些最小项相或，即得到该逻辑的表达式。观察表 1-14 中输出列 Y，第一个 "1" 对应的 $ABC=001$，可以写出最小项为 $\overline{A}\,\overline{B}C$，第二个 "1" 对应的 $ABC=010$ 可以写出最小项为 $\overline{A}B\overline{C}$，依次写出第三个和第四个 "1" 对应的输入变量构成的最小项为 $A\overline{B}\,\overline{C}$、$ABC$，因此该逻辑函数的表达式为

$$Y = \overline{A}\,\overline{B}C + \overline{A}B\overline{C} + A\overline{B}\,\overline{C} + ABC$$

由真值表直接写出的逻辑式是最小项之和的形式，一般情况下可以采用公式法或卡诺图法进行化简。逻辑函数表达式是一个数学形式的函数式，由此可看出输入变量和输出变量之间的逻辑关系。

表达形式 3：卡诺图

任何一个逻辑函数都可以表示成卡诺图的形式，只是当变量数多于 5 时，卡诺图会变得比较复杂。这个三变量判奇电路只有三个变量，可以方便地用卡诺图表示。

在卡诺图中，每个方格对应真值表中的一行，将输入列写在左侧和上方，将输出填写在所对应的方格中，如图 1-22 所示。卡诺图除具有前面学习的特性外，还是一种变形的真值表，但它更适合用卡诺图法化简。

A \ BC	00	01	11	10
0	0	1	0	1
1	1	0	1	0

图 1-22　三变量判奇电路的卡诺图

表达形式 4：逻辑图

用逻辑图表达逻辑函数，就是用逻辑符号将逻辑关系表达出来，逻辑符号同时也是相应单元电路的电路符号，因此这种逻辑图就是实现这个逻辑函数的逻辑电路图。图 1-23 是三变量判奇电路的逻辑图。

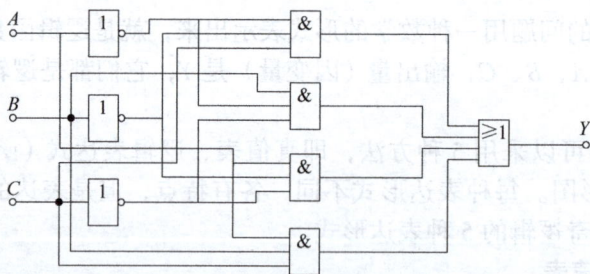

图 1-23　三变量判奇电路的逻辑图

表达形式 5：波形图

波形图是按照时间的发展顺序，根据输入信号的变化，输出信号发生相应变化的图形。一般用高水平线段表示"1"，用低水平线段表示"0"。从波形图中能够清晰地看出电路工作的时序性，但是其逻辑关系不太明显，而且在一个时间段内不一定能看到所有可能的情况。图 1-24 是三变量判奇电路某一时段的波形图。

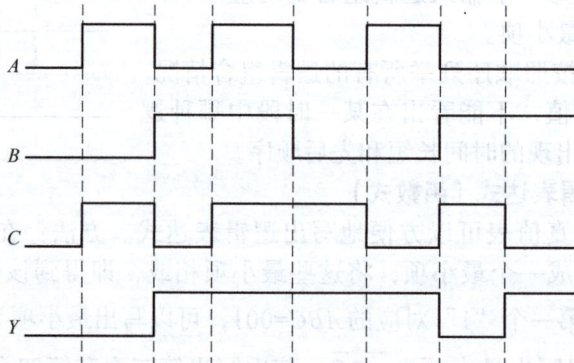

图 1-24　三变量判奇电路波形图

逻辑函数的 5 种表达形式可以相互转换，其实进行组合逻辑电路的设计和分析的过程就是这 5 种表达形式的转换过程。

1.2.2　组合逻辑电路的设计步骤与方法

进行组合逻辑电路的设计时，首先要和客户进行沟通，清楚设计目的和设计的逻辑要求、参数要求，然后开始设计。基本步骤如下：

1）逻辑定义。明确设计中用到的逻辑变量的含义及逻辑值的定义。

2）画真值表。根据逻辑要求画出真值表。

3）写表达式并化简变形。根据真值表写出最小项之和形式的逻辑式，然后进行化简或变形。

4）画逻辑图。根据化简或变形后的表达式画出逻辑图，这也是电路原理图。

5）电路仿真测试。利用仿真软件对电路进行逻辑功能仿真并测试其电气参数是否符合要求。

6）电路布线设计和制板。利用设计软件进行布线设计并制作电路板。

7）电路测试。将使用的元器件焊接到电路板上进行功能测试和参数测试。

8）经过测试，如有问题，返回修改或重新设计，如无问题即可交付任务。

一般情况下，本书学习中需要完成前面的 4 个步骤，至于后边的仿真测试与电路板制作测试是否需要，要看整个任务的情况和电路的复杂程度。

1.2.3　三人多数表决器电路的设计

任务要求：请使用数字逻辑电路设计一个三人表决器电路，要求每人控制一个表决按钮，同意表决事项则按下按钮，不同意则不操作按钮，表决结果用一个绿色 LED 灯表示。在不记名表决时，若多数人同意，则绿色 LED 灯亮，否则，LED 灯不亮。请设计本表决器并进行仿真测试，进行电路制作。

任务分析：本任务是设计一个三人多数表决逻辑电路，电路输入部分是 3 个按钮，逻辑运算部分完成逻辑分析并获得结果，输出部分是指示灯。电路工作的初始状态是 3 个按钮处于逻辑值为 0（低电平）的状态，按下 / 拨动按钮后变成逻辑 1（高电平）；电路初始状态指示灯不亮，工作时，当输入端 1 的数量为两个或三个时，灯亮，表决事项通过。

设计步骤：

1）逻辑定义。3 个按钮分别用 A、B、C 表示，初始状态为 0，被按下 / 拨动按钮后的逻辑值为 1，输出结果用 Y 表示，灯不亮为 0，灯亮为 1。

2）列真值表，见表 1-15。

3）写出表达式并化简。在真值表中找 1，对应写出最小项，再用相或的形式写出最小项表达式如下（化简可以采用公式法也可以采用卡诺图法）：

$$Y = m_3 + m_5 + m_6 + m_7$$

$$Y = \overline{A}BC + A\overline{B}C + AB\overline{C} + ABC$$

$$Y = AB + BC + AC$$

从最简结果看，三个人中只要有任意两个人同意，表决事项就被通过。AB 表示 A 和 B 两人同意，此时，C 的状态对结果没有影响；同样地，B 和 C 两人同意，A 的状态对结果没有影响；A 和 C 两人同意，B 的状态对结果

表 1-15　三人多数表决器电路的真值表

A	B	C	Y
0	0	0	0
0	0	1	0
0	1	0	0
0	1	1	1
1	0	0	0
1	0	1	1
1	1	0	1
1	1	1	1

没有影响。任意两个人同意，本身包含了第三人同意或是不同意两种状态，但是对结果没有影响。因此，逻辑计算出来的结果和逻辑分析出来的结果是完全一致的。逻辑代数方便了人类对逻辑问题的分析和运算，是整个数字世界的基础理论，是构筑数字大厦的基石。

　　4）画逻辑图。逻辑图即数字电路原理图，是按照逻辑表达式用信号传输线路将逻辑电路符号有机连接，形成电路图。本任务的电路仿真图如图 1-25 所示。图中电路分为三部分：输入电路部分、逻辑电路部分、输出电路部分，其中逻辑电路部分是设计的核心电路。

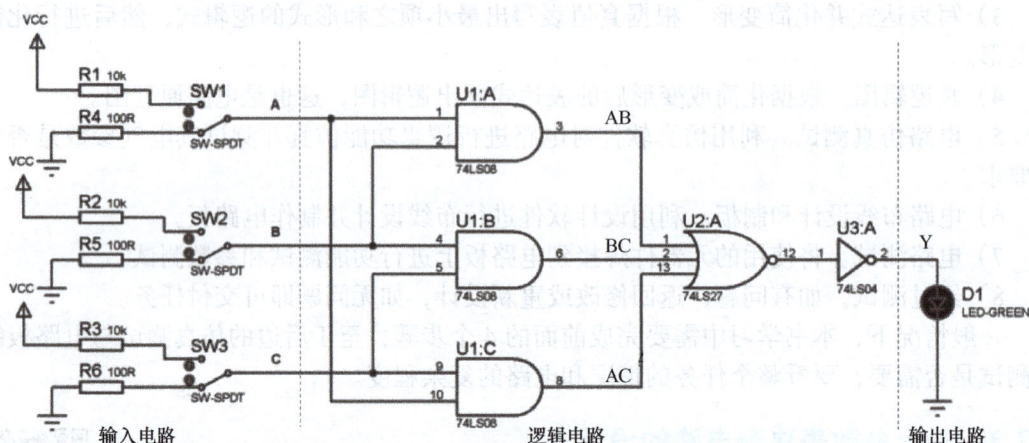

图 1-25　三人多数表决器电路的仿真图

　　输入电路部分采用了单刀双掷开关，电路工作的初始状态是开关接通下边触点，经过100Ω 电阻接地，给逻辑电路提供低电压，即逻辑"0"；工作时，如开关拨动到上边触点，表示同意表决事项，此时，电路通过 10kΩ 电路接电源正极，给逻辑电路提供高电压，即逻辑"1"。

　　逻辑电路部分由 3 个与运算电路、1 个或非运算电路、1 个非运算电路构成。这种能实现一定逻辑运算功能的集成电路单元称为逻辑门电路，因此该电路图中用到 3 个与门、1 个或非门、1 个非门。输入逻辑信号 A、B、C 进入逻辑电路后，首先是 A 和 B、B 和 C、A 和 C 分别同时输入到 3 个与门 U1：A、U1：B、U1：C，从而分别得到 AB、BC、AC 3 个相与项，进入或非门 U2：A 的输入端，进行或非运算，输出端得到 $\overline{Y}=\overline{AB+BC+AC}$ 后，信号继续向后进入非门，从而获得 $Y=AB+BC+AC$。此处先用或非门再用非门获得 Y，是因为在 Proteus 中绘图时选用了 74LS 系列的集成电路，在库中未提供三输入端或门，所以用或非门先获得 $\overline{Y}$ 再求反获得 Y。

　　输出部分是用非门直接驱动的一个绿色 LED 指示灯，在实际使用时，如果电路不能将 LED 点亮，需要增加驱动电路，提高电路的驱动能力，从而达到点亮 LED 所需要的电流。

　　对输出表达式 $Y=AB+BC+AC$ 利用摩根定理变形，可以得到输出函数的与非式：

$$Y=\overline{\overline{AB}\cdot\overline{BC}\cdot\overline{AC}}$$

　　利用这个表达式，可以用与非门来设计电路，图 1-26 是在 Proteus 软件中绘制的电路。表达式变形为与非式，整个电路使用的门电路种类减少了，也就减少了电路使用的集成电路种类，简化了电路的设计，降低了电路成本。电路设计的方案不是唯一的，可以根据不同的情况和需要设计不同的电路，但是其功能是相同的。

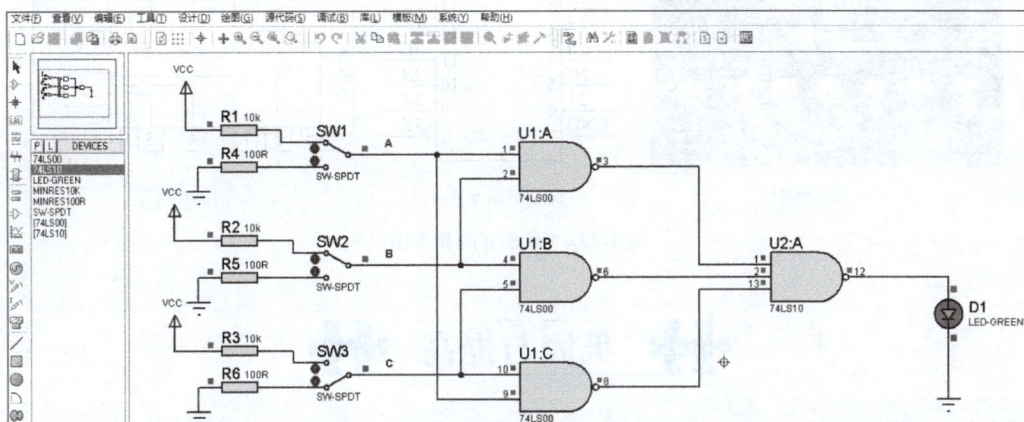

图 1-26 用与非门设计的三人多数表决器电路仿真图

思考： 如将图 1-26 中集成电路 74LS00 都换成 74LS10，电路图应如何绘制？这样做有什么好处？

本任务设计的仿真与测试将在后续任务中完成。

在上面的设计中，用到了 74LS 系列的集成门电路：74LS00、74LS04、74LS08、74LS10、74LS27。同一系列的不同门电路的电气参数基本相同，不同的是内部电路结构和逻辑运算功能。在后续项目中还会学习相关知识，此处仅以 74LS10 为例简单介绍。

图 1-27a 是 74LS10 的实物照片，这是双列直插 14 引脚的集成块，其外形、尺寸、引脚形式、引脚尺寸、引脚间距等数据组成电路元件的封装形式，相同的集成块有不同的封装形式，以适应不同的电路板设计需求。

图 1-27b 是其引脚示意图，标注了每个引脚的编号和逻辑定义。大多数双列直插集成电路的引脚编号规律是面向集成块的正面，集成块的半圆标志或圆点标志向上，左上第一个引脚为 1 号引脚，依次向下分别是 2，3，4，…号，从左下最后一个引脚转到右下引脚继续编号，直至右上第一个引脚为最大编号。多数情况下，最左下的引脚为接地端 GND，最右上的引脚为电源正极 V_{CC}/V_{DD}，但这不是绝对的，使用时还要查阅集成电路的相关资料来确定。每个引脚的功能和使用要求需要查阅集成块的说明资料，一般在仿真软件的帮助文档或上网搜索都可以找到相关的说明资料。

图 1-27c 是 74LS10 的内部结构图。内部有 3 个与非门，每个与非门的输入端有 3 个，这种集成电路称为"三-3 与非门"，"三"代表 3 个门电路，"3"代表每个门电路有 3 个输入端。由图可见，1 号、2 号、13 号引脚是一个与非门的输入，12 号引脚是这个与非门的输出，结合图 1-27b 的标注，可以得到 $1Y = \overline{1A \cdot 1B \cdot 1C}$，同样的，3、4、5 号引脚输入、6 号引脚输出，构成一个与非门；9、10、11 号引脚输入、8 号引脚输出，构成一个与非门。

如果用 74LS10 获得 $\overline{AB}$，其与非门的输入端有 3 个，而表达式中是两个变量，此时多余端可以连接逻辑 1，相当于 $\overline{AB \cdot 1}$，和 $\overline{AB}$ 是一样的。与门和与非门的多余端接逻辑 1 不会影响门电路的工作，或门和或非门的多余端要接逻辑 0，不会影响门电路的工作。

a) 实物照片

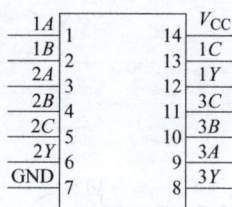
b) 引脚示意图

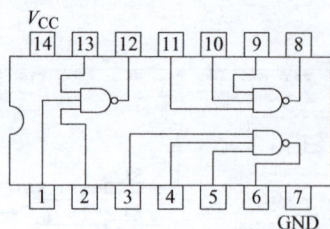
c) 内部结构图

图 1-27 74LS10 的相关图

巩固与提高

1. 知识巩固

1-1 逻辑函数共有 5 种表达形式，分别是_____、_____、_____、_____、_____。

1-2 逻辑表达式中逻辑变量的取值只可能是_____和_____。

1-3 图 1-28 给出两种开关电路，写出反映 Y 和 A、B、C 之间逻辑关系的真值表函数式，并画出逻辑图。若 A、B、C 变化规律波形如图 1-28b 所示，画出 Y_1、Y_2 的波形图。

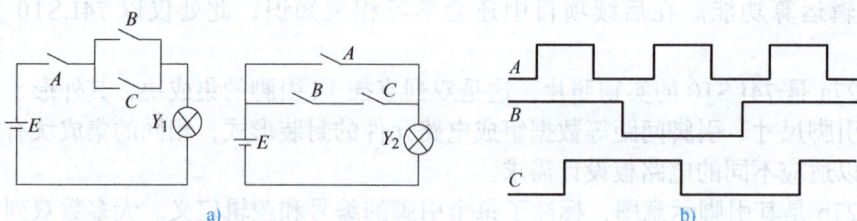

图 1-28 开关电路与波形图

2. 能力提高

请设计一个举重裁判电路，有 A、B、C 三名裁判，其中 A 是主裁判，B、C 是副裁判。对运动员举重是否有效的判定规则：主裁判认定有效且至少一名副裁判认定有效，举重成绩有效，主裁判未认定有效，即便副裁判都认定有效，举重成绩也无效。当裁定举重成绩有效时，绿色指示灯亮。

1）请用与门、或门混合设计举重裁判电路。

2）请用 74LS10 设计举重裁判电路。

任务 1.3 三人多数表决器的 Proteus 仿真

任务要求

根据任务 1.2 中三人多数表决器电路设计的原理图绘制三人多数表决器电路并进行仿真，使用四通道示波器显示包含投票时间段的波形。各学习小组交流绘图的过程和步骤及仿真的过程和结果。

知识目标：

1. 深入理解门电路的逻辑功能。

2. 了解集成电路门电路的基本使用知识。

3. 了解集成电路常用的电气参数。

能力目标：

1. 初步学会使用 Proteus 绘制原理图的方法、步骤。

2. 初步学会电路功能仿真。

3. 初步学会仿真软件中示波器的使用。

4. 能正确选用集成电路，查阅其使用文档资料。

实践建议

本任务中教师指导学生自主选择电路器件并绘制电路原理图，选择适当的方法进行逻辑功能测试和电气参数测试。教师根据学生在实践过程中出现的问题有针对性地进行指导和讲解，引导学生正确设计输入电路、逻辑电路和输出电路，并引导学生使用示波器分析波形。

知识与操作

1.3.1　用 Proteus 软件绘制电路原理图

Proteus 软件来自英国 LabCenter Electronics 公司，是一款系统仿真开发软件，目前流行的 Proteus7 和 Proteus8 两个系列版本都可以完成本课程的电路仿真，读者可以选择使用。两个系列版本都是 Windows 操作系统下软件，实质操作差别不大，只是 Proteus8 系列版本是以工程文件的形式管理一个电路设计中的所有相关文件，如原理图、PCB 设计图、元器件列表等文件。

下面以 Proteus7 版本为例，展示绘制三人多数表决器电路的简要步骤和操作方法。

在桌面找到 图标双击或在"开始"菜单中找到 █ ISIS 7 Professional 图标，单击打开软件，Proteus7 启动界面如图 1-29 所示。界面包括标题栏、菜单栏、工具栏、绘图工具栏、预览窗口、对象选择按钮、对象选择窗口、绘图窗口、状态栏、仿真按钮等。

1. 选取元器件（Pick Devices）

打开软件后，开始绘制原理图，首先是放置所需的元器件。方法有 3 种，可以先熟悉使用一种，在 Proteus 的主界面：

1）使用对象选择按钮，即单击 P 按钮。

2）使用菜单，单击"库"→"拾取元件/符号"命令。

3）在绘图窗口右击，选择"放置"→"器件"→"From Libraries"命令，如图 1-30 所示。

在三人多数表决器中，以与非门实现为例进行操作。如图 1-26 所示，电路中用到的元器件有 74LS00 和 74LS10，用到单刀双掷开关、10kΩ 电阻、100Ω 电阻、绿色 LED。

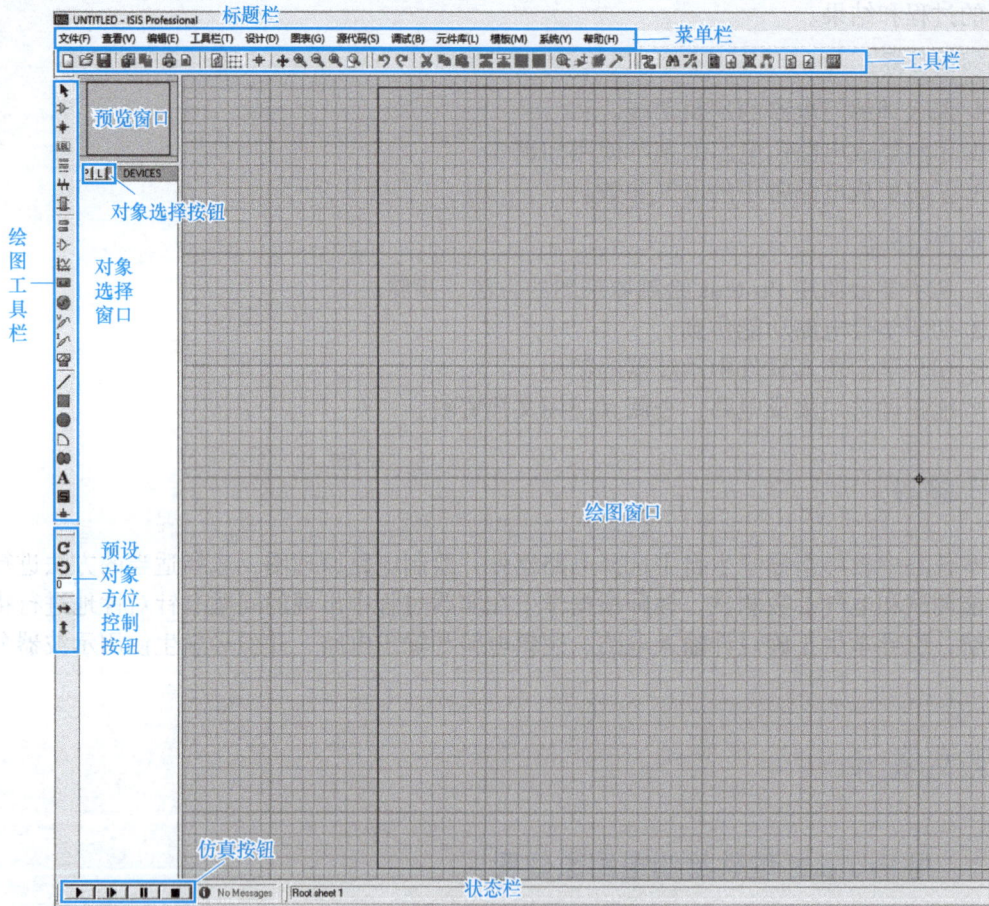

图 1-29　Proteus7 的启动界面

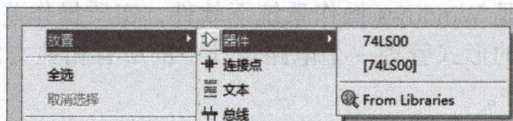

图 1-30　右击法放置元器件

（1）选取 74LS00 和 74LS10

单击对象选择按钮中的 P 按钮，调出"Pick Devices"对话框，如图 1-31 所示。

可以在"关键字"栏输入元器件的关键字，如"74LS"，也可以直接在元器件库中选择"TTL74LS series"（74LS 系列），下边的"子类别"和"制造商"在不明确的情况下，可以不选。操作中选择合适的子类别和制造商，可让中间列表的元器件更精准，便于快速找到需要的元器件。在中间的元器件列表中选择 74LS00，其逻辑符号和封装形式会出现在窗口右侧。双击选中的元器件，将会加入到主界面的"对象选择窗口"中，使用时，直接从这个窗口调取元器件。同样地，将 74LS10 选取出来。在中间的元器件列表中列出了元器件的型号、所属库、功能描述，如 74LS00，属于 74LS 库，功能是"Quadruple 2-input Positive-NAND Gates"，即"四-2 输入正逻辑与非门"，说明该集成器件中有 4 个与非门，每个与非门有两个输入。

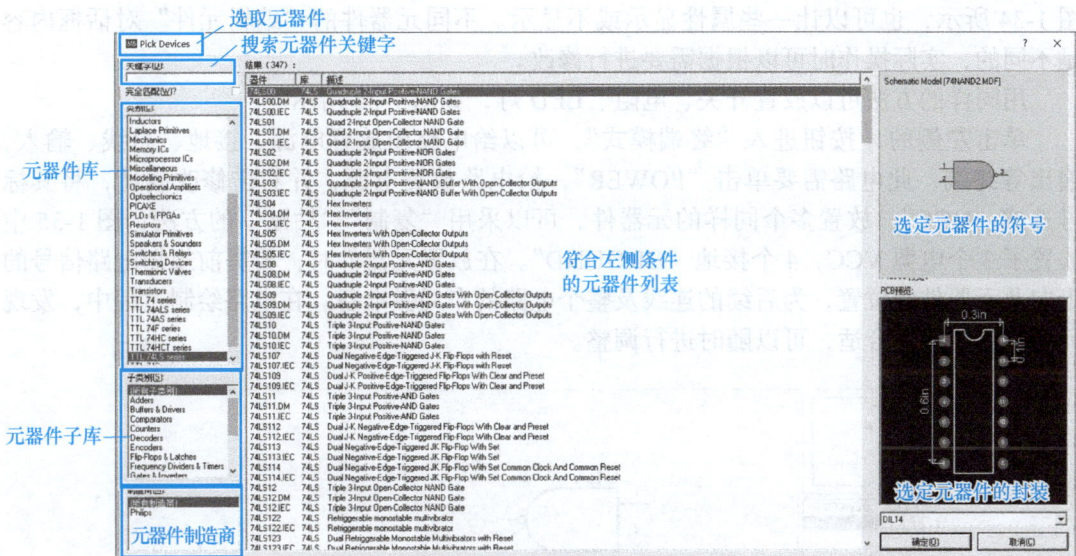

图 1-31　选取元器件的窗口

（2）选取电阻

在图 1-31 中的元器件库中选择"Resistor"（电阻），在子库中选择"0.6W Metal Film"（0.6W 金属膜电阻），在元器件列表中双击"MINRES100R"和"MINRES10K"两个电阻。

（3）选取开关

在图 1-31 中的元器件库中选择"Switchs & Relays"（开关和继电器），子类选择"Switchs"，在元器件列表中双击"SW-SPDT"（单刀双掷开关）。

（4）选取 LED 指示灯

采用关键字搜索法查找。在图 1-31 中的选取元器件窗口中"关键字"栏中输入"LED"，在中间元器件列表中找到"LED-GREEN"并对其双击，即可添加到主界面的"对象选择窗口"中。

选取完元器件后，即可将"Pick Devices"窗口关闭，在绘图的过程中，若发现元器件不全，可以再次打开并选取元器件。本电路中选取完元器件后，主界面的"对象选择窗口"如图 1-32 所示。

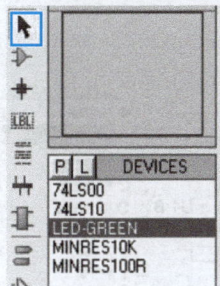

图 1-32　主界面的"对象选择窗口"

2. 放置元器件

在绘图窗口中绘制电路图，首先要将元器件放置到绘图窗口上，然后再连线。放置的方法：在主界面左侧的"对象选择窗口"中单击需要的元器件，将鼠标移动到绘图区，在空白位置单击，即可放置，如需多个元器件，则多次在图样上单击即可。停止放置元器件，用鼠标单击"绘图工具栏"中最上边的黑色箭头，进入选择工作模式，如图 1-32 所示。例如，放置 74LS00 的与非门，先单击图 1-32 中"对象选择窗口"的 74LS00，将鼠标移到绘图区的空白区域单击一次，就会出现一个与非门，连续单击 3 次，出现 3 个与非门，如图 1-33 所示。图中，U1：A 是一个与非门，U1 代表集成块的标签（名字），A、B、C 代表 U1 集成块中的第 1、2、3 个与非门，其输入和输出端上的数字是集成块的引脚编号。右击元器件，选择"编辑属性"命令，可以对这个元器件的基本属性做一些修改，如

图 1-34 所示，也可以让一些属性显示或不显示。不同元器件的"编辑元件"对话框内容是不同的，实际操作时可以根据需要进行修改。

用同样的方法可以放置开关、电阻、LED 灯，如图 1-35 所示。

单击左侧的 ▤ 按钮进入"终端模式"，可以给电路图放置电源、接地、总线、输入、输出等终端，此电路需要单击"POWER"，给电路放置电源，并右击修改属性，将其标号选成"VCC"。放置多个同样的元器件，可以采用"复制""粘贴"的方法，图 1-35 中放置了 3 个电源 VCC，4 个接地"GROUND"。在放置元器件时，要提前规划电路信号的走向及元器件的位置，为后续的连线及整个电路的布局做准备。在电路绘制过程中，发现元器件的位置不合适，可以随时进行调整。

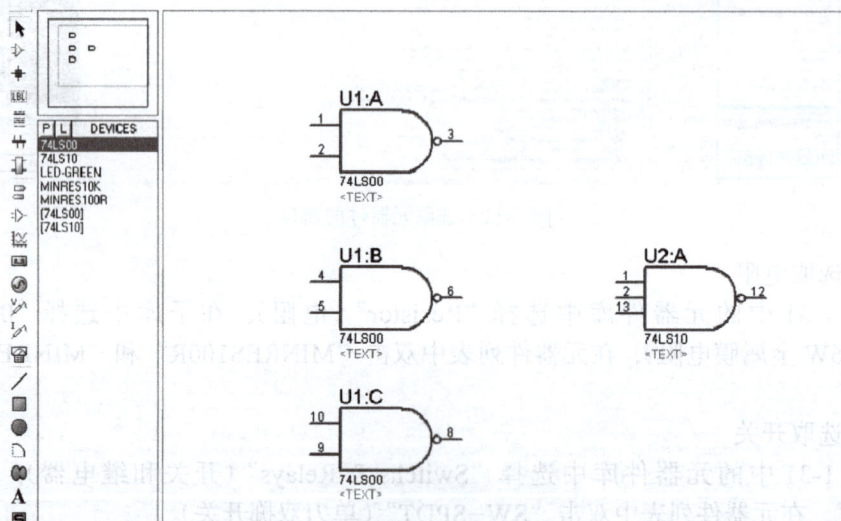

图 1-33　放置元器件的界面

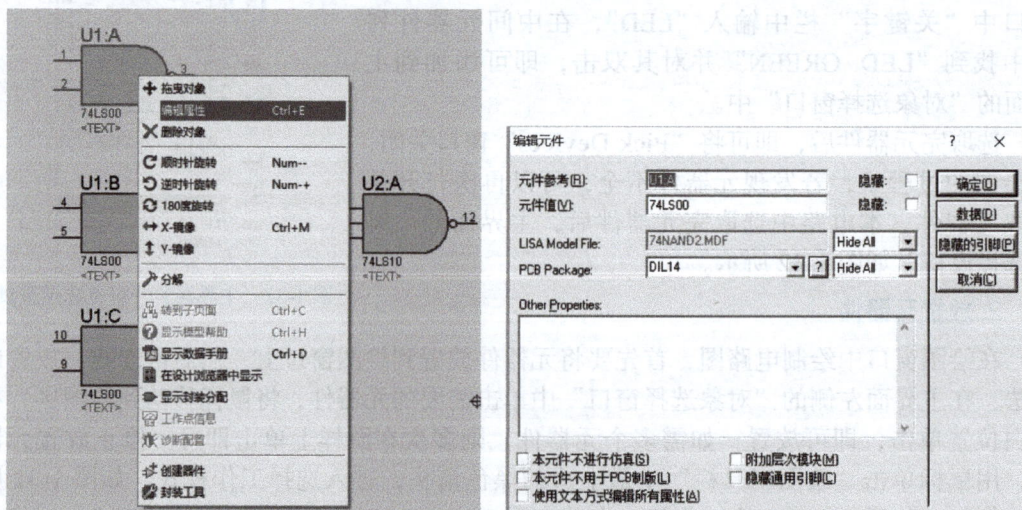

图 1-34　编辑元器件的属性

3. 元器件的移动和旋转

在绘图窗口，可以用鼠标左键单击选择一个或划定范围选择多个元器件，再用鼠标拖动到合适的位置。可以在元器件上右击，使用"顺时针旋转""逆时针旋转""180度旋转""X-镜像""Y-镜像"来旋转元器件，如图1-34所示。

　　元器件上显示的标签、参数等文本信息也可以用鼠标左键按住拖动，放到合适的位置。

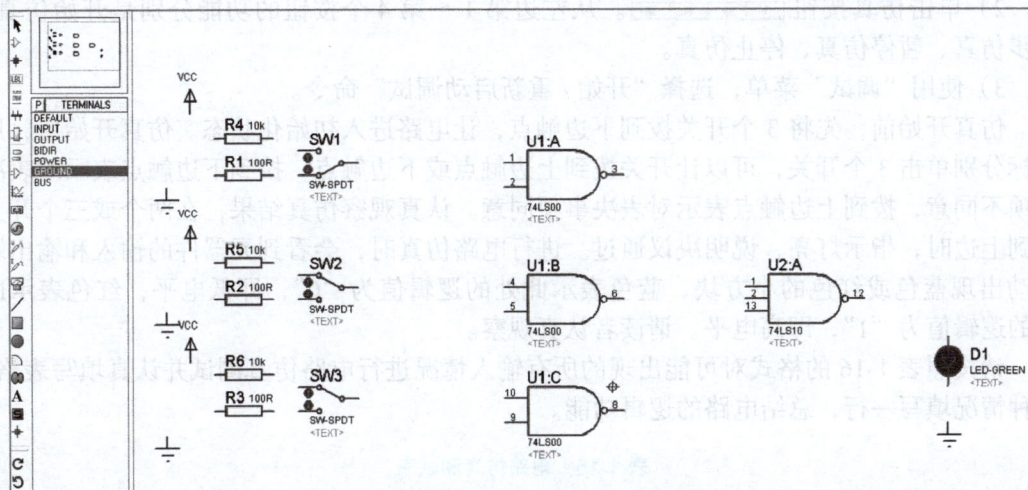

图 1-35　放置元器件后的界面

4. 连线

　　连线时，先用鼠标单击一个连接点，再将鼠标拖动到另外一个连接点单击即可，可以通过鼠标单击选中已有的连线并进行简单编辑，也可以在线上右击进行编辑。需要拐弯的连线，可以在拐弯处单击鼠标，再继续拖动鼠标到目的位置。连线完成后，如图1-36所示。

5. 添加文字及图形

　　单击左侧工具栏的 **A** 按钮，进入"2D图形文字模式"，再在"绘图窗口"内选择"WIRE"，给连线增加文本标志，如图1-36中连线上方的A、B、C、Y。类似地，可以在绘图窗口绘制直线、圆形、四边形等2D图形。

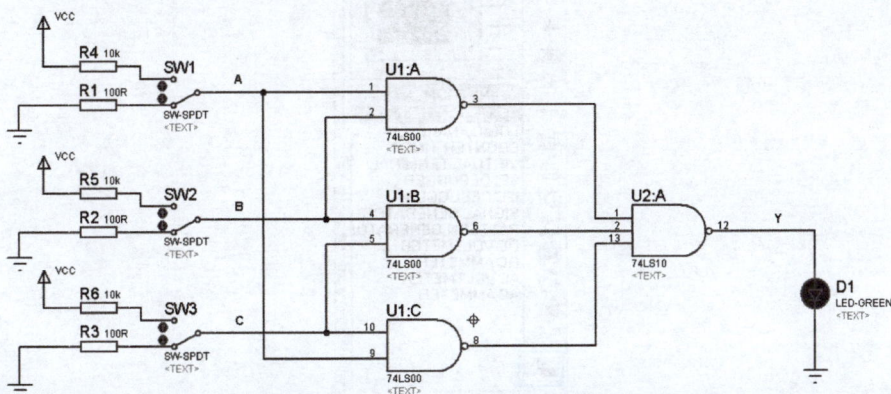

图 1-36　绘制完成的三人多数表决器电路仿真图

1.3.2 电路仿真

绘制好的电路如图 1-36 所示，此时，就可以仿真测试了。开始仿真测试的方法有 3 种：

1）按快捷键 <Ctrl+F12>。

2）单击仿真按钮 ｜▶｜▶｜Ⅱ｜■｜。从左边第 1 ～ 第 4 个按钮的功能分别是开始仿真、单步仿真、暂停仿真、停止仿真。

3）使用"调试"菜单，选择"开始 / 重新启动调试"命令。

仿真开始前，先将 3 个开关拨到下边触点，让电路进入初始化状态。仿真开始后，用鼠标分别单击 3 个开关，可以让开关拨到上边触点或下边触点。拨到下边触点表示对表决事项不同意，拨到上边触点表示对表决事项同意。认真观察仿真结果，在两个或三个开关拨到上边时，指示灯亮，说明决议通过。进行电路仿真时，会看到元器件的输入和输出端自动出现蓝色或红色的小方块，蓝色表示此处的逻辑值为"0"，即低电平，红色表示此处的逻辑值为"1"，即高电平。请读者认真观察。

请按照表 1-16 的格式对可能出现的所有输入情况进行电路仿真测试并认真填写表格，每种情况填写一行，总结电路的逻辑功能。

表 1-16 电路仿真测试表

开关状态			LED 等状态		输入逻辑值	输出逻辑值
SW1	SW2	SW3			A B C	Y
				⇨		

1.3.3 虚拟示波器的使用

电路仿真时，经常需要使用虚拟示波器观察电路工作的时序图（波形图）。使用虚拟仪器，要单击左侧虚拟仪器工具栏的 按钮，进入虚拟仪器状态，"对象选择窗口"中列出的是一些虚拟仪器，其中第一个"OSCILLOSCOPE"是四通道的示波器，单击选中后，在绘制窗口上单击，即可添加虚拟示波器到电路中，如图 1-37 和图 1-38 所示。

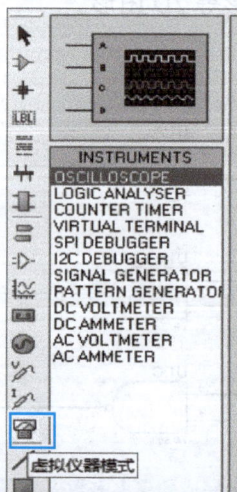

图 1-37 添加示波器

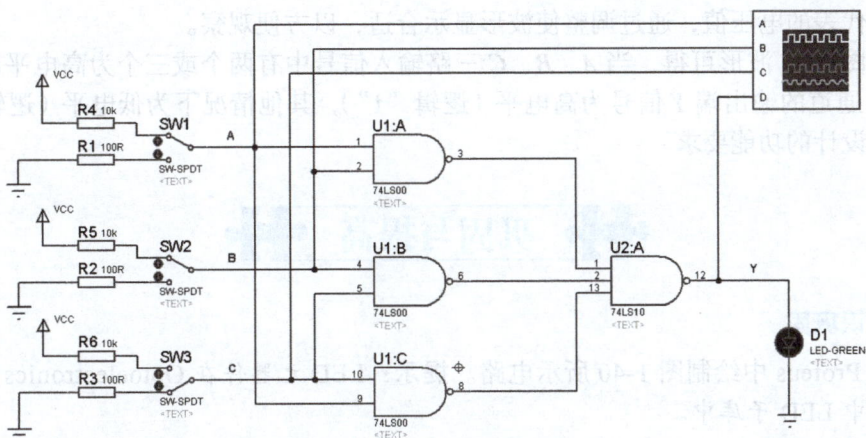

图 1-38　添加示波器后的电路

将输入电路的 A、B、C 三路信号分别接入到示波器的 A、B、C 通道，将电路输出的 Y 信号输入到示波器的 D 通道，开始仿真，拨动 3 个开关，即可看到示波器的波形，如图 1-39 所示。

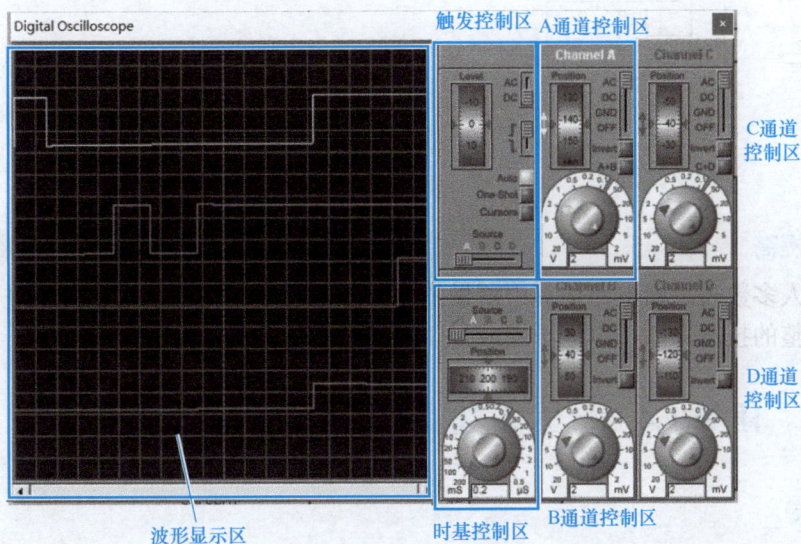

图 1-39　虚拟示波器界面

其中，波形显示区从上到下显示的波形分别是 A、B、C、D 4 个通道的波形，其颜色可以在波形显示区右击，使用"setup"命令进行修改。在波形显示器图形区右击，使用"print"命令可以打印出波形，如果没有安装打印机，可以安装虚拟打印机，选择 PDF 文件的形式来输出。

触发控制区默认是自动触发，一般不需要设置。其中的"Cursors"按钮按下后，可以在波形显示区添加光标，并显示任一点的横轴信息（时间）和纵轴信息（电压）。

时基控制区可以调整波形图中每一个横向方格代表的时间长短，用鼠标左键按住调整旋钮，可以左右调整，直到波形显示区波形横向距离合适为止。通过调整时基可以方便计算周期性波形的频率和周期。

右边 4 个区域分别是 A、B、C、D 通道的调整区域。可以调整波形纵向的位置和纵向每一格代表的电压值，通过调整使波形显示合适，以方便观察。

分析图1-39波形可得，当A、B、C三路输入信号中有两个或三个为高电平时（逻辑"1"），D通道的输出端Y信号为高电平（逻辑"1"），其他情况下为低电平（逻辑"0"），符合电路设计的功能要求。

巩固与提高

1. 知识巩固

请在Proteus中绘制图1-40所示电路。提示：LED元器件在Optoelectronics（光电元器件库）中LED子库中。

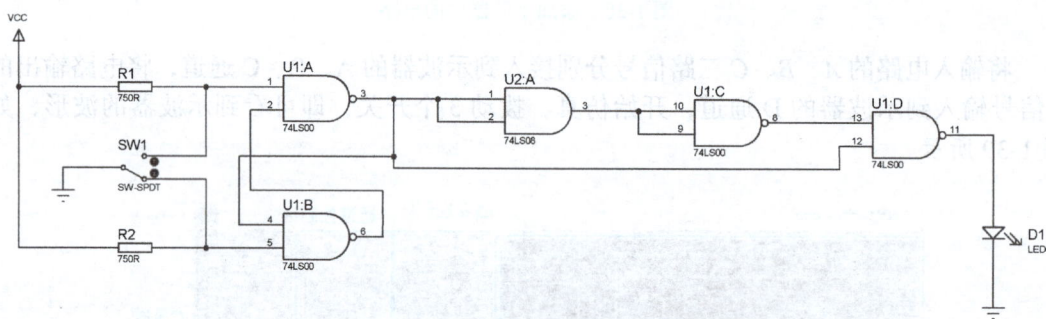

图1-40　Proteus绘图练习电路图

2. 能力提高

请将三人多数表决器电路仿真中所做的电路图和仿真的中间过程、结果进行截图，组织一篇较完整的技术文章，以电子稿或打印稿的形式提交给教师。

任务1.4　三人多数表决器电路的搭建与测试

任务要求

根据实训室的具体条件，利用设备搭建出三人多数表决器电路，并通电测试，记录测试过程数据。或使用面包板/洞洞板，购买元器件搭建电路进行测试。

知识目标：

1. 掌握门电路（集成）的识别和使用方法。
2. 掌握集成门电路的基本电气参数和特性。
3. 掌握电子电路安全操作的常识。

能力目标：

1. 会使用实训室设备进行数字电路搭建并会使用仪表进行参数和功能测试。
2. 能初步选用合适的器件和制作简单电路的工具材料搭建简单电路。

实践建议

　　根据学习条件，可以在以下两种实践方式中选择一种完成实践活动。采用任何一种实践方式都必须提高安全意识，按照实训室规定安全操作。

　　1. 有实验实训室条件，教师讲解实训台/箱的基本配置和使用方法、注意事项，给学生提供基本的元器件，学生利用实训台/箱的资源，分组完成三人多数表决器的电路搭建并进行测试。

　　2. 采用面包板或洞洞板，自行采购元件器，搭建电路。

知识与操作

1.4.1　三人多数表决器电路的搭建

1. 实训台简介

　　实训设备以图 1-41 所示天煌教仪 DZX-3 型电子学综合实验装置实训台为例，读者可以根据实际的实训条件合理选用。本实训台包括数字逻辑电路（左边）和模拟电路（右边）两部分，本任务主要使用左边部分。图 1-41 中数字标出的主要构成部分如下：

　　1—电源部分，提供 5V 和 0 ～ 18V 电源。

　　2—十六位逻辑开关输出部分，提供 16 路数字信号。

　　3—中规模集成电路连接区，可以插接双列直插 14 引脚和 16 引脚集成块。

　　4—十六路信号输入指示区，可以连接 16 路数字信号进行 LED 显示。

　　5—拨码开关，可以提供 8421BCD 码。

　　6—LED 数码管显示区，可以接收 8421BCD 信号进行数码显示，最多显示 6 位。

　　7—大型集成电路（单片机）连接区。

　　8—脉冲信号提供区，可以提供多种频率的数字脉冲信号

　　另外，还有继电器、蜂鸣器、短路保护报警、开关等。

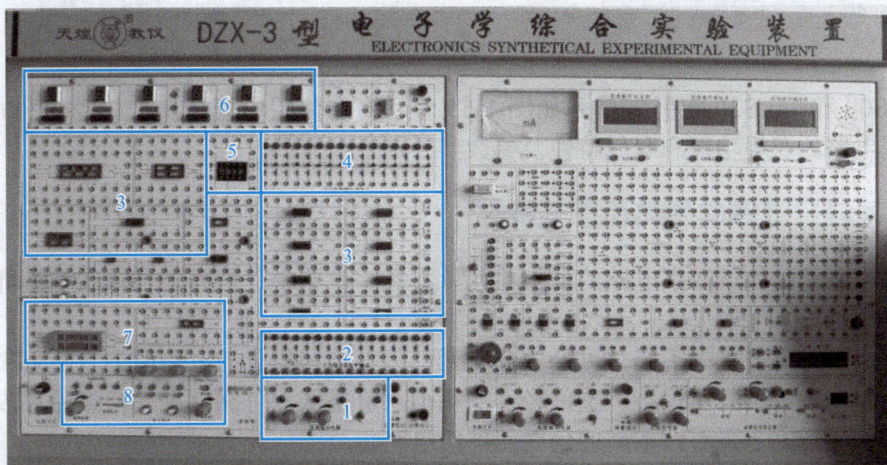

图 1-41　天煌教仪 DZX-3 型电子学综合实验装置实训台

2. 搭建三人多数表决器电路

根据三人多数表决器的输出表达式和电路仿真情况，可以选用适当的器件在实训台上搭建电路。电路采用 5V 电源，可以从实训台上的电源区获得；三人输入开关可以利用实训台的 16 个逻辑开关中的任意 3 个表示 A、B、C 输入；主电路采用与非门 74LS00 和 74LS20（或 74LS10）实现，在中规模组合电路连接区进行连接；输出的结果接到 LED 显示部分，在 16 路中任意选用 1 路即可。图 1-42a 是用 74LS00 和 74LS20 实现的电路情况，图 1-42b 是一种接线方案的示意图。电路连接好后，当输入开关中有两个或三个是逻辑 1 时，输出指示灯亮。

说明：制作电路时选用哪个型号的集成电路，首先考虑电路功能和电气参数特性的实际需求，再考虑选用的器件是否有存货或是否方便采购。很多情况下，一个电路可以用不同的元器件来实现。如本任务中的与非门可以选用 74LS10，也可以选用 74LS20，虽然二者内部结构和与非门的输入端数量不同，但此处是可以用 74LS20 代替 74LS10 的。

a) 三人多数表决器电路的搭建　　　　　b) 三人多数表决器电路接线示意图

图 1-42　三人多数表决器电路的连接

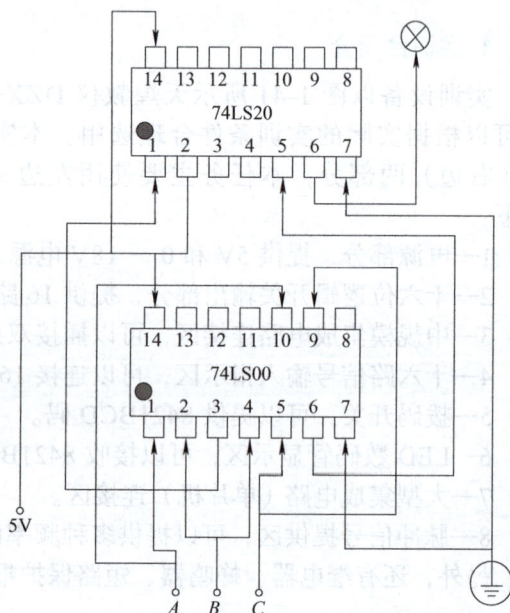

74LS00 和 74LS20 的引脚排列如图 1-55 所示。在使用中规模集成电路制作电路时，需要关注电路的逻辑功能和电气特性及参数。

1.4.2　集成门电路的分类及电气特性

逻辑门电路是构成数字电路的基本单元。在数字电路中，信号的传输和变换都是由门电路来完成的。

门电路按构成方式的不同，可分为分立元件门电路和集成门电路两类。随着集成电路技术的不断发展，具有体积小、重量轻、功耗小、价格低、可靠性高等特点的集成门电路逐步代替了体积大、可靠性不高的分立元件门电路。

按集成电路结构工艺的不同，可以分为厚膜集成电路、薄膜集成电路、混合集成电路、半导体集成电路四大类。其中，半导体集成电路主要有双极型集成电路和单极型集成电路两种。

　　构成双极型集成电路的基本元器件为双极型半导体器件，如二极管、晶体管，其主要特点是开关速度快、负载能力强，但功耗较大、集成度较低。双极型集成电路主要有晶体管逻辑（Transistor-Transistor Logic，TTL）电路、发射极耦合逻辑（Emitter Coupled Logic，ECL）电路和集成注入逻辑（Integrated Injection Logic，I²L）电路、二极管逻辑（Diode-Transistor Logic，DTL）电路等类型。其中，TTL 电路的性价比最佳，故应用十分广泛，本书主要选用 TTL 逻辑电路进行学习。

　　单极型集成电路的主要元件是 MOS 管，又称为 MOS 集成电路，它采用金属－氧化物半导体场效应晶体管（Metal Oxide Semi-conductor Field Effect Transistor，MOSFET）制造，其主要特点是结构简单、制造方便、集成度高、功耗低，但传输速度较慢。MOS 集成电路又分为 PMOS（P-channel Metal Oxide Semiconductor，P 沟道金属氧化物半导体）、NMOS（N-channel Metal Oxide Semiconductor，N 沟道金属氧化物半导体）和 CMOS（Complement Metal Oxide Semiconductor，复合互补金属氧化物半导体）等类型。MOS 电路中应用最广泛的为 CMOS 电路，主要有 4000/4500 系列、54HC/74HC 系列、54HCT/74HCT 系列等，实际上这三大系列之间的引脚功能、排列顺序是相同的，只是某些参数不同而已。它适用于通用逻辑电路的设计，而且综合性能也很好，与 TTL 电路一起成为数字集成电路中两大主流产品。

　　无论是哪种工艺、材料的逻辑门，都有与门、非门、或门，也有组合逻辑的与非门、或非门、与或非门、同或门和异或门等，还有一些特殊的门，如三态门、OC 门、传输门等。

　　在数字系统的逻辑设计中，若采用 NPN 晶体管和 NMOS 管，电源电压是正值，一般采用正逻辑；若采用 PNP 晶体管和 PMOS 管，电源电压是负值，则采用负逻辑比较方便。

　　正逻辑是用高电平表示逻辑"1"，用低电平表示逻辑"0"的逻辑定义方式；负逻辑是用低电平表示逻辑"1"，用高电平表示逻辑"0"的逻辑定义方式。今后除非特别说明，本教材一律采用正逻辑分析逻辑问题。

　　逻辑电平的定义都有一个限定的范围，高电平有下限范围 U_{min}，低电平有上限范围 U_{max}，如图 1-43b 所示。图 1-43a 中电子开关 S 为二极管、晶体管及场效应晶体管等电子器件，根据 U_I 的电压值控制 S 的通断。当 S 接通时，U_O 为低电平，逻辑值为"0"；当 S 断开时，U_O 为高电平，逻辑值为"1"。理想情况下，U_O 低电平为 0V，U_O 高电平为 V_{CC}，但实际电路中的电子开关 S 有内阻 r，所以 U_O 低电平并不是

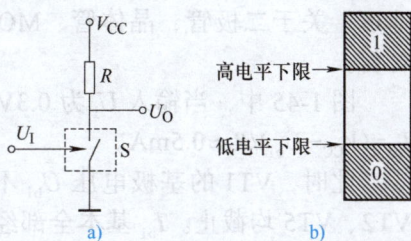

图 1-43　逻辑电平的定义范围

0V，而且会随着电流的增大而升高输出端的电压。U_O 高电平也并不是 V_{CC}，因为有电流经 R 流向后续负载，R 上有分压 U_R，所以 $U_O = V_{CC} - U_R$。因此后续负载的等效电阻越大，流经 R 的电流越小，U_R 越小，输出的 U_O 就越大。通过以上分析可见，S 在导通时的等效电阻越小越好；S 在断开时，后续负载的等效电阻越大越好，理想状态是无穷大。在数字逻辑电路中，逻辑"0"和逻辑"1"对应的电压范围较宽，因此对电子元器件参数精度的要求及电源稳定度的要求比模拟电路要低。

　　数字电路中逻辑电平的书写规定：U_H 表示高电平，输入高电平用 U_{IH} 表示，输出高电平用 U_{OH} 表示；U_L 表示低电平，输入低电平用 U_{IL} 表示，输出低电平用 U_{OL} 表示。

1. TTL 电路

（1）典型 TTL 门电路的结构　TTL 门电路（T1000 系列和普通 74 系列）不同系列的内部电路具有极大的相似性。在典型的 TTL 内部电路的基础上通过改变其生产工艺、元件类型、电路结构等方式可得到不同系列的电路。不同系列的 TTL 集成电路有着不同的电气参数、性能参数，如图 1-44 和图 1-45 所示。同一系列不同型号的 TTL 集成电路从输入端和输出端获得的电气参数是相同的，如输入 / 输出电压 U_i/U_o、输入 / 输出电流 I_i/I_o 的范围、带负载能力等。图 1-44 是国产 T1000 系列的一个典型电路，图 1-45 是国产 74 系列的一个典型电路。研究和分析数字集成电路内部电路的原理及设计方法不是本书的重点，为了帮助读者理解后续内容，下面以图 1-45 所示电路为例，对内部电路工作原理简单介绍，读者可适当了解。

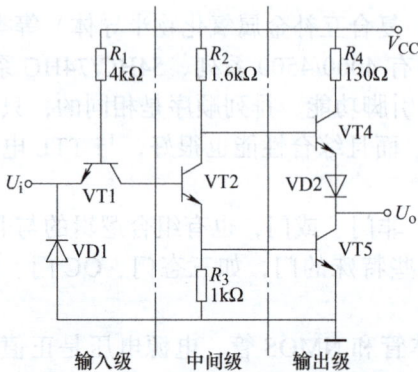

图 1-44　T1000 系列非门电路

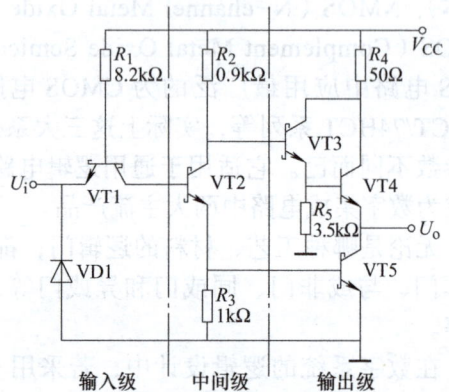

图 1-45　74 系列非门电路

电路分输入级、中间级、输出级三部分，电路的工作标准电压是 5V，输入端标准高电压 U_{IH} 为 3.6V，低电压 U_{IL} 为 0.3V，输出高电平 U_{OH} 为 3.6V，低电平 U_{OL} 为 0.3V。74LS 系列中使用肖特基晶体管，降低晶体管工作在开关状态下的饱和深度，提高反应速度。关于二极管、晶体管、MOS 管作为开关管工作的基本知识请读者自行查阅相关材料。

图 1-45 中，当输入 U_i 为 0.3V 时，VT1 饱和导通，VT1 的基极 $U_{b1} \approx 0.3V + 0.7V = 1V$，$I_{b1} = (V_{CC} - U_{b1})/R_1 \approx 0.5mA$。

此时，VT1 的基极电压 U_{b1} 不足以提供使 VT1 的集电结、VT2、VT5 导通的电压，VT2、VT5 均截止。I_{b1} 基本全部经 VT1 的发射极流向前级电路，一般规定流入为电流正方向，I_i 是负电流。

由于 VT2 截止，VT3 基极经 R_2 接电源正极，VT3、VT4 均饱和导通，VT3 基极电压 $U_{b3} = V_{CC} - R_2 \times I_{b1}$，因为 I_{b1} 基极电流很小，R_2 比较小，所以 $U_{b3} \approx 5V$，由此可测算出 U_o，即

$$U_o = U_{b3} - U_{be3} - U_{be4} \approx (5 - 0.7 - 0.7)V = 3.6V$$

所以，当输入为 0.3V，逻辑为 "0" 时，输出为 3.6V，逻辑为 "1"。实现逻辑求反功能。

在图 1-45 中，当输入 $U_i = 3.6V$ 时，假设 VT1 导通，将使 VT1 的基极电压 $U_{b1} \approx (3.6 + 0.7)V = 4.3V$，此时会使得 VT1 的集电结、VT2、VT5 导通，反之，U_{b1} 由 U_{be5}、

U_{be2}、U_{bc1} 钳位在 1.8V 左右（U_{bc1} 是肖特基 PN 结，导通电压约 0.4V），即 $U_{b1}=U_{be5}+U_{be2}+U_{bc1}\approx(0.7+0.7+0.4)V=1.8V$，显然，$U_{b1}$ 小于 3.6V，VT1 的发射结不能导通。此时 $U_{b1}=1.8V$，$U_{c1}=1.4V$，$U_{e1}=3.6V$，晶体管的 3 个电极上的电压关系与放大状态是相反的，此时，VT1 工作在倒置状态。

VT1 工作在倒置状态，它的发射结上仅有少数载流子热运动形成的微小电流，方向与 I_i 相同，是正电流；VT1 基极电流全部经集电结的肖特基二极管流入 VT2 的基极，因此 VT2 和 VT5 均饱和导通，由于肖特基晶体管在饱和导通时，c、e 之间的电压不高于 0.3V，一般取 0.3V 计算，所以 VT2 的集电极 U_{c2} 仅为 1V 左右，不能将 VT3、VT4 全部导通，VT4 截止。U_o 即为 VT5 的 c、e 之间的电压，即

$$U_o=U_{ce5}\approx 0.3V$$

所以，当输入为 3.6V，逻辑为 "1" 时，输出为 0.3V，逻辑为 "0"。实现逻辑求反功能。

VT3 导通，可以将 R_2 上的电流分流一部分到 VT3，减少流入 VT2 的电流，降低 VT2 和 VT5 的饱和深度，有利于提高工作速度。

综上，这个电路能实现逻辑非的运算。相同系列的其他门电路，如与门、与非门、或门、或非门、异或门、同或门等，它们的输入、输出级和非门的基本一致，其电气参数、逻辑定义也是一样的。

（2）TTL 门的电气特性 TTL 门电路内部主要由晶体管构成，其基本特性包括电压传输特性、输入负载特性、输出特性等。

1）电压传输特性与关门电压、开门电压、阈值电压。TTL 门电路（T1000 系列和普通 74 系列）输入的关门电压（可靠的低电平，逻辑 0）U_{off} 约 1V，开门电压（可靠的高电平，逻辑 1）U_{on} 约为 1.4V。因此，输入端电压 $U_i<1V$ 为逻辑 0，$U_i>1.4V$ 为逻辑 1，如果 U_i 介于 1V 和 1.4V 之间，是处于转折区，在工作中尽量避免这个输入电压区间，在这个区间中，有一个转折电压 U_{TH}（阈值电压），一般认为 $U_i<U_{TH}$ 为 0，$U_i>U_{TH}$ 为 1，如图 1-46 所示。

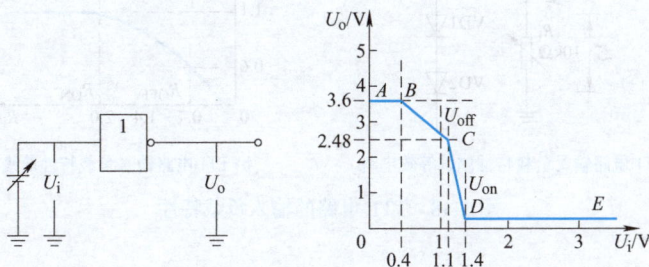

图 1-46 TTL 门电路的电压传输特性

74LS 系列门电路标准规定：

输入低电平电压 $U_{IL,max}=0.8V$，输入高电平电压 $U_{IH,min}=2V$；

输出低电平电压 $U_{OL,max}=0.5V$，输出高电平电压 $U_{OH,min}=2.7V$。

输入端的高电平和低电平各是一个电压范围，这样可提高电路的抗干扰能力，使电路工作稳定。表示门电路抗干扰能力的指标是噪声容限，即保证电路逻辑正确的前提下，电路输入端能容忍的电压波动范围。计算噪声容限要分输出高电平和低电平两种情况分别计算，如图 1-47 所示。

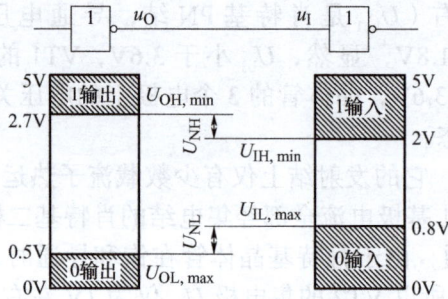

图 1-47 门电路噪声容限示意图

低电平噪声容限是指在保证门电路输出高电平的前提下，允许叠加在输入低电平上的最大噪声电压（正向干扰），用 U_{NL} 表示：$U_{NL}=U_{IL,max}-U_{OL,max}$。

高电平噪声容限是指在保证门电路输出低电平的前提下，允许叠加在输入高电平上的最大噪声电压（负向干扰），用 U_{NH} 表示：$U_{NH}=U_{OH,min}-U_{IH,min}$。

例如，74LS 系列门电路的噪声容限是

$$U_{NL}=0.8V-0.5V=0.3V$$

$$U_{NH}=2.7V-2.0V=0.7V$$

2）输入负载特性。TTL 电路输入端有电流，因此，输入端的等效电阻上会有分电压，如果电阻接地，这个电阻上的分压就是门电路的输入端电压，如果负载较大，会使得输入端电压较高而为逻辑"1"。输入电压 U_i 随输入端对地外接电阻 R_i 变化的曲线称为输入负载特性，如图 1-48 所示。

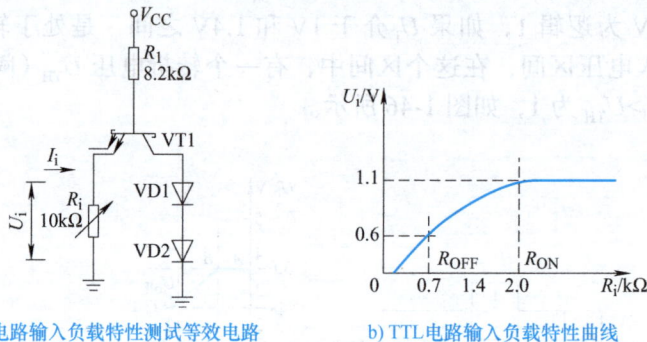

a) TTL电路输入负载特性测试等效电路   b) TTL电路输入负载特性曲线

图 1-48 TTL 电路的输入负载特性

74LS 系列的 TTL 电路规定：门电路导通开启电阻 $R_{ON}=2.1k\Omega$，门电路截止电阻 $R_{OFF}=0.7k\Omega$，所以要使输入端为逻辑"0"，应取 $R_i \leq 0.7k\Omega$，使输入端为逻辑"1"，应取 $R_i \geq 2.1k\Omega$。

3）输出电压与电流特性。输出端为低电平时带负载能力大，输出端电流可以达到十几到二十几毫安，输出端为高电平时带负载能力较弱，其工作电流不大于 $400\mu A$。

输出特性是输出电压 U_o 随输出电流 I_o 变化的特性曲线，分为输出高电平和输出低电平两种情况。

如图 1-49 所示，当 TTL 集成电路输出为低电平（逻辑"0"）时，输出端晶体管 VT5 饱和导通，输出电压 $U_{OL} \leq 0.3V$，此时，输出端电流的实际流向是从后级电路流入前级电路，称此电流为灌电流，对应的负载称为灌电流负载。以电流流入 VT5 集电极为正方向，灌电流与之方向相同，是正电流，由图 1-49b 可以看出，随着输出端电流的增加，VT5 的集电极 – 发射极之间的电压 U_{CE} 会升高（$U_{CE} = I_{OL}r_{ce}$，r_{ce} 是 VT5 饱和导通情况下 c–e 之间的等效电阻）。因此，输出端的电压值也会升高，最终会超出输出端低电平电压上限，因此对电流是有限定的，74LS 系列集成电路的输出端为低电平时的输出端电流 I_{OL} 上限是 8mA。

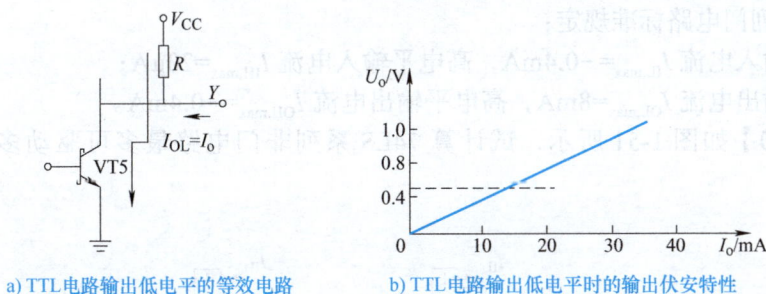

a) TTL 电路输出低电平的等效电路　　　b) TTL 电路输出低电平时的输出伏安特性

图 1-49　TTL 电路输出低电平的输出特性

如图 1-50 所示，当 TTL 集成电路输出高电平时，晶体管 VT5 截止，相应的 VT3 和 VT4 导通，输出端 Y 的电压大约是 3.6V。此时的电流实际流向是从门电路流出到后级负载，此电流称为拉电流，此时的负载称为拉电流负载。规定流入方向为正方向，拉电流实际是流出电流，因此拉电流是负电流。图 1-50b 曲线是不考虑电流方向，只考虑电流值绘制的，由图 1-50b 可以看出，当输出端的电流值增大时，输出的电压在下降，74LS 系列集成门电路规定在输出端为高电平时，允许的最大输出电流是 400μA，因为电流太大，会导致集成块内部 VT3、VT4 发热严重。

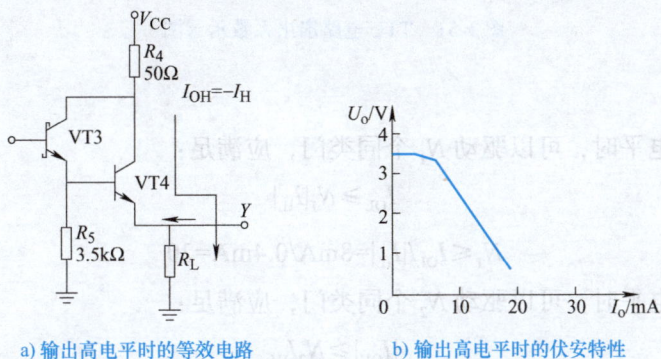

a) 输出高电平时的等效电路　　　b) 输出高电平时的伏安特性

图 1-50　TTL 电路输出高电平的输出特性

电路输出带负载的能力反映了电路对后级电路的驱动能力，可以用扇出系数来表示。扇出系数就是一个门电路驱动同类门电路输入信号端的数量，计算扇出系数需要根据前级电路输出低电平和高电平两种情况分别计算。现以图 1-48 所示的 TTL 非门为例进行说明。

输出低电平时的扇出系数：

$$N_{OL} = \frac{I_{OL}}{|I_{IL}|}$$

输出高电平时的扇出系数：

$$N_{OH} = \frac{|I_{OH}|}{I_{IH}}$$

TTL 门电路的扇出系数：

$$N = \text{MIN}(N_{OL}, N_{OH})$$

74LS 系列门电路标准规定：

低电平输入电流 $I_{IL,max}=-0.4\text{mA}$，高电平输入电流 $I_{IH,max}=20\mu\text{A}$；

低电平输出电流 $I_{OL,max}=8\text{mA}$，高电平输出电流 $I_{OH,max}=-0.4\text{mA}$。

【例 1-10】如图 1-51 所示，试计算 74LS 系列非门电路最多可驱动多少个同类门电路。

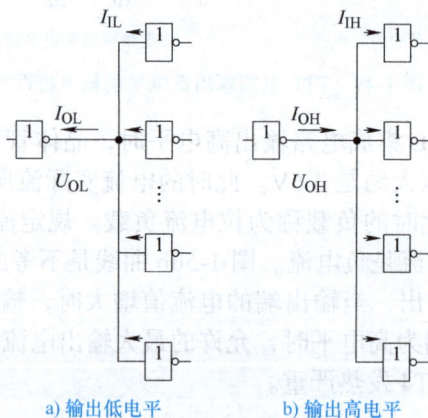

a) 输出低电平　　　　b) 输出高电平

图 1-51　TTL 电路扇出系数示意图

解：

① 输出为低电平时，可以驱动 N_1 个同类门，应满足：

$$I_{OL} \geqslant N_1|I_{IL}|$$

$$N_1 \leqslant I_{OL}/|I_{IL}| = 8\text{mA}/0.4\text{mA} = 20$$

② 输出为高电平时，可以驱动 N_2 个同类门，应满足：

$$|I_{OH}| \geqslant N_2 I_{IH}$$

$$N_2 \leqslant |I_{OH}|/I_{IH} = 0.4\text{mA}/20\mu\text{A} = 20$$

③ $N = \min(N_1, N_2) = 20$

所以，TTL 非门的扇出系数是 20，可以驱动 20 个同类门。

（3）TTL 数字集成电路系列

1）CT54 系列和 CT74 系列。CT54 系列和 CT74 系列具有完全相同的电路结构和电气性能参数。所不同的是 CT54 系列 TTL 集成电路更适合在温度条件恶劣、供电电源变化大的环境中工作，常用于军品；而 CT74 系列 TTL 集成电路则适合在常规条件下工作，常用于民品。两系列的对比见表 1-17。

表 1-17　CT54 系列和 CT74 系列的对比

参数	CT54 系列			CT74 系列		
	最小	一般	最大	最小	一般	最大
电源电压 /V	4.5	5.0	5.5	4.75	5	5.25
工作温度 /℃	−55	25	125	0	25	70

2）TTL 集成逻辑门电路的子系列。CT54 系列和 CT74 系列的几个子系列的主要区别在于它们的平均传输延迟时间 t_{pd} 和平均功耗这两个参数上。下面以 CT74 系列为例说明它的各子系列。

① CT74 标准系列，又称为标准 TTL 系列，工作速度不高，其平均传输延迟时间为 9ns/ 门，平均功耗约为 10mW/ 门。

② CT74H 高速系列，又称为 HTTL 系列，该系列的平均传输延迟时间为 6ns/ 门，平均功耗约为 22.5mW/ 门。

③ CT74L 低功耗系列，又称为 LTTL 系列，电路的平均功耗约为 lmW/ 门，平均传输延迟约为 33ns/ 门。

④ CT74S 肖特基系列，又称为 STTL 系列，其平均传输延迟时间为 3ns/ 门，平均功耗约为 19mW。

⑤ CT74LS 低功耗肖特基系列，又称为 LSTTL 系列，其平均传输延迟时间为 9.5ns/门，平均功耗约为 2mW/ 门。

⑥ CT74AS 先进肖特基系列，又称为 ASTTL 系列，其平均传输延迟时间为 3ns/ 门，平均功耗较大，约为 8mW/ 门。

⑦ CT74ALS 先进低功耗肖特基系列，又称为 ALSTTL 系列，其平均传输延迟时间约为 3.5ns/ 门，平均功耗约为 1.2mW/ 门。

3）各系列 TTL 集成逻辑门电路性能的比较。TTL 集成逻辑门各子系列重要参数比较见表 1-18。

表 1-18　TTL 集成逻辑门各子系列重要参数比较

TTL 子系列	标准 TTL	LTTL	HTTL	STTL	LSTTL	ASTTL	ALSTTL
系列名称	CT7400	CT74L00	CT74H00	CT74S00	CT74LS00	CT74AS00	CT74ALS00
工作电压 /V	5						
平均功耗（每门）/mW	10	1	22.5	19	2	8	1.2
平均传输延迟时间（每门）/ns	9	33	6	3	9.5	3	3.5
功耗 − 延迟积 /（μW·s）	90	33	135	57	19	24	4.2
最高工作频率 /MHz	40	13	80	130	50	230	100
典型噪声容限 /V	1			0.5	0.6		0.5

（4）TTL 集成逻辑门的使用注意事项

1）电源电压及电源干扰的消除。电源电压的变化对 54 系列应满足 $5V \times (1 \pm 10\%)$，对 74 系列应满足 $5V \times (1 \pm 5\%)$ 的要求，电源的正极和接地不可接错。为了防止外来干扰通过电源串入电路，需要对电源进行滤波，通常

在印制电路板的电源输入端接入 10 ~ 100μF 的电容进行滤波，在电路板上每隔 6 ~ 8 个门接一个 0.01 ~ 0.1μF 的电容进行高频滤波。

2）输出端的连接。TTL 门电路的输出端不能直接并联使用，也不可以直接连接电源和接地，使用中输出端的最大工作电流要小于参考手册给出的最高电流值，输出端带负载要在扇出系数允许的范围内。三态门的输出端并联时，每一时刻只有一个门在工作，其他门处于高阻态；OC 门的输出端可以并联使用，但是要有适当的上拉电阻。

3）闲置输入端的处理。闲置输入端是门电路的输入端多于实际使用的输入变量时出现的多余端，与（与非）门多余端接 1，或（或非）门多余端接 0。

① 对于与非门的闲置输入端可直接连接电源电压 V_{CC}，或通过 1 ~ 10kΩ 的电阻接电源 V_{CC}；或通过大于 2kΩ 的电阻接地，使多余端输入逻辑 1，如图 1-52a 所示。

② 如前级驱动能力允许时，可将闲置输入端与有用输入端并联使用，如图 1-52b 所示。

③ 在外界干扰很小时，与非门的闲置输入端可以剪断或悬空，如图 1-52c 所示，但不允许接开路长线，以免引入干扰而产生逻辑错误。

④ 或非门不使用的闲置输入端应通过小于 500Ω 的电阻接地或直接接地，也可以和有用输入端并联连接，如图 1-52d 所示，对与或非门中不使用的与门至少有一个输入端接地，如图 1-52e 所示。

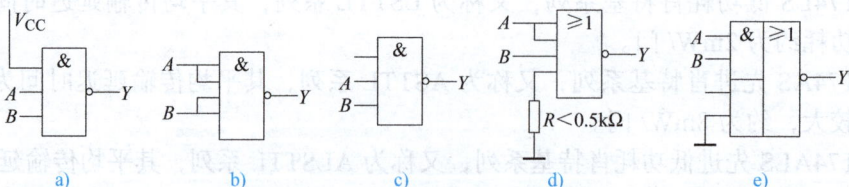

图 1-52　TTL门多余端的处理

对多余端处理的方法，请在 Proteus 中进行验证。图 1-53 是一种参考电路，读者可自行设计电路进行各种门电路的测试。

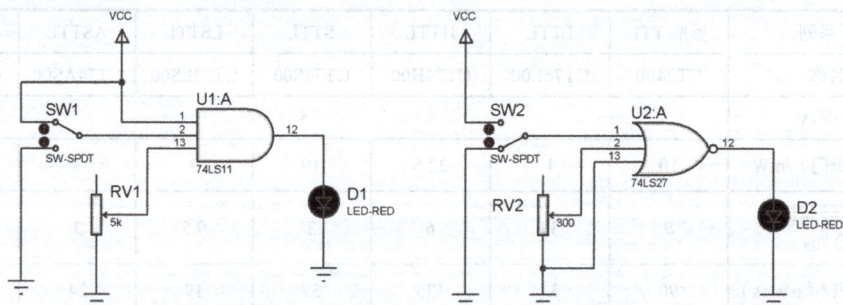

图 1-53　多余端使用的测试参考电路

4）电路安装接线和焊接应注意的问题。

① 安装时，要注意集成电路外引脚的排列顺序，不要从外引脚根部弯曲，以防折断。

② 焊接时，用 25W 烙铁较合适，焊接时间不要超过 3s，焊后用酒精擦干净，以防焊剂腐蚀引线。

③ 在调试及使用时，要注意电源电压的大小和极性，以保证 V_{CC} 在 4.75 ~ 5.25V 之

间，尽量稳定在 5V，不要超过 7V，以免损坏集成电路。

④ 输入电压不要高于 6V，否则输入管易被击穿损坏。输入电压也不要低于 -0.7V，否则输入管易过热损坏。

⑤ 输出为高电平时，输出端绝对不允许碰地，否则输出管会过热损坏，输出为低电平时，输出端绝对不允许碰 V_{CC}，否则输出管会过热损坏。几个普通 TTL 与非门的输出端不能接在一起。

⑥ 要注意防止外界电磁干扰的影响，引线要尽量短。若引线不能缩短，要考虑加屏蔽措施或使用绞合线。

（5）TTL 门举例

1）非门 74LS04 和 74LS05。74LS04 和 74LS05 都是六反相器，在集成块中集成了 6 个反相器，但是 74LS05 是 OC 门输出的，使用时需要在输出端加上拉电阻。具体情况请参考后续内容，如图 1-54 所示。

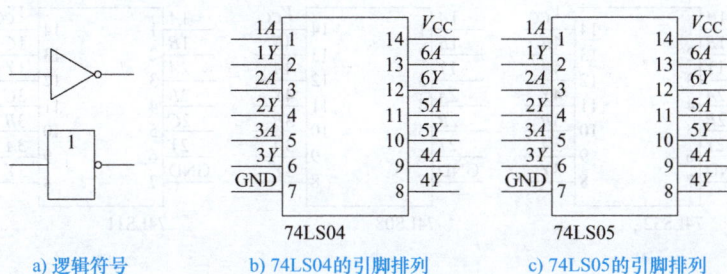

图 1-54　集成非门举例

2）与非门 74LS00、74LS03、74LS20。74LS00 是 4-2 输入与非门，即包含 4 个二输入端的与非门，引脚排列如图 1-55a 所示。74LS03 也是 4-2 输入与非门，但是 OC 门输出的，使用时需要在输出端接上拉电阻。74LS20 是 2-4 输入与非门，它内部集成了两个与非门，每个都是四输入端，其引脚排列如图 1-55c 所示，其中 NC 端是空余端，没有任何电路连接，在使用中空出不用。

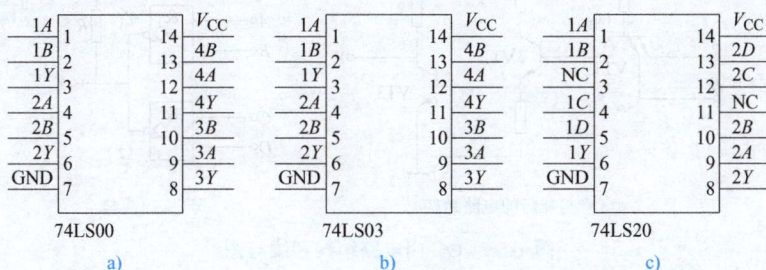

图 1-55　与非门引脚排列图

3）或非门 74LS02、74LS27、74LS28。74LS02 是 4-2 输入或非门，它内部集成了 4 个或非门，每个都是两输入端，引脚排列如图 1-56a 所示。74LS27 是 3-3 输入或非门，内含 3 个三输入端的或非门，引脚排列如图 1-56b 所示。74LS28 是 4-2 输入或非门，引脚排列如图 1-56c 所示。

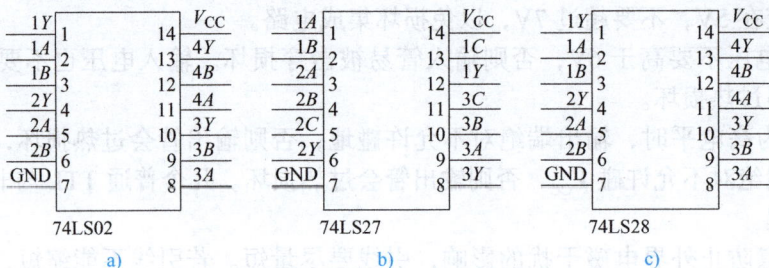

图 1-56　或非门引脚排列图

4）或门 74LS32 和与门 74LS08、74LS11。74LS32 是 4-2 输入或门，内部有 4 个二输入端的或门，引脚排列如图 1-57a 所示。74LS08 是 4-2 输入与门，内部有 4 个二输入端的与门，引脚排列如图 1-57b 所示。74LS11 是 3-3 输入与门，内部有 3 个三输入端的与门，引脚排列如图 1-57c 所示。

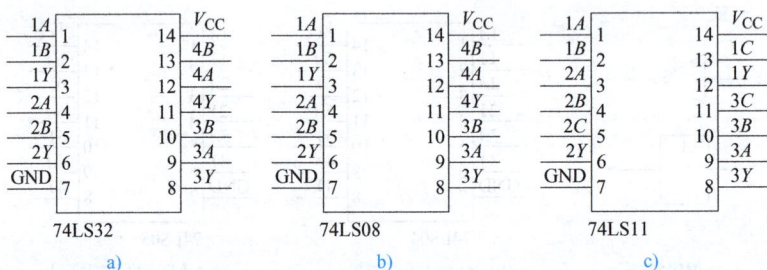

图 1-57　TTL 与门和或门引脚排列图

（6）特殊功能 TTL 电路

1）OC 门（集电极开路门）。所谓 OC 门，是指将典型 TTL 门输出级晶体管集电极开路，不含负载管的集成电路。使用 OC 门时须外接集电极负载电阻。OC 门逻辑功能有与门、非门、与非门、或非门等，图 1-58a 是 OC 与非门的电路结构。

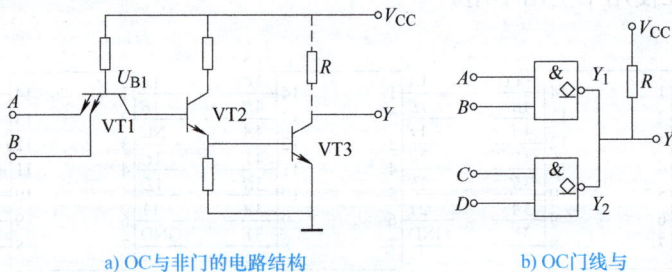

a）OC 与非门的电路结构　　　　b）OC 门线与

图 1-58　OC 门电路结构和线与图

在图 1-58a 中接入外接电阻 R（称为上拉电阻）后：

① A、B 不全为 1 时，U_{B1}=1V，VT2、VT3 截止，Y=1。

② A、B 全为 1 时，U_{B1}=2.1V，VT2、VT3 饱和导通，Y=0。

注意：OC 门在使用过程中必须加上拉电阻，否则不能正常工作。

将 OC 门的输出端接上拉电阻后连接到一起，如图 1-58b 所示，$Y=Y_1 \cdot Y_2$，称为线与，这与前面所述及的 TTL 门电路输出端不能直接相连不同，只要上拉电阻选择适当，就能保证电路安全并实现与运算。OC 门具有以下优点：

① 可以线与。可以加适当上拉电阻后将输出端接在一起，实现输出端的与运算。

② 提高带负载的能力。当输出级晶体管饱和导通时，可以流过 10～20mA 的电流，将负载接到输出端，可以有较大电流流过负载，如图 1-59 所示。图 1-59a 是当与非门输出 0 时，负载 LED 导通点亮；图 1-59b 是当非门输出 1 时，负载 LED 导通点亮。尤其是第二种情况，可以流过的电流不受集成电路输出级晶体管的限制，可以调节 R_L 来控制流过 LED 的电流，即便电流过大，也不会让前级电路发热，甚至烧坏。

③ 可以进行电平转换。当前级电路和后级电路的电压不同时，可以使用 OC 门进行电平转换，如图 1-60 所示。当前级电路输出为 1 时，前级电路输出级的晶体管（见图 1-58 中 VT3）截止，R_L 接到后级电路的电源和后级电路的输入端，使之输入为逻辑"1"，并且这个逻辑"1"是相对于后级电路电源，保证逻辑正确。

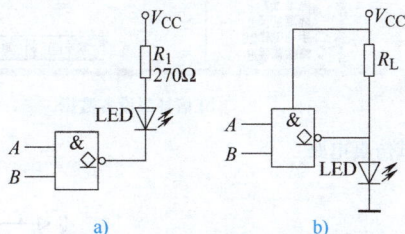

图 1-59　OC 门驱动大电流负载

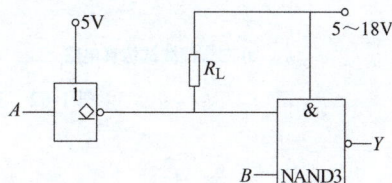

图 1-60　OC 门实现电平转换

2）三态门。所谓三态，是指输出除了高、低电平两种低阻输出外，还有第三种输出状态，即高阻状态，用 Z 表示。高阻状态时，从输出端向门内电路看是处于开路状态，类似门电路内是一个开关，处于打开状态。

图 1-61a 所示为三态非门，与普通非门相比较，多了一个控制端 EN，称为使能端。使能端可分为低电平有效和高电平有效。当使能端有效时，门电路正常工作，输出高电平或低电平；当使能端无效时，输出为高阻态，相当于中间开关断路，如图 1-61b 所示。

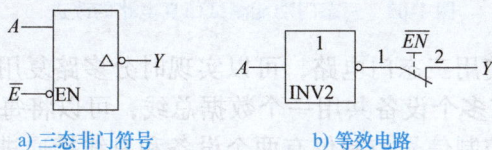

a）三态非门符号　　b）等效电路

图 1-61　三态门的符号和等效电路

图 1-62 所示是在 Proteus 中做的三态门控制端功能测试。图 1-62a 中三态门使用的是 74LS125，这是具有三态门特征的总线缓冲器，在三态控制端有效的前提下，任意时刻输出信号和输入信号的逻辑是相同的。图中 74LS125 缓冲器的使能端接"1"，三态门处于高阻态，灯不亮；使能端接"0"，三态门正常导通，输出端信号和输入端信号相同，当输入高电平"1"时，三态门输出"1"，LED 灯亮；当输入低电平"0"时，三态门输出"0"，LED 灯不亮，LED 指示灯会按照输入信号的频率闪烁。图 1-62b 中是输入的数字信号源的设置参数，输入波形的高电平是 5V，脉冲宽度为 50%，频率可以设置在 1～10Hz，方便观察 LED 的闪烁。

由于 74LS 系列门电路输出高电平时的输出电流并不高，驱动能力较弱，所以很多电路按照图 1-62a 的方式连接，LED 不一定会亮，此时可以增加输出端的放大缓冲电路。图 1-63a 是增加 OC 门提高带负载能力，此处增加的是 74LS05 的 OC 非门；图 1-63b 是在输出端增加 NPN 晶体管，放大输出电流，保证 LED 正常点亮。

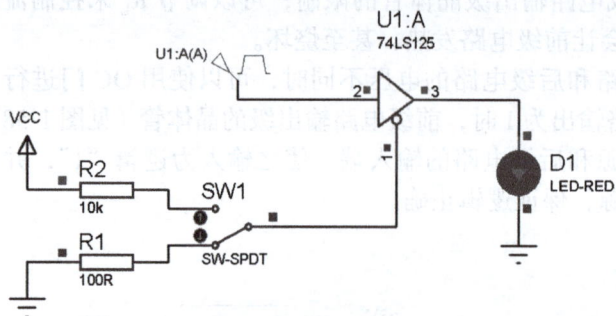

a) 三态门测试仿真电路

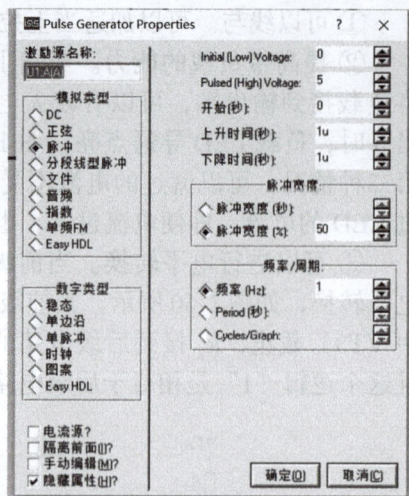

b) 信号源设置数据

图 1-62　三态门功能测试仿真电路

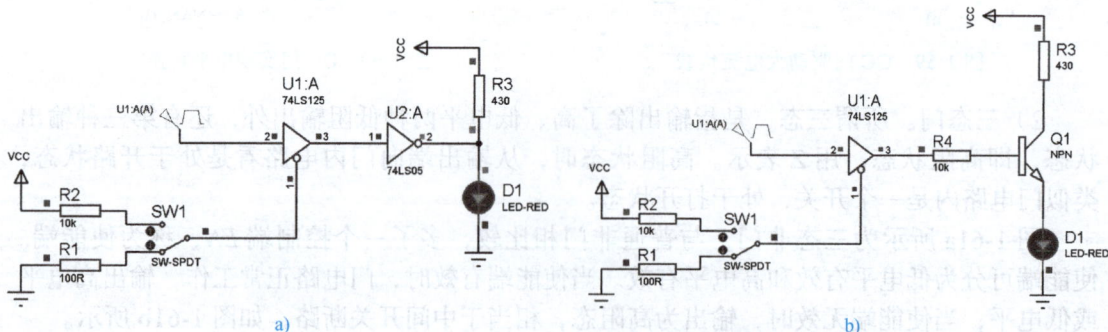

图 1-63　三态门功能测试仿真电路的改进

在数字系统中大量使用三态门电路，可以实现时分多路复用和数据的双向传输等作用。在图 1-64a 中，如有多个设备共用一个数据总线，可以将每个设备和总线的连接用三态门实现，工作时，控制信号控制仅有两个设备和总线接通进行数据传输，完成工作后，进入高阻态释放总线从而允许其他设备占用总线，实现一条总线的多设备分时复用。图 1-64b 中一条数据线路可以实现数据从 A 到 B 传输和反过来从 B 到 A 传输，当 $E=1$ 时，从 A 到 B 方向传输数据，当 $E=0$ 时，反过来从 B 到 A 传输数据，从而实现数据的双向传输（半双工传输）。

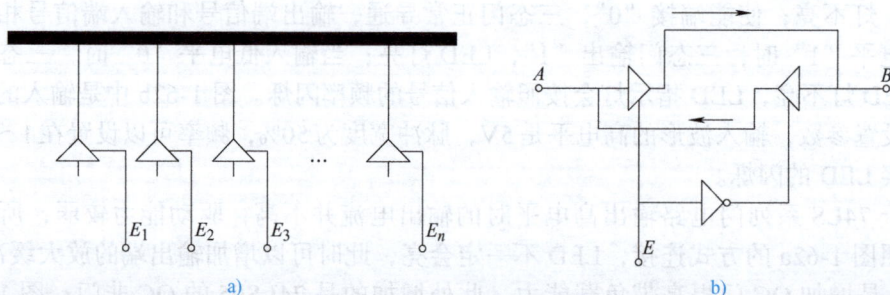

图 1-64　三态门的应用

2. CMOS 集成门电路

（1）CMOS 集成门电路的特点

CMOS 集成门电路和 TTL 集成门电路相比较，具有以下显著的特点。

1）CMOS 电路的电源电压允许范围较大，为 3 ～ 18V，噪声容限大（即允许输入端电压变动的范围大），抗干扰能力比 TTL 电路强。

2）由于 CMOS 电路输入阻抗高（在 $10^9\Omega$ 以上），输入端电流约为 0，极容易驱动，输入端电阻不影响输入电压。

3）CMOS 电路的工作速度比 TTL 电路低，传输延时为 50 ～ 100ns。

4）CMOS 集成电路的集成度比 TTL 电路高，带同类负载的能力比 TTL 电路强。

5）绝大多数情况下，内部 MOS 管都是截止的，输入端电流为 0，因此 CMOS 电路的功耗比 TTL 电路小得多。门电路的功耗只有几微瓦，中规模集成电路的功耗也不会超过 100μW。

6）CMOS 电路容易受静电感应而击穿，在使用和存放时应注意静电屏蔽，焊接时，电烙铁应良好接地，CMOS 电路多余的输入端不能悬空，应根据需要接地或接高电平。

（2）CMOS 集成门电路的基本工作原理

1）MOS 管开关特性。MOS 管按照掺杂类型，可分为 NMOS 管和 PMOS 管，分别是自由电子导电和空穴导电；按照工作特性，可分为增强型和耗尽型。在 CMOS 集成电路中，使用的是增强型 MOS 管，其符号如图 1-65 所示。MOS 管有栅极 G、源极 S、漏极 D 及衬底 B，NMOS 管的衬底箭头向内，PMOS 管的衬底箭头向外。

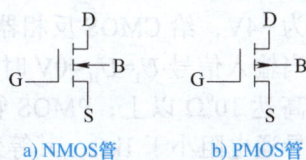

a) NMOS管　　　　b) PMOS管

图 1-65　增强型 MOS 管符号

MOS 管是由 G-S 电压 U_{GS} 控制的开关，对于 NMOS 管来说，当 U_{GS} 小于开启电压 U_T 时，MOS 管 D-S 之间截止，等效电阻很大，在 $10^9 \sim 10^{10}\Omega$ 以上；当 U_{GS} 达到开启电压 U_T 后，MOS 管 D-S 之间导通，导通后的等效电阻很小，只有 1kΩ 左右；而 PMOS 管的 U_T 是负电压，当 U_{GS} 高于 U_T 时截止，U_{GS} 低于 U_T 时导通。所以，可以简单记为 $|U_{GS}|>|U_T|$ 时导通。一般 MOS 管的 $|U_T|$ 为 1 ～ 3V，可以选用 4V 作为典型电压值来分析开关电路。

图 1-66a 是用 NMOS 管组成的基本开关电路，可以实现非门运算。电路输入低电压为 $U_{iL}=0V$，高电压 $U_{iH}=10V$，$V_{DD}=10V$，$U_T=4V$。

当输入 $U_i=0V$ 时，$U_{GS}=0V<U_T$，MOS 管截止，D-S 之间相当于开关断开，输出 $U_O=V_{DD}=10V$，如图 1-66b 所示。

当输入 $U_i=10V$ 时，$U_{GS}=10V>U_T$，MOS 管导通，D-S 之间等效电阻很小，如图 1-66c 所示，输出 U_O 可用下式计算：

$$U_O = V_{DD} \times \frac{R_{ON}}{R_D + R_{ON}} = 10 \times \frac{1}{11}V \approx 1V$$

从计算式可以看出，R_D 越大，U_O 越小，当 R_D 为无穷大时，$U_O=0V$，达到理想状态。

综上，NMOS 管组成的基本开关电路输入低电平，输出高电平；输入高电平，输出低电平，可以实现逻辑求反的功能。同理，可以使用 PMOS 管构成求反的开关电路，请自行分析。

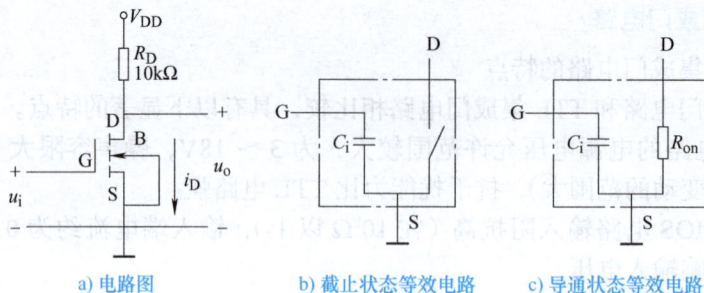

a) 电路图   b) 截止状态等效电路   c) 导通状态等效电路

图 1-66 NMOS 基本开关电路及等效电路

2）CMOS 非门的基本工作原理。如图 1-67b 所示，CMOS 反相器是由 NMOS 管 VFN 和 PMOS 管 VFP 组成的互补式电路。VFP、VFN 参数对称，输入高电平和低电平时，总是一个导通，一个截止，即处于互补状态，所以把这种电路结构称为互补对称结构。通常以 PMOS 管作负载管，NMOS 管作驱动管，采用单一正电源供电。VFP 和 VFN 的栅极 G 并联作为反相器的输入端，漏极 D 并联作为反相器的输出端。工作时，VFP 的源极接电源正极，VFN 的源极接地。

如该电路的工作电压 V_{DD}=10V，VFN 的开启电压 U_{VFN} 为 4V，VFP 的开启电压 U_{VFP} 为 -4V，给 CMOS 反相器输入端送入图 1-67a 所示波形，高电平为 10V，低电平为 0V。当输入信号 U_I=U_{IL}=0V 时，NMOS 管的栅 - 源电压 U_{GSN}=0<U_{VFN}，所以 VFN 截止，内阻高达 $10^9\Omega$ 以上；PMOS 管的栅 - 源电压 U_{GSP}=$-V_{DD}$<U_{VFP}，即 $|U_{GSP}|$>$|U_{VFP}|$，VFP 导通，导通电阻小于 1kΩ，其等效电路如图 1-67c 所示，此时 U_{OH}=V_{DD}。因此，输入低电平为 0V（逻辑 "0"），输出高电平为 10V（逻辑 "1"），实现逻辑求反，其逻辑表达式为 $Y = \overline{A}$。

当输入电压 U_I=U_{IH}=10V 时，NMOS 管的栅 - 源电压 U_{GSN}=V_{DD}>U_{VFN}，所以 VFN 导通，导通电阻小于 1kΩ；PMOS 管的栅 - 源电压 $|U_{GSP}|$=0<$|U_{VFP}|$，VFP 截止，内阻高达 $10^9\Omega$ 以上，其等效电路如图 1-67d 所示，此时 U_{OL}=0V。因此，输入高电平为 10V（逻辑 "1"），输出低电平为 0V（逻辑 "0"），实现逻辑求反，其逻辑表达式为 $Y = \overline{A}$。

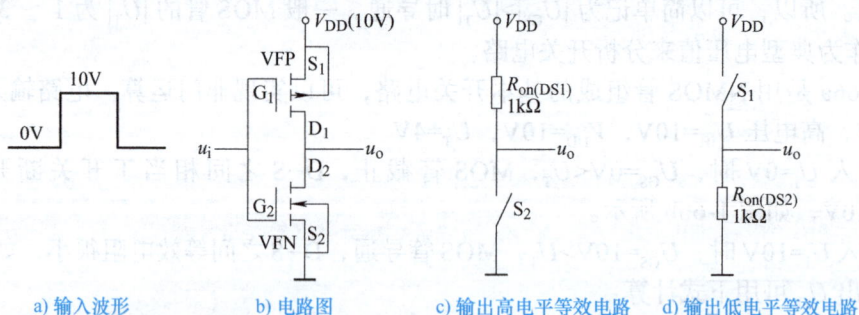

a) 输入波形   b) 电路图   c) 输出高电平等效电路   d) 输出低电平等效电路

图 1-67 CMOS 集成反相器的工作原理

CMOS 反相器的电压传输特性大致如图 1-68 所示。当输入 0V 时，输出为 V_{DD}（10V），随着输入增大，电压略有下降，当 U_i<V_{DD}/2 时，输出都是逻辑 "1"。当输入在 V_{DD}/2 附近时，电压迅速变化，当 U_i>V_{DD}/2 时，输出电压为低电平，为逻辑 "0"。由此可见，CMOS 电路的转折区很窄，变化迅速，输入低电平和高电平的变化范围较大，几乎达到 V_{DD}/2，抗干扰能力更强，噪声容限大。在使用时，要避免输入电压在 V_{DD}/2 附近。

（3）CMOS 集成门电路举例 CMOS 的集成门电路型号和厂家众多，如 CMOS 非门

CC4009 是六反相器；CC4000 是 3-3 或非门；CC4011 是 4-2 输入与非门；CC4073 是 3-3 输入与门；CC4030 是四异或门。同一系列的 CMOS 门电路的输入、输出端的电气参数是一样的，在使用时可以查阅资料，根据电路的电气参数和逻辑功能进行选用。

（4）CMOS 传输门　CMOS 传输门是一种受电压控制的传输信号的模拟开关，其电路如图 1-69 所示。

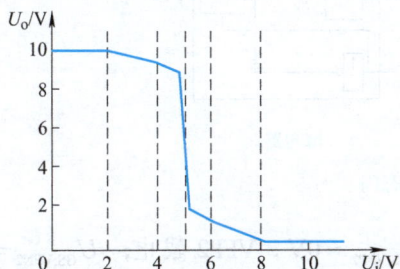

图 1-68　CMOS 反相器的电压传输特性　　　　图 1-69　CMOS 传输门

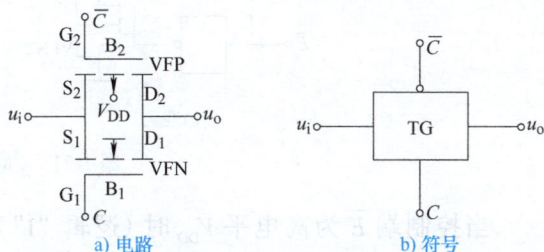

它是由一个增强型 PMOS 管和一个增强型 NMOS 管的源极和漏极对应连在一起，分别作为传输门的输入端和输出端。PMOS 管的栅极接控制信号 $\overline{C}$，衬底接 V_{DD}；NMOS 管的栅极接控制信号 C，衬底接地。两个 MOS 管栅极上的控制信号电平必须是相反的。

设两管的开启电压数值相等，输入、输出的传输信号为 $0 \sim 10V$，$V_{DD}=10V$。

当 $C=1$，$\overline{C}=0$ 时，若 $u_i=V_{DD}$，$U_{GS1}=0$，$U_{GS2}=-V_{DD}$，则 VFP 导通，VFN 截止；若 $u_i=0V$，$U_{GS1}=V_{DD}$，$U_{GS2}=0V$，则 VFN 导通，VFP 截止。总之，当 u_i 在 $0 \sim V_{DD}$ 之间变化时，两个 MOS 管至少有一个是导通的。由于 MOS 管导通时，漏 - 源极间等效电阻极小，相当于开关闭合，即传输门接通，保证两边信号的输入、输出传递。

当 $C=0$，$\overline{C}=1$ 时，若 $u_i=V_{DD}$，$U_{GS1}=-V_{DD}$，$U_{GS2}=0V$，则 VFN、VFP 均截止；若 $u_i=0V$，$U_{GS1}=0V$，$U_{GS2}=V_{DD}$，则 VFN、VFP 均截止。总之，两个 MOS 管漏 - 源极间均截止，输入、输出两端是不导通的。

由于 MOS 管结构对称，源极和漏极可以互换使用，即具有双向性，所以 CMOS 传输门是一种受电压控制的传输信号的双向开关，它不仅可以用来传输数字信号，也可以用来传输模拟信号。图 1-70 是将传输门两个控制端改成一个控制端的方法，用 E 作为控制端，使 $C=E$，$\overline{C}=\overline{E}$。这样就是控制端高电平有效的单端控制的传输门，如图 1-70 所示。

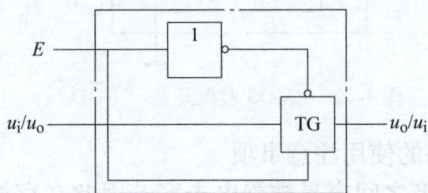

图 1-70　单端控制的传输门

（5）CMOS 三态门　CMOS 电路也有三态门。图 1-71 是 CMOS 三态门的电路和符号，其使用方法与作用同 TTL 电路。图 1-71a 是在基本的 CMOS 非门基础上增加了 VFP2、VFN2 和一个非门，用来控制 VFP2、VFN2 的工作状态。

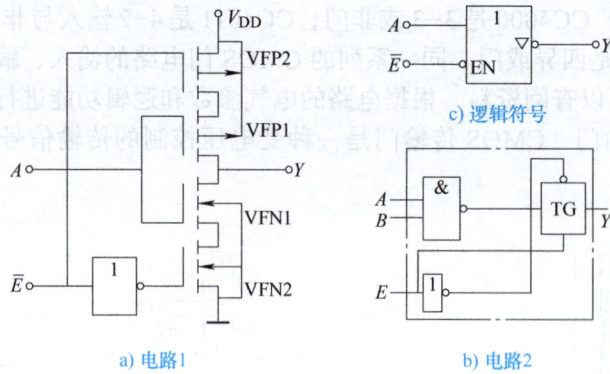

a) 电路1　　b) 电路2　　c) 逻辑符号

图 1-71　CMOS 三态门

当控制端 $\overline{E}$ 为高电平 V_{DD} 时（逻辑"1"），$U_{GS,VFP2} = 0V$，VFP2 截止；$U_{GS,VFN2} = 0V$，VFN2 截止，此时，从输出端 Y 看进去，相当于断路，输出为高阻态。当控制端 $\overline{E}$ 为低电平 0V 时（逻辑"0"），$U_{GS,VFP2} = -V_{DD}$，VFP2 导通；$U_{GS,VFN2} = V_{DD}$，VFN2 导通，此时由 VFP1、VFN1 构成的非门正常工作，$Y = \overline{A}$。综上，图 1-71a 实现了将 CMOS 非门改成三态门，图 1-71b 提供了一种用传输门改造电路实现三态门的方案，图 1-71c 是三态门的逻辑符号。

（6）CMOS 漏极开路（OD）门　如图 1-72 所示，将 CMOS 门输出级的 PMOS 去掉，相连接的 NMOS 漏极开路，称为 OD 门，类似 TTL 门电路的 OC 门，其使用方法和优点也基本一致。使用时，必须加上拉电阻 R_L，OD 门可以"线与"，可以用来进行电平转换，可以提高带负载能力驱动大负载等。当输入 A 和 B 均为"1"时，VFN 的栅极为高电平，VFN 导通，输出 Y 为低电平，逻辑为"0"；当输入 A 和 B 至少一个为"0"时，VFN 的栅极为低电平，VFN 截止，输出 Y 为高电平，逻辑为"1"。因此，电路输出逻辑表达式为 $Y = \overline{AB}$。

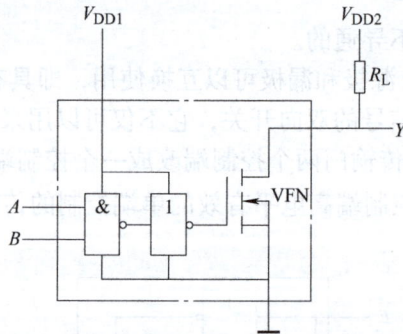

图 1-72　CMOS 漏极开路门（OD 门）

（7）CMOS 集成门电路的使用注意事项

1）CMOS 的栅极和源极之间容易被静电击穿，因此在存放和运输时，必须将电路组件用铝箔包好，置于金属屏蔽盒内。

2）MOS 电路的安装、测试工作台应当用金属材料覆盖，并良好接地。焊接使用的电烙铁外壳要接地，焊接时烙铁不要带电。

3）MOS 电路的输入端绝对不许悬空，也不能直接接高阻态。

4）输出端不要直接驱动电感性元件。

（8）CMOS 集成门电路多余端的处理

1）COMS 集成门电路多余端的处理与 TTL 门的处理类似，与门、与非门、与或非的多余端要接高电平"1"，或门和或非门要接低电平"0"。但在实现高电平"1"时和 TTL 略有不同。

2）CMOS 门的输入端是 MOS 管的绝缘栅极，它与其他电极间的绝缘层很容易被击穿。虽然内部设置有保护电路，但它只能防止稳态过电压，对瞬变过电压保护效果差，因此 CMOS 门的多余端不允许悬空。

3）由于 CMOS 门的输入端是绝缘栅极，所以通过一个电阻 R 将其接地时，无论 R 多大，该端都相当于输入低电平。除此以外，CMOS 门的多余输入端的处理方法与 TTL 门相同。

✦ 巩固与提高 ✦

1. 知识巩固

1-1 试画出图 1-73a 所示电路的输出波形，输入信号 A、B 的波形在图 1-73b 中。

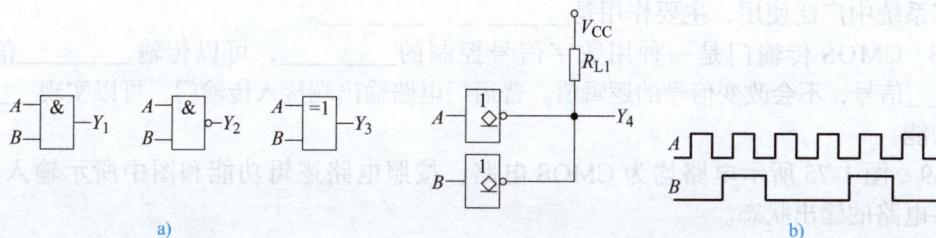

图 1-73 练习 1-1 图

1-2 对于 TTL 逻辑电路，描述输出端和输入端电压关系的特性是_____特性；描述电路输入电压和输入负载之间关系的特性称为_____特性；描述输出端电流与输出电压之间关系的特性是_____特性，在输出高电平时，输出电流称为_____电流，此时所驱动的负载称为_____负载，输出低电平时，输出电流称为_____电流，此时所驱动的负载称为_____负载。

1-3 74LS 系列门电路标准规定：

输入低电平电压 $U_{\text{IL,max}}=$_____，输入高电平电压 $U_{\text{IH,min}}=$_____；

输出低电平电压 $U_{\text{OL,max}}=$_____，输出高电平电压 $U_{\text{OH,min}}=$_____；

低电平输入电流 $I_{\text{IL,max}}=$_____，高电平输入电流 $I_{\text{IH,max}}=$_____；

低电平输出电流 $I_{\text{OL,max}}=$_____，高电平输出电流 $I_{\text{OH,max}}=$_____。

1-4 扇出系数是描述门电路_____能力的参数，计算方法是先计算_____，然后选取_____（大 / 小）数。

1-5 OC 门和 OD 门是特殊的门电路，其特殊功能是可以进行_____连接，并能进行电路的_____转换，适当连接，还可以提高_____能力。

1-6 现有 4-2 输入与非门（CC4011）和 4-2 输入或非门（CC4001）各一块，要实现 $Y_1=ABCD$ 和 $Y_2=A+B+C+D$，应如何连接电路？请画出逻辑图。

1-7 图 1-74 所示电路均为 TTL 门电路。说明实现表达式的逻辑功能，在电路连接上有何错误？如何改正？

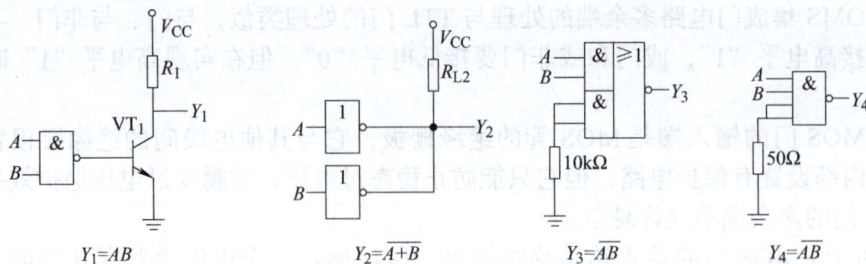

图 1-74　练习 1-7 图

1-8　请归纳总结 CMOS 特殊门（OD 门、三态门、传输门）的特点和功能，并完成下面的问题。

（1）OD 门使用时必须增加_____电阻，可以实现_____功能，从而使得同类门的输出端连接到一起，实现与运算。OD 门还可以实现_____功能，保证不同工作电压的门电路前后级联时电压特性的匹配。

（2）三态门输出端的逻辑状态有 1、0、_____三种状态，在计算机、单片机等大型数字系统中广泛使用，主要作用是_____、_____。

（3）CMOS 传输门是一种用数字信号控制的_____，可以传输_____信号和_____信号，不会改变信号的逻辑值。普通门电路输出端接入传输门，可以实现_____门的功能。

1-9　图 1-75 所示电路均为 CMOS 电路，按照电路逻辑功能和图中所示输入状态，求出各电路的输出状态。

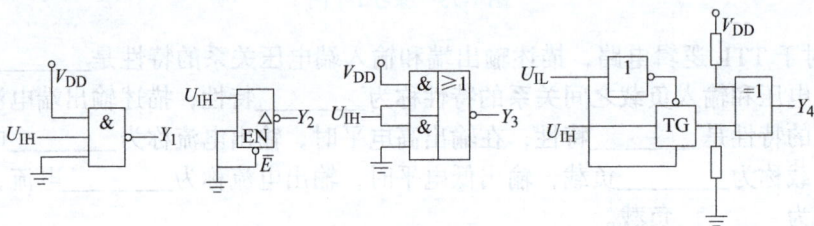

图 1-75　练习 1-9 图

1-10　图 1-76 画出了用 TTL 电路驱动 CMOS 电路和用 CMOS 电路驱动 TTL 电路的几组连线图。试问：图中连接方式是否有问题？若有问题，应如何解决？并说明方法，画出正确的连接图。

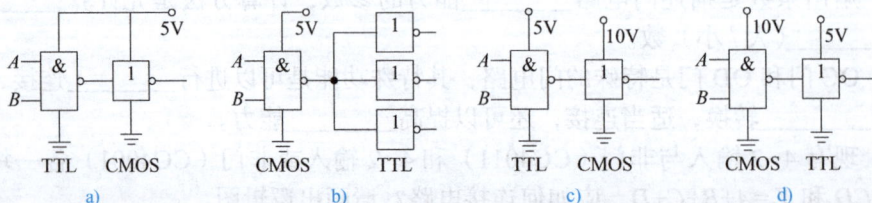

图 1-76　练习 1-10 图

2. 能力提高

请认真回顾完成的三人多数表决器项目并梳理思路，完成一份项目报告，要求内容包括：项目要求、项目实施的总体过程、项目所涉及的知识及内容介绍、项目实施的具体步骤和每一步的结果或成果、项目的最终成果、完成项目的个人收获和感想等。

项目考核与评价

请参考表1-19的考核评价标准，根据学习过程实际情况开展学生学习评价。

表1-19　项目过程考核评价标准（小组评价）

评价项目	评价内容	评价标准	得分
专业能力（50%）	专业知识的应用能力	专业知识面广，能够根据具体现象应用相关知识进行分析推理（3～10分）	
	方案制定与实施能力	在教师的指导下能够制订工作方案并能够进行优化实施，完成工作任务（5～15分）	
	动手操作的规范性	工量具、仪器仪表、设备的使用和操作符合相关使用标准和操作规范的要求（5～15分）	
	动手操作的熟练性	能够熟练使用工量具和设备，并顺利完成工作任务（3～10分）	
方法能力（30%）	独立学习能力	在教师的指导下，借助学习资料，能够独立学习新知识和新技能，完成工作任务（3～8分）	
	分析并解决问题的能力	在教师的指导下独立解决工作中出现的各种问题，顺利完成工作任务（3～8分）	
	获取信息能力	通过网络、期刊、专业书籍、技术手册等方式，整理资料，获取所需知识（3～7分）	
	整体工作能力	根据工作任务制订、实施工作计划的控制与管理工作过程和产品质量（3～7分）	
社会能力（20%）	团队协作和沟通能力	工作过程中，团队成员之间相互沟通与协商，具备良好的群体意识（3～7分）	
	工作任务的组织管理能力	能完成工作过程的组织与管理，与相关人员协作，注意劳动安全（3～7分）	
	工作责任心与职业道德	具备良好的工作责任心、社会责任心、群体意识和职业道德（3～6分）	
合计得分			

请参考表1-20的项目成果考核评价标准，根据学生学习情况开展项目成果评价。

表 1-20　项目成果考核评价标准（教师评价）

评价项目	评价标准	得分
仿真电路	□元器件选择正确（5～20分）	
	□原理图元器件布局合理美观（5～20分）	
	□连线正确、走线规范美观（5～20分）	
	□实现仿真功能（5～40分）	
	合计得分	
电路制作与调试	□元器件选择合理正确（3～15分）	
	□元器件布局合理美观（3～15分）	
	□连线正确、走线规范美观（3～10分）	
	□焊点质量（5～10分）	
	□实现电路功能（5～50分）	
	合计得分	
项目总分	过程性考核评价×40%+成果考核评价×60%（仿真×20%+电路制作与调试×40%）	

项目 2

简易数字键盘及其数字显示电路的设计与制作

项目要求

请设计一个简单的数字键盘电路，要求有 0 ~ 9 共 10 个数字按键和一个七段显示数码管，当按下一个数字键后，能在数码管上显示相应的数字。设计要求采用编码器对按键进行 8421BCD 码编码，显示部分采用七段 LED 数码管。读者自主选择并购买元器件，用万能电路板制作出电路后相互展示讲解，并撰写项目报告。

项目目标

项目分 3 个任务实施，通过本项目的实施达到如下目标。

知识目标：

1. 理解并熟记组合逻辑电路的概念及特点。
2. 理解并掌握组合逻辑电路的常规分析与设计步骤。
3. 理解编码器与译码器的概念与功能。
4. 理解并能应用二进制编码器、十进制编码器及其他编码器的功能和芯片引脚功能。
5. 理解并掌握二进制译码器生成其他逻辑函数的原理和方法。
6. 掌握显示译码器、七段数码管的功能、参数和使用方法。

能力目标：

1. 能正确区分、选用各种二进制编码，能根据需要进行代码的转换。
2. 能运用编码器电路进行二进制和十进制编码，能正确处理编码器芯片周边电路，进行编码器相关的设计。
3. 能正确应用显示译码器和数码管进行数码显示电路的设计。
4. 能运用集成编码、译码器进行电路设计，能使用最小项译码器进行其他功能的中规模组合逻辑电路设计与分析。
5. 能熟练使用 Proteus 进行原理图绘制并合理选用虚拟仪表进行测试与仿真。
6. 能将中规模组合电路在实训台上搭建出来并进行测试。
7. 能安全焊接中规模组合逻辑电路及周边电路。

素质目标：

1. 进一步提升数字化逻辑思维，增强数字化工作生活能力。
2. 建立数字编码和译码的思维方式，提升对数字问题的理解和认识。
3. 增强对现实问题的客观认识及缜密的逻辑分析能力，提高辩证唯物主义思维能力。
4. 提升对新知识技能的探索精神和求知欲，增强自学能力、独立思考判断能力。
5. 培养不断探究、不怕失败、挑战困难、精益求精的工匠精神和永攀科学高峰的勇气，提升对国产芯片技术的认识。
6. 培养电路安全操作意识和电子生产的效益意识和劳动精神。

任务 2.1　简易数字键盘编码电路的设计及测试

任务要求

认真学习并理解二进制编码原理和集成编码器的功能与使用方法，结合外围电路设计简易的数字键盘编码电路并进行仿真测试，有条件的读者可以在实验台或实验箱中搭建电路并进行测试。

知识目标：

1. 理解并熟练掌握组合逻辑电路的特点及分析、设计的步骤。
2. 理解集成二进制编码器的功能，掌握功能表的阅读方法。
3. 理解集成 BCD 编码器的功能，掌握功能表的阅读方法。
4. 了解市面上电子产品常用按键 / 按钮的基本情况。
5. 学会虚拟仪器模式信号发生器的使用方法。

能力目标：

1. 能对常规的组合逻辑电路进行分析与设计。
2. 能认识常用二进制编码并能正确选用。
3. 能正确选用集成编码器芯片。
4. 能使用 Proteus 进行原理图的绘制和仿真。
5. 会使用虚拟仪器模式信号发生器。
6. 会使用实训室设备进行编码器电路搭建，并会使用仪表进行参数和功能测试。

实践建议

教师引导学生建立二进制编码的思维方式，以讨论和仿真测试的形式学习集成编码器的使用，并选用适当的按钮搭建按键编码电路，进行仿真测试和实际电路测试。

知识与操作

2.1.1　组合逻辑电路的分析与设计

1. 组合逻辑电路的概念与特点

按照逻辑功能的不同，数字电路可分成两大类：一类是组合逻辑电路，另一类是时序逻辑电路。组合逻辑电路是具有一组输出和一组输入的非记忆性逻辑电路，它的基本特点是任何时刻的输出信号状态仅取决于该时刻各个输入信号状态的组合，而与电路在输入信号作用前的状态无关，如图 2-1 所示。

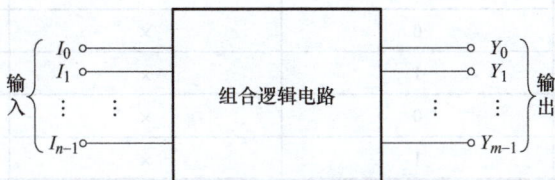

图 2-1　组合逻辑电路示意图

组合电路是由各种门电路组成的，不包含记忆单元，输出与输入间无反馈通路，信号单向传输，且存在传输延迟。组合逻辑电路的功能描述方法包括真值表、逻辑表达式、逻辑图、卡诺图、波形图 5 种方式。

2. 组合逻辑电路的分析

对已经给定的组合逻辑电路用逻辑代数原理去分析它的输入 / 输出逻辑关系，判断它的逻辑功能过程，称为组合逻辑电路的分析，具体步骤如下：

1）根据给定的组合电路写出它的输出函数逻辑表达式。

2）采用代数法或卡诺图法对逻辑表达式进行化简或变换形式。

3）根据最简逻辑表达式（或某种特殊的表达式形式，如最小项表达式）列真值表。

4）根据真值表中输入逻辑变量和输出变量的取值规律分析电路的逻辑功能。

在实际工作中，可以用实验的方法测出输出与输入逻辑状态的对应关系，从而确定电路的逻辑功能。

【例 2-1】分析图 2-2 所示电路的逻辑功能。

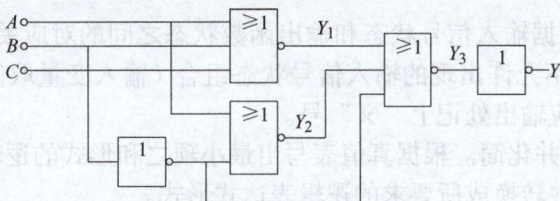

图 2-2　分析电路逻辑功能

解：

第一步：写出函数表达式。

因为

$$\begin{cases} Y_1 = \overline{A+B+C} \\ Y_2 = \overline{A+\overline{B}} \\ Y_3 = \overline{Y_1 + Y_2 + \overline{B}} \end{cases}$$

所以

$$Y = \overline{Y_3} = Y_1 + Y_2 + \overline{B} = \overline{A+B+C} + \overline{A+\overline{B}} + \overline{B}$$

第二步：化简表达式。

$$Y = \overline{A}\,\overline{B}\,\overline{C} + \overline{A}B + \overline{B} = \overline{A}B + \overline{B} = \overline{A} + \overline{B}$$

第三步：列真值表。根据表达式列出该电路的真值表，见表 2-1。

表 2-1 列真值表

A	B	C	Y
0	0	×	1
0	1	×	1
1	0	×	1
1	1	×	0

第四步：电路逻辑功能描述。从表达式和真值表都能看出，电路的输出 Y 只与输入 A、B 有关，而与输入 C 无关。在表中，C 的取值用"×"表示，代表取值为"0"或"1"对结果都无影响，是无关项。Y 和 A、B 的逻辑关系为：A、B 中只要有一个为 0，$Y=1$；A、B 全为 1 时，$Y=0$。所以 Y 和 A、B 的逻辑关系为与非运算的关系。

通过分析可知，图 2-2 所示电路可以用一个与非门代替，从而简化电路，节约成本，同时减少电路信号传输的时间延迟。

3. 组合逻辑电路的设计

在 1.2.2 节中已经学习了组合逻辑电路的设计，在此和组合逻辑电路的分析相比较，再总结一下组合逻辑电路的设计步骤并辅以实例加深对组合逻辑电路设计的理解和应用能力。

组合逻辑电路的设计，就是根据逻辑功能的要求设计逻辑电路，一般以采用器件数少、结构简单、成本低、信号延迟时间短、功耗低为佳。设计的一般步骤如下：

1）分析要求和逻辑定义。根据设计要求中提出的逻辑功能确定输入变量、输出函数及它们之间的相互关系，并对输入、输出进行逻辑赋值，即确定什么情况是逻辑"1"，什么情况是逻辑"0"。

2）列真值表。根据输入信号状态和输出函数状态之间的对应关系列出真值表。列真值表时，不会出现或不允许出现的输入信号状态组合（输入变量取值组合）可以不列出，如果列出，则应在相应输出处记上"×"号。

3）写逻辑表达式并化简。根据真值表写出最小项之和形式的逻辑表达式，用代数法/卡诺图法进行化简，并转换成所要求的逻辑表达式形式。

4）画逻辑图。根据化简和变换后的输出函数逻辑表达式画出逻辑图。

5）功能仿真或测试。将电路进行仿真测试，确定电路的功能和参数是否正确。

6）电路布线设计和制板。利用设计软件进行线路板布线设计并制作电路板。

7）电路实测。必要时，要将电路制作出来，到实际的应用环境中进行测试，如有问题，返回修改或重新设计，如无问题则可交付。

此处主要完成前 4 步，后边的步骤根据实际情况确定。

【例 2-2】用与非门设计一个举重裁判表决电路。设举重比赛有三个裁判，一个主裁判和两个副裁判。裁判认定举重成绩有效，按/拨动自己面前的按钮来表示确认。只有当两个或两个以上裁判判定成绩有效，并且其中有一个为主裁判时，举重成绩才被认定有效，此时指示灯亮。

解：

第一步：逻辑定义。设主裁判为变量 A，副裁判分别为 B 和 C；表示成功与否的灯为 Y。

第二步：列真值表。根据逻辑要求列出真值表，见表 2-2。

表 2-2　举重裁判表决电路的真值表

A	B	C	Y	A	B	C	Y
0	0	0	0	1	0	0	0
0	0	1	0	1	0	1	1
0	1	0	0	1	1	0	1
0	1	1	0	1	1	1	1

第三步：写表达式。根据真值表写出表达式：

$$Y = m_5 + m_6 + m_7 = A\bar{B}C + AB\bar{C} + ABC$$

化简可以得到最简表达式（与非式）：

$$Y = \overline{\overline{AB} \cdot \overline{AC}}$$

第四步：画逻辑图/原理图。画出与非门实现电路，如图 2-3 所示。

第五步：仿真测试。在 Proteus 中的仿真如图 2-4 所示，请自行绘制电路并进行仿真测试。图中逻辑电路部分采用一片 74LS004-2 输入与非门芯片。输入部分用单刀双掷开关，工作之前电路初始化状态是开关都拨

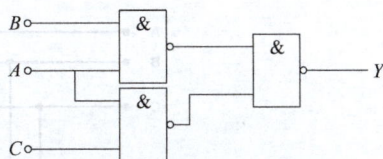

图 2-3　举重裁判表决电路

到下端（逻辑"0"），工作中需要裁判拨到上端（逻辑"1"）。输出部分采用一个 NPN 晶体管作为放大电路，提高驱动 LED 的电流，使之保持合适的亮度，可以将 R_7 改为可变电阻，以调整 LED 的亮度。

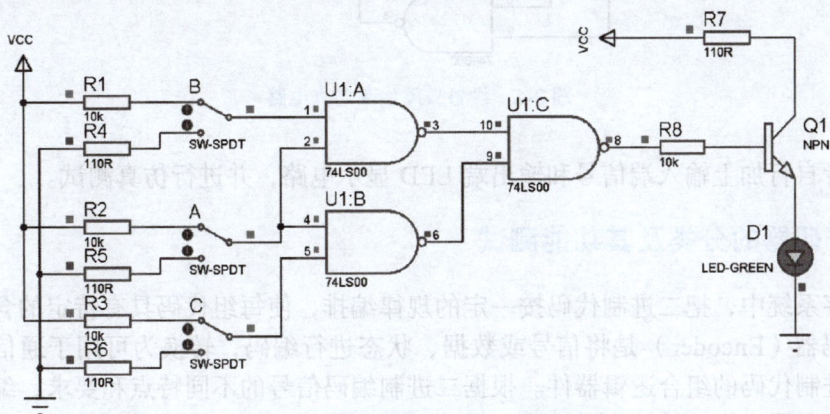

图 2-4　举重裁判表决电路的仿真

【例 2-3】某实验室有红、黄两个故障指示灯，用以表示 3 台设备的工作情况。当只有 1 台设备有故障时，黄灯亮；当两台设备同时有故障时，红灯亮；当 3 台设备同时有故障时，红灯和黄灯都亮。试设计控制灯亮的逻辑电路。

解：

第一步：分析要求，逻辑定义。设输入信号 A、B、C 为 3 台设备故障信号，1 表示有故障，0 表示无故障。输出信号 X、Y 分别表示黄灯、红灯，1 表示灯亮，0 表示

灯不亮。

第二步：列真值表。根据逻辑功能列出真值表，见表 2-3。

第三步：写出表达式并化简。由真值表写出逻辑表达式并对逻辑表达式进行化简：

$$X = \overline{A}\overline{B}C + \overline{A}B\overline{C} + A\overline{B}\overline{C} + ABC$$

$$Y = \overline{A}BC + A\overline{B}C + AB\overline{C} + ABC$$

化简变形后，$X = A \oplus B \oplus C$

$$Y = AB + BC + AC = \overline{\overline{AB} \cdot \overline{BC} \cdot \overline{AC}}$$

第四步：画逻辑图。根据化简后的逻辑表达式画逻辑图，如图 2-5 所示。

表 2-3 故障指示电路真值表

A	B	C	X	Y
0	0	0	0	0
0	0	1	1	0
0	1	0	1	0
0	1	1	0	1
1	0	0	1	0
1	0	1	0	1
1	1	0	0	1
1	1	1	1	1

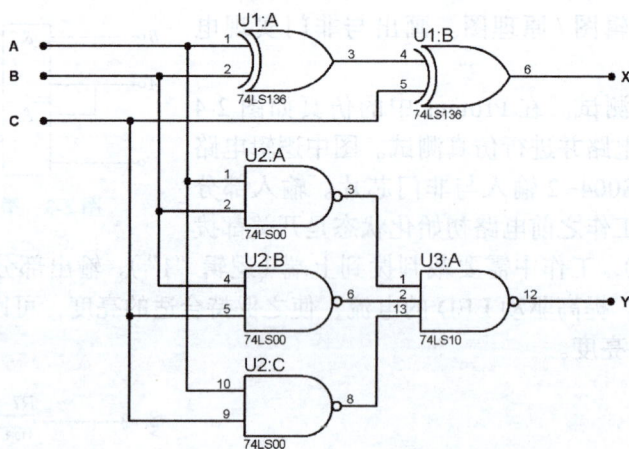

图 2-5　设备故障诊断仿真电路

请读者自行加上输入端信号和输出端 LED 显示电路，并进行仿真测试。

2.1.2　编码器的分类及其功能测试

在数字系统中，把二进制代码按一定的规律编排，使每组代码具有特定的含义，称为编码。编码器（Encoder）是将信号或数据、状态进行编码，转换为可用于通信、传输和存储的二进制代码的组合逻辑器件。根据二进制编码信号的不同特点和要求，编码器可分为二进制编码器、二－十进制编码器、优先编码器等。

二进制编码器就是用二进制代码对特定对象进行编码的电路。其输入端数目 n 与输出端数目 m 满足 $n=2^m$。例如，有 8 个输入端，3 个输出端，这样的编码器称为 8-3 线二进制编码器。

二－十进制编码器又称为 BCD 编码器，它是用 4 位二进制代码表示 1 位十进制数的电路，也称为 10-4 线编码器。

上述两种编码器的共同特点是输入信号相互排斥，但在实际应用中，经常存在两个以上输入信号同时有效的情况，若要求输出编码不出现混乱，必须采用优先编码器。优先编码器中输入信号的优先级别是由设计人员根据需要设定的。一般情况下，我们使用集成优先编码器。

1. 集成二进制优先编码器

（1）集成二进制优先编码器 74LS148 的基本功能　以 8-3 线优先编码器 74LS148 为例来学习集成二进制优先编码器。图 2-6 是 74LS148 的逻辑示意图及引脚排列图。74LS148 是一个具有优先权的 8-3 线编码器，能保证只对同时出现有效信号的多个输入端中优先权最高的进行编码，并且输出端代码的权重分别是 4、2、1。

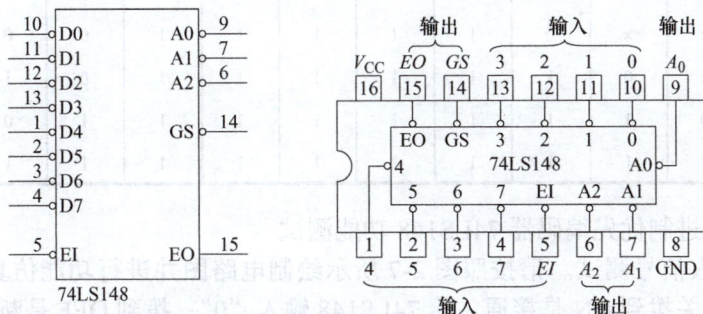

图 2-6　74LS148 逻辑示意图及引脚排列图

表 2-4 是 74LS148 的真值表，由表可知：$\overline{D_0} \sim \overline{D_7}$ 为 8 位输入端，$\overline{D_7}$ 优先级别最高，$\overline{A_2} \sim \overline{A_0}$ 为 3 位反码输出端。电路工作时，输入端"0"（低电平）有效，输出端代码是反码，如 $\overline{D_7}$ 有效时，形成的代码是 $\overline{A_2}\,\overline{A_1}\,\overline{A_0} = 000$。

说明： 一般输入端信号上有"非号"，说明输入端低电平有效，如 $\overline{D_0}$ 表明该输入端为"0"时有效，为"1"时无效，$\overline{EI}$ 为"0"时有效，为"1"时无效。输出端变量上有"非号"，说明输出端是反码编码的，如对"7"的编码不是"111"而是"000"，对"5"的编码不是"101"而是"010"。在集成块的逻辑符号上，如信号端有"o"（小圆圈，表示求反运算），信号变量标注在集成块框外，需要加"非号"，标注在框内，不加"非号"。但是很多资料中由于给信号变量加"非号"比较困难，也会省略掉变量上的"非号"。

$\overline{EI}$ 为使能输入端（工作控制端）。$\overline{EI} = 0$ 时允许编码；$\overline{EI} = 1$ 时禁止编码，此时无论输入端有无有效信号，输出均为 $\overline{A_2}\,\overline{A_1}\,\overline{A_0} = 111$，见表 2-4 中第 1 行。

$\overline{GS}$ 为优先编码输出端。$\overline{EI} = 0$ 时允许编码，且输入端信号有效时，$\overline{GS} = 0$ 表示该编码器正在编码工作（工作状态）；$\overline{EI} = 0$ 且输入端无有效信号时，$\overline{GS} = 1$ 表示该片编码器未编码（待机状态）。

$\overline{EO}$ 为使能输出端。它受 $\overline{EI}$ 控制，当 $\overline{EI} = 1$ 时，$\overline{EO} = 1$（不工作，见表 2-4 第 1 行）。当 $\overline{EI} = 0$ 且有输入信号时，$\overline{EO} = 1$，表示本片工作（见表 2-4 第 3 ～ 10 行）；当 $\overline{EI} = 0$ 且无输入信号时，$\overline{EO} = 0$，表示本片不工作（待机状态，见表 2-4 第 2 行）。

利用 $\overline{GS}$ 和 $\overline{EO}$ 端可以将多块编码器连接，以扩展输入、输出的位数。

表 2-4　集成二进制优先编码器 74LS148 的真值表

输入									输出				
$\overline{EI}$	$\overline{D_0}$	$\overline{D_1}$	$\overline{D_2}$	$\overline{D_3}$	$\overline{D_4}$	$\overline{D_5}$	$\overline{D_6}$	$\overline{D_7}$	$\overline{A_2}$	$\overline{A_1}$	$\overline{A_0}$	$\overline{GS}$	$\overline{EO}$
1	×	×	×	×	×	×	×	×	1	1	1	1	1
0	1	1	1	1	1	1	1	1	1	1	1	1	0
0	×	×	×	×	×	×	×	0	0	0	0	0	1
0	×	×	×	×	×	×	0	1	0	0	1	0	1
0	×	×	×	×	×	0	1	1	0	1	0	0	1
0	×	×	×	×	0	1	1	1	0	1	1	0	1
0	×	×	×	0	1	1	1	1	1	0	0	0	1
0	×	×	0	1	1	1	1	1	1	0	1	0	1
0	×	0	1	1	1	1	1	1	1	1	0	0	1
0	0	1	1	1	1	1	1	1	1	1	1	0	1

（2）集成二进制优先编码器 74LS148 功能测试

1）手动输入信号测试。请按照图 2-7 所示绘制电路图并进行功能仿真测试。图中，J1 开关拨到 ON 是接通，给 74LS148 输入"0"；拨到 OFF 是断开，给 74LS148 输入"1"。J2 控制 $\overline{EI}$，当 J2 闭合时，$\overline{EI}$=0，74LS148 正常工作；断开时，$\overline{EI}$=1，74LS148 不工作，$\overline{A_2}$ $\overline{A_1}$ $\overline{A_0}$ 输出为"111"。图中，R1 ~ R8 是封装在一起的 8 个电阻，1 号引脚是 8 个电阻的公共端。当 J1 的某个开关闭合时，对应的电阻接地，相应的编码器输入端输入为"0"；反之，当 J1 的某个开关断开时，对应的电阻不接地，相应的编码器输入端通过电阻接 V_{CC}，输入为"1"。

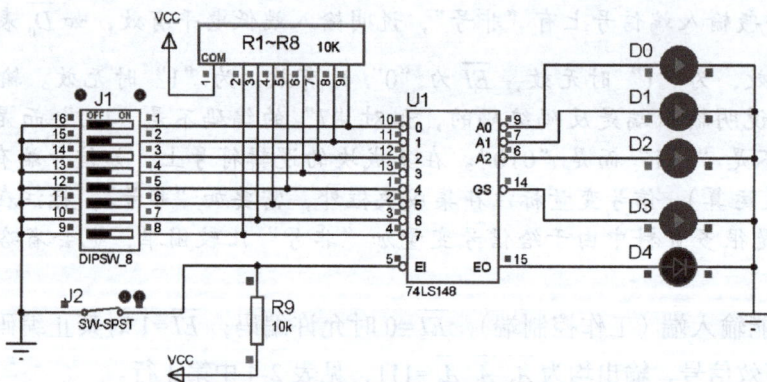

图 2-7　74LS148 功能测试仿真电路

请根据表 2-4 逐项测试其功能，重点体会理解：

① $\overline{EI}$ 的控制作用。当 $\overline{EI}$=1 时，拨动 J1 开关，观察输出的状态；当 $\overline{EI}$=0 时，拨动 J1 开关，观察输出的状态。

② 输入端的优先级控制。在 $\overline{EI}$=0 的前提下，拨动 J1 开关，当 $\overline{D_7}$=0 时，观察输出，此时拨动 $\overline{D_6}$ ~ $\overline{D_0}$ 输入端的开关，观察输出状态。当 $\overline{D_7}$=1 时，依次拨动 $\overline{D_6}$ ~ $\overline{D_0}$，观察

输出状态。依次测试 $\overline{D_6}\sim\overline{D_0}$ 分别为 "0" 和 "1" 时，拨动其他开关的输出状态，总结优先级控制的特点。

③ $\overline{EO}$ 功能测试。当 $\overline{EI}=1$ 时（J2 断开），观察 $\overline{EO}=1$，此时表示编码器电路不工作；当 $\overline{EI}=0$（J2 闭合）时，测试两种情况，一是输入端有有效信号（正常工作），二是输入端无有效信号（待机状态）。

④ $\overline{GS}$ 功能测试。当芯片不工作或待机时，$\overline{GS}=1$；当芯片正常工作时，$\overline{GS}=0$。

请读者边测试边认真填写表 2-5，认真体会各输入/输出、控制端的功能和逻辑含义。

表 2-5　74LS148 功能测试表

输入状态									输出状态					
$\overline{EI}$	$\overline{D_0}$	$\overline{D_1}$	$\overline{D_2}$	$\overline{D_3}$	$\overline{D_4}$	$\overline{D_5}$	$\overline{D_6}$	$\overline{D_7}$	$\overline{A_2}$	$\overline{A_1}$	$\overline{A_0}$	$\overline{GS}$	$\overline{EO}$	工作状态描述
1	×	×	×	×	×	×	×	×	1	1	1	1	1	不工作，输出全 1
0	1	1	1	1	1	1	1	1	1	1	1	1	0	
0	1	1	1	1	1	1	1	0						
0	1	1	1	1	1	1	0	1						
0	1	1	1	1	1	0	1	1						
0	1	1	1	1	0	1	1	1						
0	1	1	1	0	1	1	1	1						
0	1	1	0	1	1	1	1	1						
0	1	0	1	1	1	1	1	1						
0	0	1	1	1	1	1	1	1						

2）模式信号发生器自动提供测试信号。使用虚拟仪器中的模式信号发生器（Pattern Generator，产生序列数字信号的虚拟仪器）按照设定输出 8 位数字信号给 74LS148 作为输入信号进行测试。模式信号发生器可以设置 1KB 的数据供输出。

图 2-8 所示为模式信号发生器的功能测试仿真电路，其 OE 端（输出允许端）接逻辑 "1"，HOLD（输出锁定）端接逻辑 "0"。在模式信号发生器上双击或右击，选择 "编辑属性" 命令，出现图 2-9 所示的设置界面，主要设置两个参数 "Clock Rate" 和 "Reset Rate"，其他都使用系统默认的即可。"Clock Rate" 是模式信号发生器输出字节数据的频率，如设置为 10Hz，每秒输出 10 字节的数据。"Reset Rate" 是模式信号发生器复位重新输出字节数据的频率，如设置为 200mHz（0.2Hz），表示每 5s 模式信号发生器复位。按照此参数设置，模式信号发生器将会 5s 复位一次，每秒输出 10 字节，即每个工作周期输出 50 字节数据。

在图 2-8 中，模式信号发生器的输出 $Q_7\sim Q_0$ 对应连接 $D_7\sim D_0$ LED，当启动仿真时，将出现图 2-10a 所示操作界面，按仿真暂停按钮，可以在此界面中设置参数和数据。可以使用左侧的按钮和下边的旋钮设置模式信号发生器的工作参数，但是注意这里设置的参数要和图 2-9 界面中设置的相同。旋钮操作不如直接进行数值设置方便，建议工作参数在图 2-9 界面中设置，旋转至 0Hz 将会导致仿真报错而无法仿真。图 2-10a 所示界面主要设置模式信号发生器输出的字节数据，上部的方格矩阵中每一列是 1 字节，一列中自上而下

8个格对应1字节的8位数据$Q_0 \sim Q_7$，方格空白为"0"，单击方格变成黑色为"1"，再次单击黑色方格可以恢复到"0"。共有1024列，列号（即地址）为0～1023，最右侧的列为0列，最左侧一列是1023列。图中设置的参数是输出50字节即复位，所以是反复输出0～49列数据。方格上部标注的是十六进制表示的字节地址，如0x10，用"0x"表示十六进制，"10"即十六进制数据，代表十进制的16，0x20表示十进制的32。每一屏显示32字节（32列），每一列下边的数据是设置后该字节的数据，可以用十六进制显示，也可以用十进制显示。

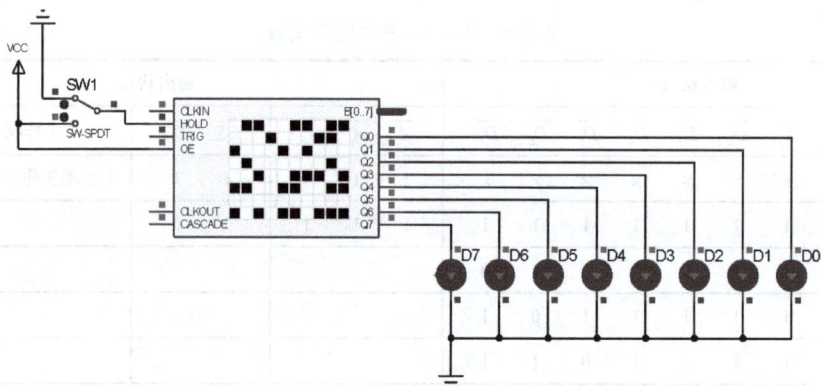

图2-8 模式信号发生器功能测试仿真电路

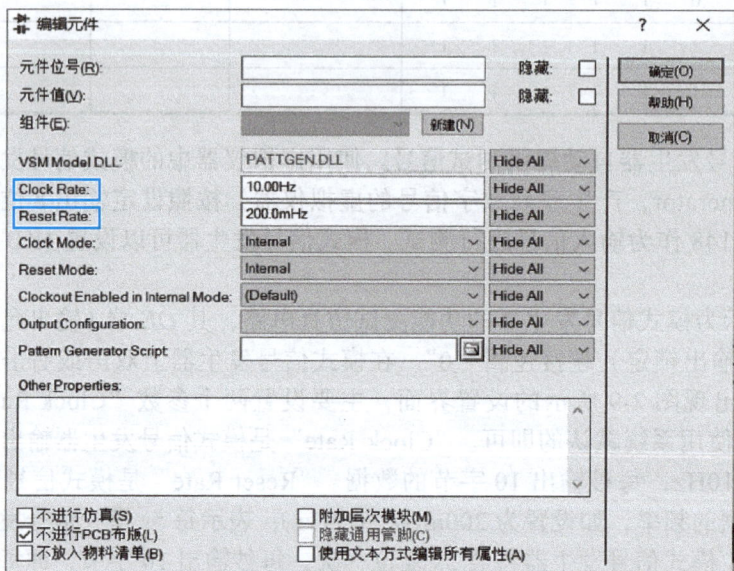

图2-9 虚拟模式信号发生器的参数设置界面

在图2-10中方格矩阵区域右击，可以调出图2-10b所示菜单，对数据设置区域进行设置，如设置数据显示的数制形式、方格区的颜色等。

图2-11是用模式信号发生器自动提供数字信号测试74LS148功能的仿真电路图。图中设置输出频率为1Hz，复位频率为0.1Hz，每一次循环输出10字节（字节0～9），为方便读者理解，字节0～9的设置见表2-6。图中输出除了使用LED显示，还增加了一

个 7 段 BCD 数码管，以数字的形式显示输出的信号。给 BCD 数码管输入 4 位 8421BCD 码，相应显示数字 0～9，此处只有 3 位，最高位接地为 0。因为此处用的 LED 的导通电压为 2V，所以在 LED 的阳极增加一个小电阻，提高数码管输入端逻辑"1"的电压值。开始仿真时，输出第一个字节是"11111111"，74LS148 输入的信号无有效编码信号，处于待机状态，输出为"111"，所以 LED D_2～D_0 亮、D_GS 亮，数码管显示"7"；输出第二个字节是"00000000"，74LS148 输入的信号全部是有效编码信号，但是只有优先级最高的 D_7 有效，输出是代码"111"的反码"000"，所以 LED D_2～D_0 不亮，数码管显示数字"0"，74LS148 处于正常工作状态，EO 端高电平，D_EO 亮。请认真分析每一秒输出信号和 74LS148 的工作状态，深入理解模式信号发生器和集成二进制优先编码器的功能。

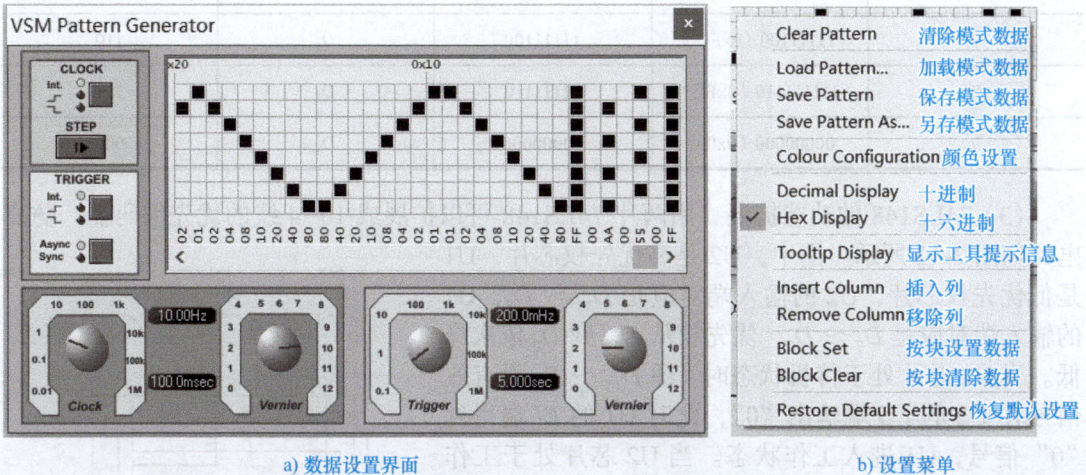

a) 数据设置界面　　　　　　　　　　　　　　　　b) 设置菜单

图 2-10　虚拟模式信号发生器的数据设置界面

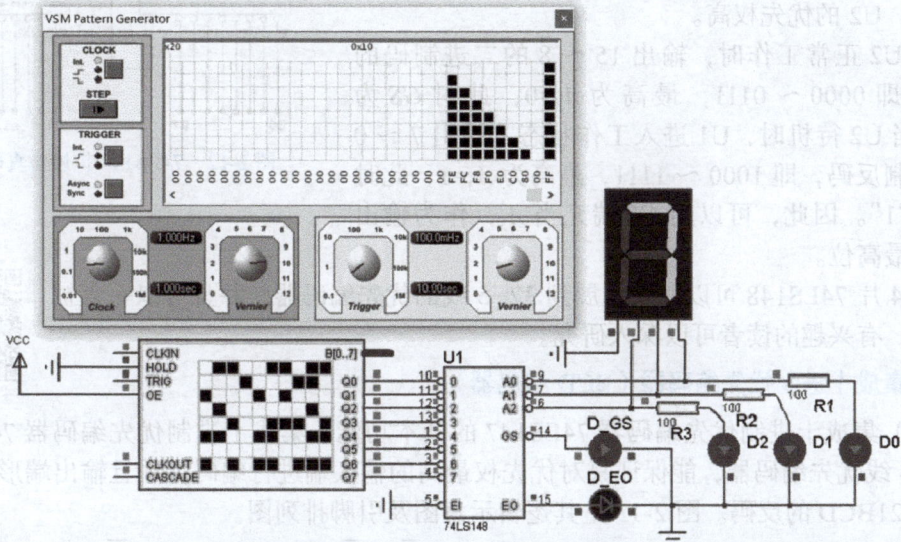

图 2-11　用模式信号发生器自动提供数字信号测试 74LS148 功能仿真电路图

表 2-6　模式信号发射器的字节设置表

字节地址	字节设置（自下而上）	输出 $Q_7 \sim Q_0$	74LS148 有效输入端	74LS148 输出代码
0	11111111（0xFF）	11111111	无	111
1	00000000（0x00）	00000000	D_7	000
2	10000000（0x80）	10000000	D_6	001
3	11000000（0xC0）	11000000	D_5	010
4	11100000（0xE0）	11100000	D_4	011
5	11110000（0xF0）	11110000	D_3	100
6	11111000（0xF8）	11111000	D_2	101
7	11111100（0xFC）	11111100	D_1	110
8	111111110（0xFE）	11111110	D_0	111
9	00000000（0x00）	00000000	D_7	000

（3）74LS148 的功能扩展　用两片 74LS148 可以扩展成 16-4 线的优先编码器，仿真电路如图 2-12 所示。图中，U2 是高优先权芯片，U1 是低优先权芯片，U2 的输入端对应是 $D_{15} \sim D_8$，U1 的输入端对应是 $D_7 \sim D_0$，优先权从 D_{15} 到 D_0 依次降低。当 U2 芯片处于待机状态时（即 $D_{15} \sim D_8$ 无有效信号），U2 的 *EO* 端输出 "0"，此时 U1 的 *EI* 端得到 "0" 信号，U1 进入工作状态。当 U2 芯片处于工作状态时（即 $D_{15} \sim D_8$ 有有效信号），U2 的 *EO* 端输出 "1"，此时 U1 的 *EI* 端得到 "1" 信号，U1 进入不工作状态。因此，U2 和 U1 不同时工作，U1 受到 U2 的控制，U2 的优先权高。

当 U2 正常工作时，输出 15 ～ 8 的二进制码的反码，即 0000 ～ 0111，最高为 $A_3=0$，此时 GS 为 "0"，当 U2 待机时，U1 进入工作状态，输出 7 ～ 0 的二进制反码，即 1000 ～ 1111，最高为 $A_3=1$，此时 GS 为 "1"。因此，可以用 GS 端充当 A_3，作为输出代码的最高位。

用 4 片 74LS148 可以继续扩展到 32-5 线的优先编码器，并且可以一直扩展下去，有兴趣的读者可以深入研究。

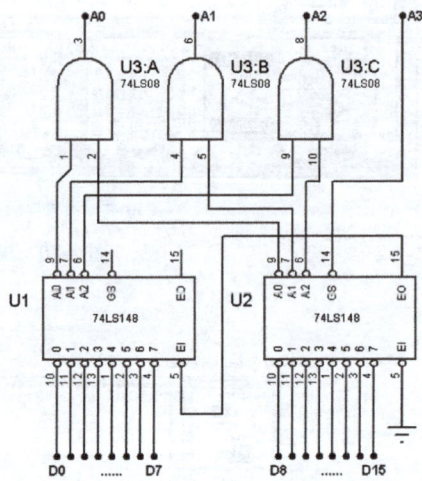

图 2-12　74LS148 扩展仿真电路

2. 集成十进制优先编码器（BCD 编码器）

（1）集成十进制优先编码器 74LS147 的基本功能　集成十进制优先编码器 74LS147 是 10-4 线优先编码器，能保证只对优先权最高的输入端进行编码，并且输出端形成的编码是 8421BCD 的反码。图 2-13 是其逻辑示意图及引脚排列图。

表 2-7 是 74LS147 的真值表，可以看出，$\overline{I_1} \sim \overline{I_9}$ 为 9 位输入端，$\overline{I_0}$ 输入端为默认，只要 $\overline{I_1} \sim \overline{I_9}$ 无效，就认为 $\overline{I_0}$ 端有效，输入端低电平有效。$\overline{I_9}$ 优先级别最高。$\overline{D} \sim \overline{A}$（或

$\overline{Q_3} \sim \overline{Q_0}$）为 4 位输出端，输出端代码是 8421BCD 反码，如 $\overline{I_0}$ 有效时，形成的代码是 $\overline{D}\,\overline{C}\,\overline{B}\,\overline{A}$=1111。

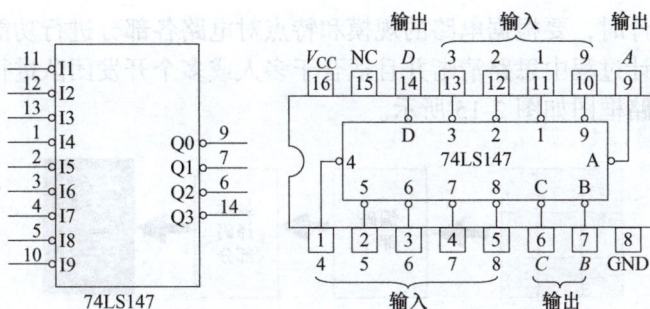

图 2-13　74LS147 逻辑示意图及引脚排列图

表 2-7　74LS147 的真值表

输入									输出			
$\overline{I_1}$	$\overline{I_2}$	$\overline{I_3}$	$\overline{I_4}$	$\overline{I_5}$	$\overline{I_6}$	$\overline{I_7}$	$\overline{I_8}$	$\overline{I_9}$	$\overline{D}$	$\overline{C}$	$\overline{B}$	$\overline{A}$
1	1	1	1	1	1	1	1	1	1	1	1	1
×	×	×	×	×	×	×	×	0	0	1	1	0
×	×	×	×	×	×	×	0	1	0	1	1	1
×	×	×	×	×	×	0	1	1	1	0	0	0
×	×	×	×	×	0	1	1	1	1	0	0	1
×	×	×	×	0	1	1	1	1	1	0	1	0
×	×	×	0	1	1	1	1	1	1	0	1	1
×	×	0	1	1	1	1	1	1	1	1	0	0
×	0	1	1	1	1	1	1	1	1	1	0	1
0	1	1	1	1	1	1	1	1	1	1	1	0

（2）74LS147 功能测试　请参考 74LS148 功能测试的方法设计 74LS147 的功能测试电路并进行测试。在测试中，编码结果的显示可以采用图 2-14 的方式。由于 74LS147 输出的编码是 BCD 码的反码，因此用 4 个非门求反，变成 BCD 码的原码，然后用一个七段 BCD 数码管来进行显示。

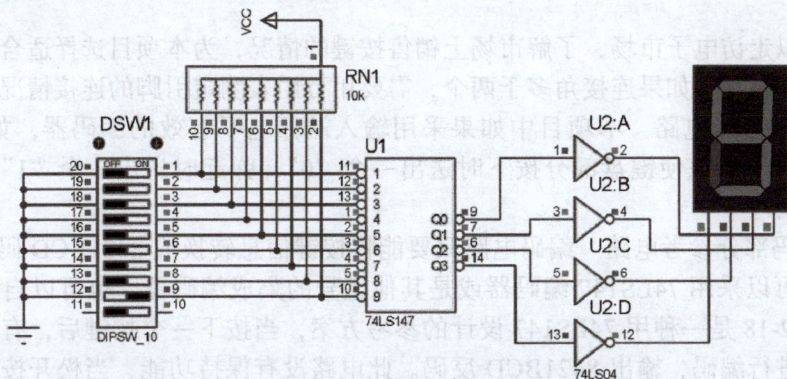

图 2-14　74LS147 的功能测试仿真图

2.1.3　数字键盘设计与电路制作

1. 键盘显示电路的框图

在进行电路设计时，要根据电路的规模和特点对电路各部分进行功能定义，绘制出电路框图，这样在设计过程中思路清晰并且适合于多人或多个开发团队进行电路开发。本项目要设计的键盘电路框图如图 2-15 所示。

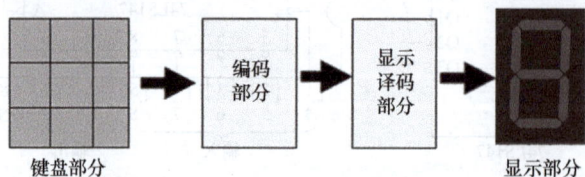

图 2-15　键盘电路的设计框图

这个框图不是很全面，缺少键盘去抖动电路、按键存储电路等部分。随着学习的深入，这些电路技术都会学习到，本项目中可以选用具有锁存功能的显示译码器进行设计。

2. 键盘和编码电路设计

（1）按键　看似简单的按键，其实很不简单，市场上有形形色色的按键，形状上有圆形、正方形和长方形按键，颜色上有红色、黄色、绿色、黑色、橘黄色按键等；结构上有带指示灯和不带灯按键、滚珠开关；功能上有复位和自锁按钮、选择开关、钥匙开关、复位急停按钮、按键开关、自锁开关、微型开关、滑动开关、拨动开关、轻触开关、微动开关、叶片开关、直键开关、推动开关、限位开关、辅助开关、拨码开关、门锁开关、微型开关、贴片开关等，如图 2-16 所示。按键 / 按钮被广泛用于各种家电、电子玩具、防盗器材、电器、电子、报警器、通信及家用周边电器等。

在小型弱电电路中，常用常开式微型按键，常见的有长柄式、短柄式、两脚型及四脚型。

图 2-16　各种各样的按键

读者可以走访电子市场，了解市场上销售按键的情况，为本项目选择适合的按键进行设计。选定按键后，如果连接角多于两个，需要用万用表测定引脚的连接情况。

（2）按键参考电路　本项目中如果采用输入端低电平有效的编码器，如 74LS147，那么，在设计时应该使键盘部分按下时送出一个"0"，弹起时送出一个"1"，参考设计如图 2-17 所示。

（3）编码部分参考电路　编码电路只要能将按键信息转换成 8421BCD 码（原码或反码）即可，可以采用 74LS147 编码器或是其他型号的集成编码器，也可以自己设计一套编码器。图 2-18 是一种用 74LS147 设计的参考方案，当按下一个按键后，有效信号送给 74LS147 并进行编码，输出 8421BCD 反码。此电路没有保持功能，当松开按键后，自动弹起，信号消失，74LS147 进入待机状态，输出"1111"，也相当于按下 0 键。

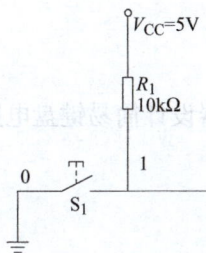

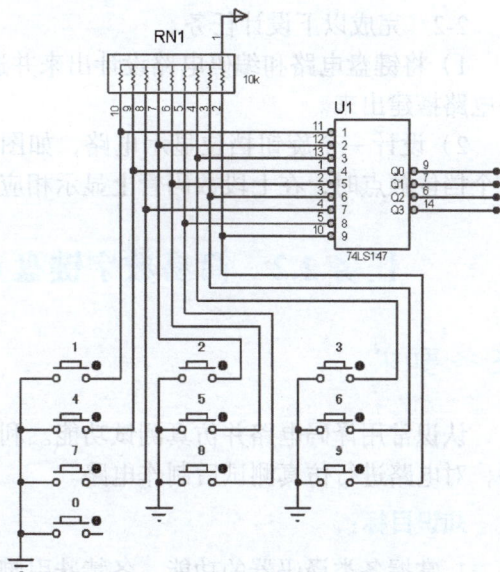

图 2-17　按键电路　　　　　　　　　　图 2-18　按键编码参考仿真电路

巩固与提高

1. 知识巩固

1-1　请口述组合逻辑电路的分析方法和步骤，并分析图 2-19 所示逻辑电路的功能。

1-2　在图 2-17 所示按键电路中，电路右端连接指示灯，当 S_1 处于断开状态时，右端输出电压 =_____V，指示灯_____（亮 / 灭）；反之，当 S_1 处于闭合状态时，右端的输出电压 =_____V，指示灯_____（亮 / 灭）。

图 2-19　练习 1-1 图

1-3　请口述组合逻辑电路的设计方法并进行如下设计。

1）请用与非门设计能实现三变量一致判断（变量取值相同输出为 1，否则为 0）的逻辑电路。

2）用门电路设计组合逻辑电路，要求输入 8421BCD 码，其数值被 2 整除时输出为 1，否则输出为 0。

3）电话室需对 4 种电话编码进行控制，按紧急次序排列优先权由高到低依次是：火警电话、急救电话、工作电话、生活电话，分别编码为 11、10、01、00。试用门电路设计该编码电路。

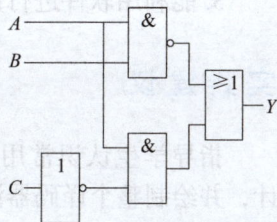

2. 能力提高

2-1　请使用 Proteus 进行 8-3 线优先编码器 74LS148 的功能测试，要求用模式信号发生器提供编码器输入信号，单刀单掷开关进行工作控制，输出端连接 LED 指示灯显示输出的状态。认真观察输出结果，列出 74LS148 的功能表并总结其功能特点。

请将上面测试电路的输出端接 4 输入端的数码管，观察其输出结果。

请将上面电路的 74LS148 换成 74LS147，对 74LS147 进行功能测试并总结 74LS147 的功能特点。

2-2　完成以下设计任务。

1）将键盘电路和编码电路设计出来并进行电路仿真或在实训台上将电路搭建出来。

2）设计一个旋钮档位显示电路，如图 2-20 所示，当旋钮旋转到一个档位触点时，在七段数码管上显示相应的数字。

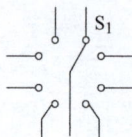

图 2-20　八触点旋钮

任务 2.2　简易数字键盘及其显示电路的设计与制作

任务要求

认识常用译码电路并仿真测试功能。利用编码和译码器设计简易键盘电路及其显示电路，对电路进行仿真测试后制作电路。

知识目标：

1. 掌握各类译码器的功能、各特殊引脚的作用。

2. 掌握显示译码器的用法。

3. 会读取译码器的功能表 / 真值表。

能力目标：

1. 能正确区分各类译码器的功能特点。

2. 能正确应用显示译码器和数码管，进行数码显示电路的设计。

3. 能利用软件进行译码器功能仿真和测试。

实践建议

指导学生认识常用译码器并进行功能仿真。合理选择器件进行简易键盘显示电路设计，并绘制整个译码器测试电路的原理图，进行功能仿真，在实训台上利用实训台提供的资源搭建电路。

知识与操作

2.2.1　常用译码器的认识、测试和应用

译码是编码的反过程，即将代码所表示的信息翻译成原高、低电平（二进制信息）的过程。实现译码功能的电路称为译码器。

译码器有多个输入端和多个输出端，输入端输入二进制代码，输出端还原出原有的二进制信息，每输入一个代码，对应一个输出端有效电平，其他输出端为无效电平。输入端个数为 N，则输出端最多有 2^N 个。

译码器按其功能特点分为通用译码器和显示译码器两大类。通用译码器又分为完全译码器和不完全译码器（部分译码器）。在通用译码器中有 N 个输入端，M 个输出端，当 $2^N=M$ 时，称为完全译码器；当 $2^N>M$ 时，称为不完全译码器。

常用集成译码器分为二进制译码器、二 – 十进制译码器（BCD 译码器）和显示译码器 3 种。

1. 集成二进制译码器

集成二进制译码器由于其输入、输出端的数目 M 满足 $M=2^N$，属于完全译码器，可分为 2-4 线译码器、3-8 线译码器、4-16 线译码器等。

（1）集成二进制译码器 74LS138　集成二进制译码器 74LS138 是常用的 3-8 线二进制完全译码器，其逻辑图及引脚排列图如图 2-21 所示，功能表见表 2-8。

注意： 图中 4、5、6 号引脚的标注不同，在不同软件和资料中，部分引脚的标注采用不同的变量名称。无论名称是否相同，但是其功能是相同的，读者要通过读懂功能表（真值表）来获取集成电路各引脚功能信息。

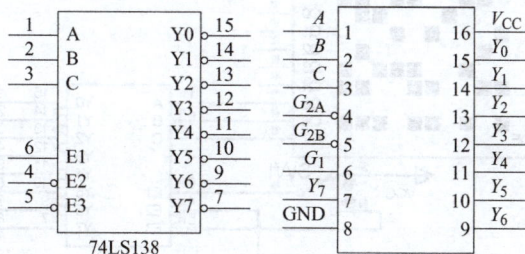

图 2-21　74LS138 的逻辑图及引脚排列图

表 2-8　74LS138 的功能表

控制			输入代码			输出							
$\overline{G_{2A}}$	G_1	$\overline{G_{2B}}$	C	B	A	$\overline{Y_0}$	$\overline{Y_1}$	$\overline{Y_2}$	$\overline{Y_3}$	$\overline{Y_4}$	$\overline{Y_5}$	$\overline{Y_6}$	$\overline{Y_7}$
×	×	1	×	×	×	1	1	1	1	1	1	1	1
×	0	×	×	×	×	1	1	1	1	1	1	1	1
0	1	0	0	0	0	0	1	1	1	1	1	1	1
0	1	0	0	0	1	1	0	1	1	1	1	1	1
0	1	0	0	1	0	1	1	0	1	1	1	1	1
0	1	0	0	1	1	1	1	1	0	1	1	1	1
0	1	0	1	0	0	1	1	1	1	0	1	1	1
0	1	0	1	0	1	1	1	1	1	1	0	1	1
0	1	0	1	1	0	1	1	1	1	1	1	0	1
0	1	0	1	1	1	1	1	1	1	1	1	1	0

通过观察逻辑图及功能表可以得到：

1）C、B、A 为 3 位二进制代码输入端，其中 C 是高位，A 是低位，代码范围为 $000 \sim 111$。

2）$\overline{Y_0} \sim \overline{Y_7}$ 为 8 位输出端，低电平有效。每次有效输出只有一个为 "0"，其余为 "1"。

3）E_1、$\overline{E_2}$、$\overline{E_3}$（或 G_1、$\overline{G_{2A}}$、$\overline{G_{2B}}$）是使能端（即控制端）。

① 当使能端 $E_1 = 1$，$\overline{E_2} = \overline{E_3} = 0$（或 $G_1 = 1$，$\overline{G_{2A}} = \overline{G_{2B}} = 0$）时，译码器正常工作；

② 当使能端 $E_1 = 0$ 或 $\overline{E_2} + \overline{E_3} = 1$（$G_1 = 0$ 或 $\overline{G_{2A}} + \overline{G_{2B}} = 1$）时，译码器不工作。此时输

出端全部为"1"。

利用 3 个使能端还可实现片选功能和扩展译码器的输入、输出线端数量的
功能，如用两块 74LS138 实现 4–16 线译码器。

（2）74LS138 的功能测试

测试 74LS138 集成译码器的功能，可以参考图 2-22a 进行，其中模式信号发生器的
设置可以参照图 2-22b。

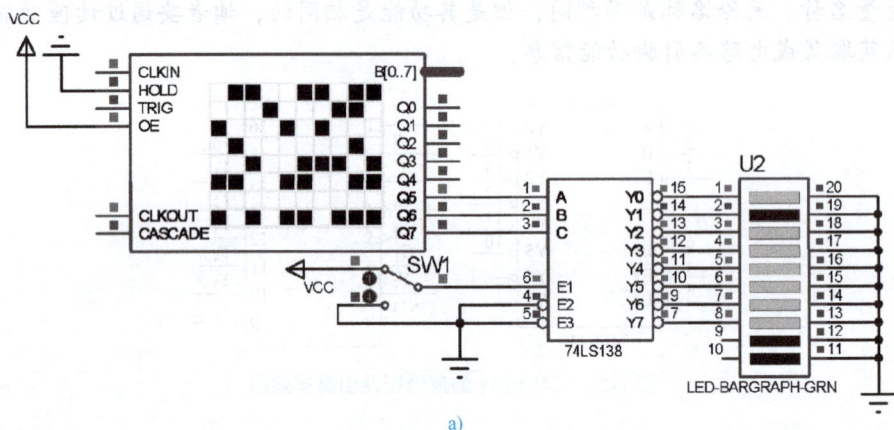

a)

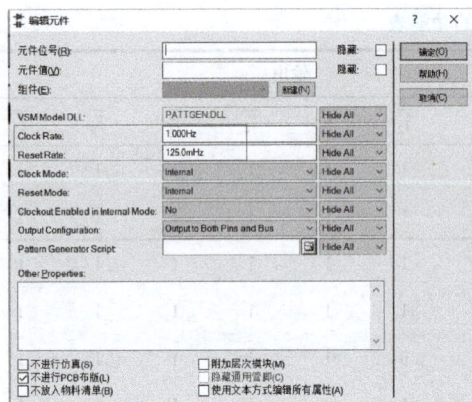
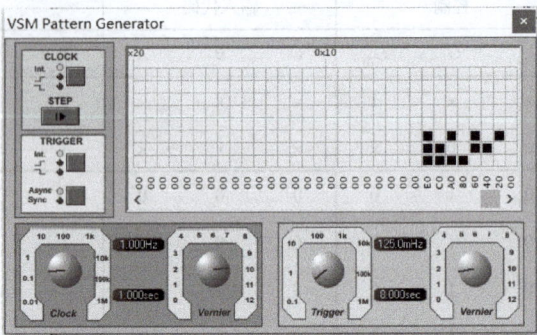

b)

图 2-22　74LS138 功能测试

在图 2-22a 中，74LS138 的输入端 C、B、A 分别连接模式信号发生器的 Q_7、Q_6、
Q_5 三端，在设置模式信号发生器的输出时，仅需要设置每一列数据的下面 3 个位，如
图 2-22b 所示，设置为 000～111。模式信号发生器的"Clock Rate"设置为 1Hz，"Reset
Rate"设置为 125mHz，可以每秒输出 1 字节，每一轮循环输出 8 字节。控制端 E_1 用
SW1 控制，当接到上面 V_{CC} 时，$E_1=1$，74LS138 正常工作；当接到下面地时，$E_1=0$，
74LS138 不工作，输出全为"1"。

输出结果的显示形式使用了"LED-BARGRAPH-GRN"，这是一种集成的显示
棒，是由 10 个条形 LED 整齐排列构成的，只要在每一个 LED 的阳极和阴极之间加上
合适电压，这个 LED 就能发光。每个 LED 的阳极接 74LS138 的输出，阴极接地，如果
74LS138 输出"1"，相应的 LED 亮，74LS138 输出"0"，相应的 LED 不亮，由此来判断
74LS138 的输出情况。"LED-BARGRAPH-GRN"在"Optoelectronics"（光电器件）库
中的"Bargraph Displays"子库中。

　　另外，可以通过修改 3 个控制端的信号来改变 74LS138 的工作状态，读者可以试验一下各种组合情况下 74LS138 的工作情况。

2. 集成二-十进制译码器 74LS42/74HC42

　　集成二-十进制译码器又称为 4-10 线译码器、BCD 译码器，属于不完全译码器，例如，74LS42/74HC42 的逻辑图及引脚排列如图 2-23 所示，其真值表（功能表）见表 2-9。

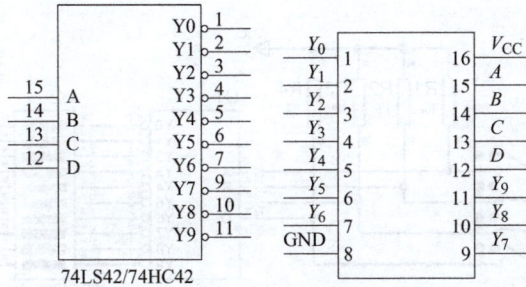

图 2-23　集成 BCD 译码器 74LS42/74HC42 逻辑图及引脚排列

表 2-9　74LS42/74HC42 的功能表

序号	输入				输出									
	D	C	B	A	Y_0	Y_1	Y_2	Y_3	Y_4	Y_5	Y_6	Y_7	Y_8	Y_9
0	0	0	0	0	0	1	1	1	1	1	1	1	1	1
1	0	0	0	1	1	0	1	1	1	1	1	1	1	1
2	0	0	1	0	1	1	0	1	1	1	1	1	1	1
3	0	0	1	1	1	1	1	0	1	1	1	1	1	1
4	0	1	0	0	1	1	1	1	0	1	1	1	1	1
5	0	1	0	1	1	1	1	1	1	0	1	1	1	1
6	0	1	1	0	1	1	1	1	1	1	0	1	1	1
7	0	1	1	1	1	1	1	1	1	1	1	0	1	1
8	1	0	0	0	1	1	1	1	1	1	1	1	0	1
9	1	0	0	1	1	1	1	1	1	1	1	1	1	0
无效	1	0	1	0	1	1	1	1	1	1	1	1	1	1
	1	0	1	1	1	1	1	1	1	1	1	1	1	1
	1	1	0	0	1	1	1	1	1	1	1	1	1	1
	1	1	0	1	1	1	1	1	1	1	1	1	1	1
	1	1	1	0	1	1	1	1	1	1	1	1	1	1
	1	1	1	1	1	1	1	1	1	1	1	1	1	1

从功能表可得：

1）D、C、B、A 是电路的输入端，输入的信号是 8421BCD 码。

2）输出信号是 $\overline{Y_0} \sim \overline{Y_9}$，低电平有效。由于 8421BCD 只有 0000 ～ 1001 是有效码，1010 ～ 1111 是伪码，因此，当输入为 1010 ～ 1111 时，输出均为 1。

74LS42 上没有控制端，使用起来比较简单，其功能测试可以参考 74LS138 的测试方法进行。图 2-24 是用 74HC42 制作的 BCD 译码器仿真电路，采用按键电路产生 BCD 代码作为输入端代码进行测试。

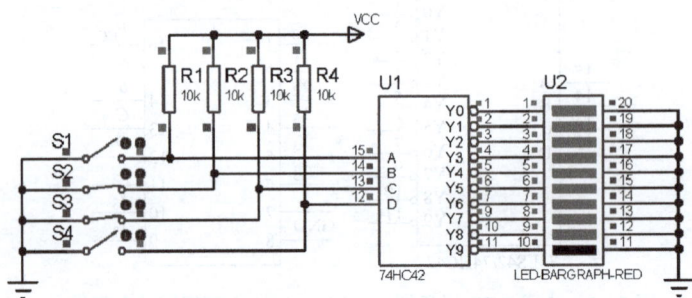

图 2-24　BCD 译码器测试仿真电路

3. 集成显示译码器

在数字系统中，经常需要将数字、文字和符号的二进制代码翻译成我们习惯的形式直观地显示出来，以便查看或读取，这就需要显示电路来完成。显示电路通常由译码器和显示器两部分组成。

（1）数码显示器

1）半导体显示器。半导体显示器又称为 LED 显示器，它的基本单元是 PN 结。当外加正向电压时，能发出清晰的光线。单个 PN 结可以封装成一个 LED；多个 PN 结可以做成点阵式显示器，也可以按分段式封装成半导体数码管，如七段 LED，它们有共阴极和共阳极两种接法。共阴极数码管的某一段接高电平时发光；共阳极数码管接低电平时发光，如图 2-25 所示。

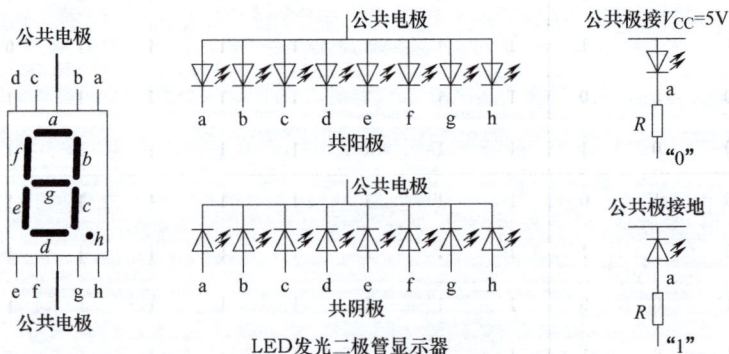

图 2-25　七段 LED 数码显示器

共阳极七段 LED 数码管的测试仿真电路如图 2-26 所示，图中，R1 ～ R7 是限流分压电阻。

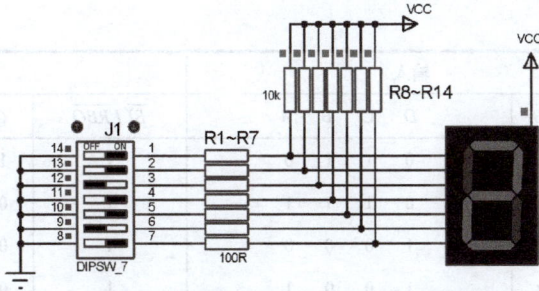

图 2-26　共阳极七段 LED 数码管的测试

2）液晶显示器。液晶显示器（LCD）是一种介于液体和晶态固体之间的半流体。它既能像液体那样易于流动，又能像晶体那样有规则地排列。

（2）显示译码器

为了使显示器能够显示出我们所需要的信息，要将需要显示的信息转换成显示器能显示的信号并达到需要的驱动电流，这就需要显示译码器（显示驱动电路）。

1）BCD 七段数码管显示译码器 / 驱动器。74LS246/247/248/249、74LS46/47/48/49、CD4511、74HC4511 都是驱动七段 LED 数码管的显示译码器，但是它们的工作特性和工作电压有所不同，如 74LS246 工作电压为 30V，74LS247 工作电压为 15V，有的驱动共阳极数码管，有的驱动共阴极数码管，有的输出是 OC 门输出。所以在使用时要查看芯片的说明书，确定其工作特性、电气参数、输出形式等信息。74LS246/247/248/249 和 CD4511 的逻辑图如图 2-27 所示，功能表见表 2-10。

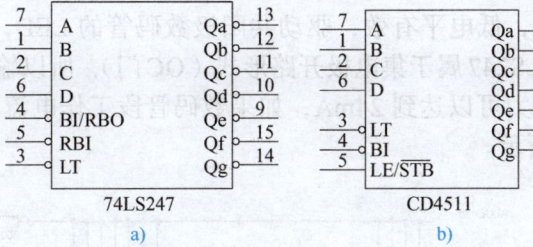

图 2-27　显示译码器 74LS247、CD4511 逻辑图

表 2-10　74LS247 功能表

功能或十进制数	输入						输出							
	$\overline{LT}$	$\overline{RBI}$		D	C	B	A	$\overline{BI}/\overline{RBO}$	Q_a	Q_b	Q_c	Q_d	Q_e	Q_f	Q_g
$\overline{BI}/\overline{RBO}$（灭灯）	×	×		×	×	×	×	0（输入）	1	1	1	1	1	1	1
$\overline{LT}$（试灯）	0	×		×	×	×	×	1	0	0	0	0	0	0	0
$\overline{RBI}$（动态灭零）	1	0		0	0	0	0	0	1	1	1	1	1	1	1
0	1	1		0	0	0	0	1	0	0	0	0	0	0	1
1	1	×		0	0	0	1	1	1	0	0	1	1	1	1
2	1	×		0	0	1	0	1	0	0	1	0	0	1	0
3	1	×		0	0	1	1	1	0	0	0	0	1	1	0
4	1	×		0	1	0	0	1	1	0	0	1	1	0	0
5	1	×		0	1	0	1	1	0	1	0	0	1	0	0

（续）

功能或十进制数	输入							输出						
	$\overline{LT}$	$\overline{RBI}$	D	C	B	A	$\overline{BI}/\overline{RBO}$	Q_a	Q_b	Q_c	Q_d	Q_e	Q_f	Q_g
6	1	×	0	1	1	0	1	1	1	0	0	0	0	0
7	1	×	0	1	1	1	1	0	0	0	1	1	1	1
8	1	×	1	0	0	0	1	0	0	0	0	0	0	0
9	1	×	1	0	0	1	1	0	0	1	1	0	0	0
10	1	×	1	0	1	0	1	1	1	1	0	0	1	0
11	1	×	1	0	1	1	1	1	1	0	0	1	1	0
12	1	×	1	1	0	0	1	1	0	1	1	0	0	0
13	1	×	1	1	0	1	1	0	1	1	0	1	0	0
14	1	×	1	1	1	0	1	1	1	1	0	0	0	0
15	1	×	1	1	1	1	1	1	1	1	1	1	1	1

显示译码器在使用时要注意是驱动共阴极数码管还是共阳极数码管。74LS247 是 OC 门输出的共阳极数码管驱动器，因此要让数码管的某一段亮，对应的输出信号应为 "0"。CD4511 是驱动共阴极数码管的，因此要让数码管的某一段亮，对应的输出信号应为 "1"。

从 74LS247 的功能表可知：

① 输入端 D、C、B、A 是 8421BCD 原码输入端，输入代码即需要显示的数字。

② 输出端 Q_a ~ Q_g，低电平有效，驱动共阳极数码管的 LED，例如，Q_a 为 0 时，七段数码管的a段亮。74LS247 属于集电极开路形式（OC 门），所以输出端必须加上拉电阻，输出低电平时的驱动能力可以达到 24mA，如果数码管段工作电流小于 24mA，就需要加限流电阻，如图 2-28 所示。

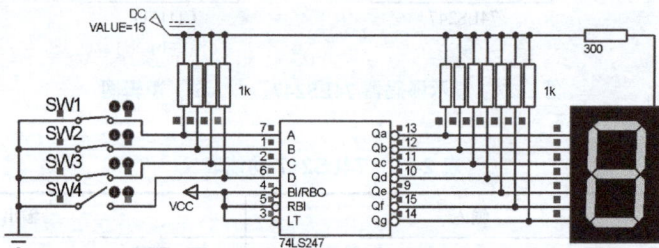

图 2-28　74LS247（OC 门）驱动共阳极七段 LED 数码管仿真电路

③ 灯测试输入端 $\overline{LT}$ 是一个控制端，用来测试数码管的好坏。当 $\overline{LT}$=0、$\overline{BI}$=1 时，数码管七段全亮，显示 8，说明数码管各段 LED 工作正常。当 $\overline{LT}$=1 时，电路正常显示。

④ 灭灯输入 / 灭 0 输出端 $\overline{BI}/\overline{RBO}$ 是一个可输入 / 输出的控制端。$\overline{BI}$=0 时，Q_a ~ Q_g 均为 "1"，七段 LED 全灭；当 $\overline{BI}$=1、$\overline{LT}$=1 时，电路正常显示。若将一串间歇脉冲信号由 $\overline{BI}$ 送入，且与输入数码同步，则所显示的数字可间歇地闪烁，当闪烁的速度超过 25Hz 时，看起来是一直亮着的。$\overline{BI}$ 是为了降低显示系统功耗而设置的。

$\overline{RBO}$ 用作灭 0 指示，可将多位显示中的无用 0 熄灭。当该片熄灭时，$\overline{RBO}$=0，作为控制低一位的灭 0 信号，允许低一位灭 0。反之，若 $\overline{RBO}$=1，则说明本位处于显示状态，不允许低一位灭 0。$\overline{RBO}$ 和 $\overline{BI}$ 是 "线与" 关系，起着熄灭输入和灭 0 输出作用，如图 2-29 所示。

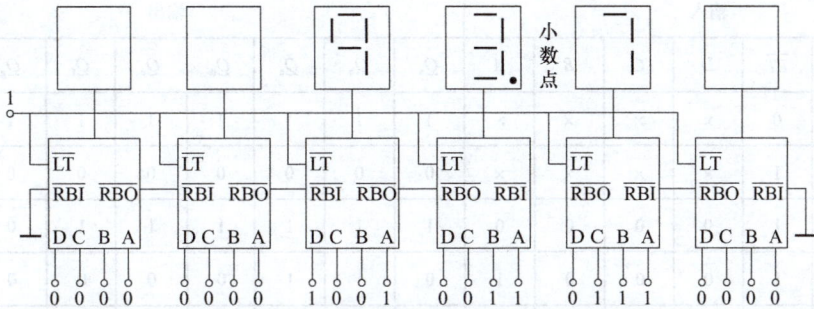

图 2-29　多位显示时灭零的控制方式图

⑤ 灭 0 输入端 $\overline{RBI}$ 接收来自高位的灭零控制信号 $\overline{RBO}$。$\overline{RBI}$ 为低电平有效，当 $\overline{RBI}$=0，且输入 $DCBA$=0000，此时的 0 不被显示出来；而 $\overline{RBI}$=1 时，0 显示出来。

2）显示译码器的功能测试。可以用图 2-28 所示仿真电路测试 74LS247 的功能，读者亦可用模式信号发生器提供 8421BCD 信号进行测试，如图 2-30 所示。图 2-31 是模式信号发生器的参数和数据设置参考图，读者可以尝试多种数据测试。

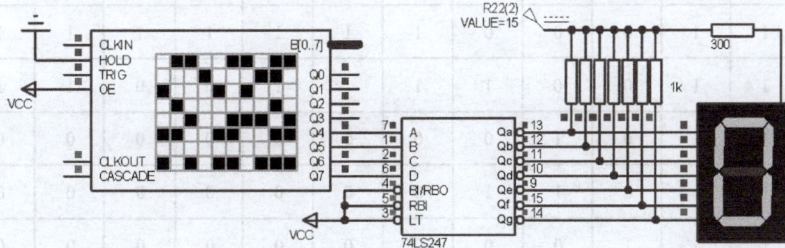

图 2-30　74LS247 功能测试仿真电路

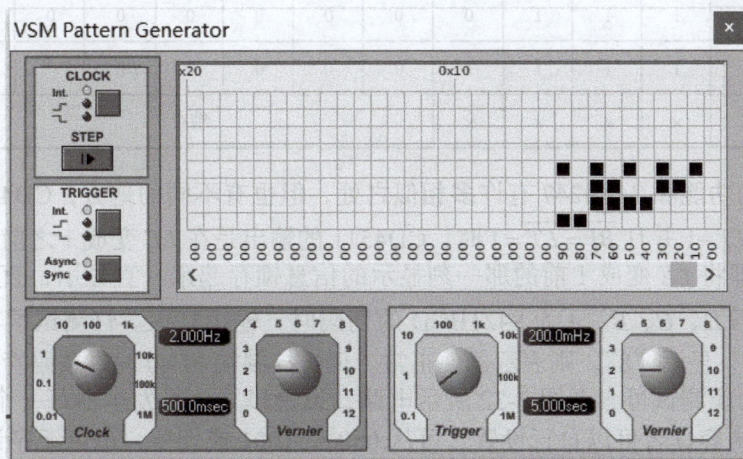

图 2-31　模式信号发生器的参数和数据设置参考图

CD4511 驱动共阴极数码管，其功能表见表 2-11，CD4511 芯片的驱动能力较强，使用时最好在显示译码器的输出端和 LED 数码管之间串接 300Ω 左右的电阻进行限流。建议在仿真测试时采用 CD4511 芯片。

表 2-11　CD4511 功能表

输入							输出							
LE	$\overline{BI}$	$\overline{LT}$	D	C	B	A	Q_a	Q_b	Q_c	Q_d	Q_e	Q_f	Q_g	显示
×	×	0	×	×	×	×	1	1	1	1	1	1	1	8
×	0	1	×	×	×	×	0	0	0	0	0	0	0	消隐
0	1	1	0	0	0	0	1	1	1	1	1	1	0	0
0	1	1	0	0	0	1	0	1	1	0	0	0	0	1
0	1	1	0	0	1	0	1	1	0	1	1	0	1	2
0	1	1	0	0	1	1	1	1	1	1	0	0	1	3
0	1	1	0	1	0	0	0	1	1	0	0	1	1	4
0	1	1	0	1	0	1	1	0	1	1	0	1	1	5
0	1	1	0	1	1	0	0	0	1	1	1	1	1	6
0	1	1	0	1	1	1	1	1	1	0	0	0	0	7
0	1	1	1	0	0	0	1	1	1	1	1	1	1	8
0	1	1	1	0	0	1	1	1	1	0	0	1	1	9
0	1	1	1	0	1	0	0	0	0	0	0	0	0	消隐
0	1	1	1	0	1	1	0	0	0	0	0	0	0	消隐
0	1	1	1	1	0	0	0	0	0	0	0	0	0	消隐
0	1	1	1	1	0	1	0	0	0	0	0	0	0	消隐
0	1	1	1	1	1	0	0	0	0	0	0	0	0	消隐
0	1	1	1	1	1	1	0	0	0	0	0	0	0	消隐
1	1	1	×	×	×	×	锁存							锁存

　　CD4511 的功能和 74LS247 有许多相似之处，但也有不同的地方，CD4511 具有信号锁存功能。当 LE=1 并且 $\overline{BI}=\overline{LT}$ =1 时，CD4511 的输出是在 LE 变成 1 之前的 D、C、B、A 决定的，也即将 LE 变成 1 前的那一刻显示的信息锁存起来一直显示，直至 LE 再次变成 0。输入代码 D、C、B、A 为 8421BCD 的伪码时，输出灯灭。灯测试端 $\overline{LT}$=0 时，如七段 LED 全亮，显示 "8"，则表示器件正常。灭灯控制端 $\overline{BI}$=0 时，数码管熄灭。

　　CD4511 功能测试可参考图 2-32 所示电路，设置模式信号发生器每一个循环输出 10 字节，字节的内容读者可以自行设置，可从 000 ～ 1001 或倒序，也可无序设置，可以设置 BCD 伪码测试 CD4511 在消隐状态的工作情况。测试将 S1 拨到上边，LE=1 时的锁存功能。

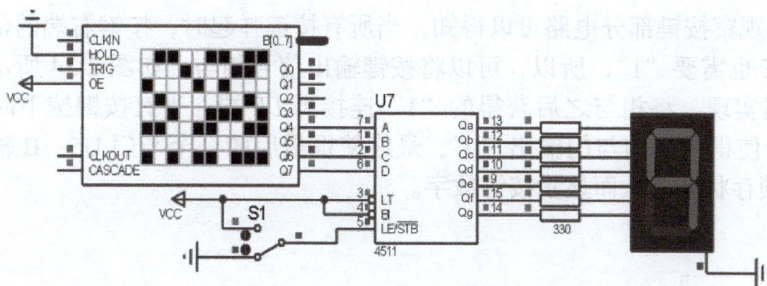

图 2-32　CD4511 集成显示译码器功能测试仿真电路

2.2.2　数字键盘及其显示电路设计与仿真

1. 数字键盘与显示电路原理图

将前面学习的键盘设计方法和显示电路设计方法进行组合，便可获得完整的数字键盘与显示电路，如图 2-33 所示，读者可以发挥创造性，做出不同形式的电路来。

图 2-33 电路中 74LS147 是 BCD 编码器，将键盘 1～9 键按键信息进行编码，形成 8421BCD 的反码，输出后经过反相器 74LS040 变成 8421BCD 原码，送入显示译码器 CD4511，将 BCD 码转换成 7 段 LED 数码管的驱动信号，从而在显示器上显示出按下的键值。在 CD4511 和 LED 数码管之间串接了 330Ω 的电阻进行限流。

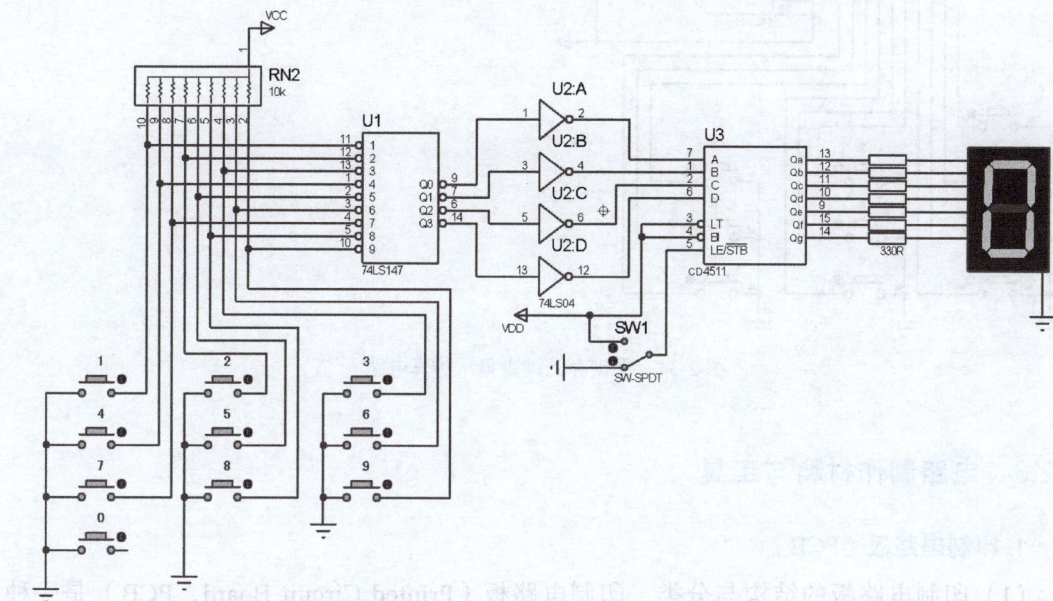

图 2-33　数字键盘与显示电路仿真图

2. 数字键盘与显示电路的改进

图 2-33 电路的原理比较清楚，但是存在一个问题，就是按键信号锁存的问题，使用弹起式按键，按下数字键后显示该数字，但是弹起后又变成了 0，不能长时间显示最后一次按下的键值。

由于 CD4511 有数据锁存允许端 LE，可以利用 $LE=1$ 时输出端被锁定的特性保持输出信号，因此可以对键盘进行检测，当键盘无按下/弹起时，使 $LE=1$，锁存前一刻按下的数据。认真观察按键部分电路可以得知，当所有按键弹起时，按键右端的信号都是逻辑"1"，此时 LE 也需要"1"，所以，可以将按键输出信号相与，如图 2-34 所示，用 4 个四输入端的与门实现，将相与之后获得的"1"连接到 LE 端；当有按键按下时，此键的右端为"0"，会使得连接的与门输出"0"，最终使得最后的一个与门 U5：B 输出"0"，即 $LE=0$，解除锁存状态，从而显示按键数字。

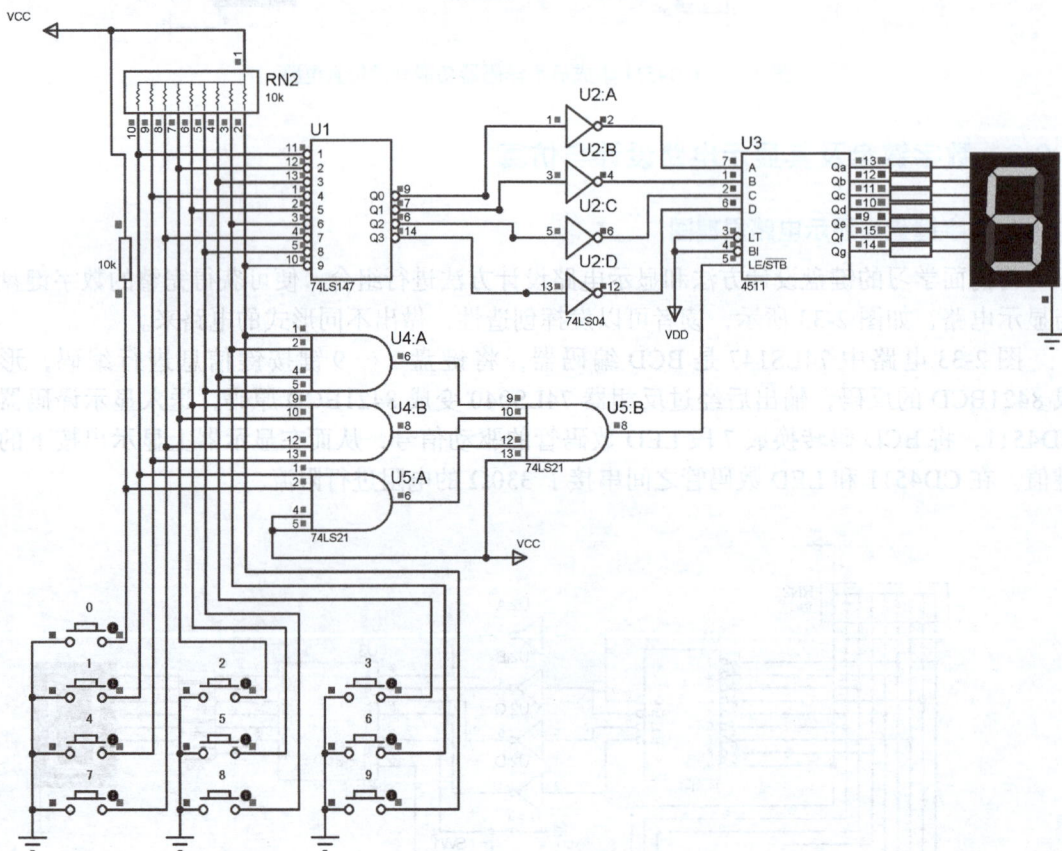

图 2-34　带锁存的键盘显示仿真电路

2.2.3　电路制作材料与工具

1. 印制电路板（PCB）

（1）印制电路板的结构与分类　印制电路板（Printed Circuit Board，PCB）是一种附着于绝缘基材表面，用于连接元器件导电图形的成品板。印制电路板采用印刷、蚀刻、钻孔等工艺制造出导电图形和元器件安装孔位，其功能即元件固定、机械支撑、电气互连（导电、绝缘及信号传输），保证电子产品的电性能、热性能、机械性能的可靠性。电路板使电路迷你化、直观化，对于固定电路的批量生产和优化用电器布局起到了重要作用，如图 2-35 所示。

印制电路板主要由焊盘、过孔、安装孔、导线、元器件、接插件、填充、电气边界等组成。各组成部分的主要功能如下：

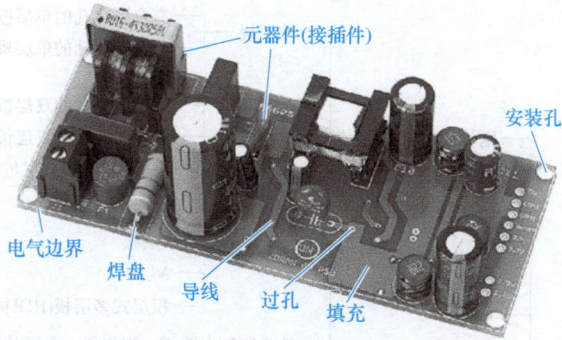

图 2-35　印制电路板

① 焊盘：用于焊接元器件引脚的金属孔。

② 过孔：用于连接各层之间元器件引脚的金属孔。

③ 安装孔：用于固定印制电路板。

④ 导线：用于连接元器件引脚的电气网络铜膜。

⑤ 接插件：用于印制电路板之间连接的元器件。

⑥ 填充：用于地线网络的敷铜，可以有效地减小阻抗。

⑦ 电气边界：用于确定印制电路板的尺寸，所有印制电路板上的元器件都不能超过该边界。

印制电路板的分类目前尚未有统一的标准，按照电路层数可分为 3 种：单层板、双层板和多层板。单层板的元器件集中在其中一面，导线则集中在另一面上，因为单层板在设计线路上有许多严格的限制，所以只有早期的电路才使用这类板子。双层板的两面都有布线，两面电路间的连接桥梁称为导孔或过孔，双层板的有效面积比单层板大了一倍，而且因为布线可以互相交错（可以绕到另一面），更适合用在比单层板更复杂的电路上。在面对较复杂的应用需求时，电路可以被布置成多层的结构并压合在一起，并在层间布建通孔电路连通各层电路，这就是多层板。按照基材机械强度可分为刚性（硬式）板和挠性（软式）板两种。按照结构分类，就是按照印制电路板的物理特性、布设导线的层数和互连结构进行分类，可分为刚性印制电路板、挠性印制电路板和刚挠结合印制电路板三大类，如图 2-36 所示。每一大类又根据布线层数和互连结构分为许多子类，如图 2-37 所示。

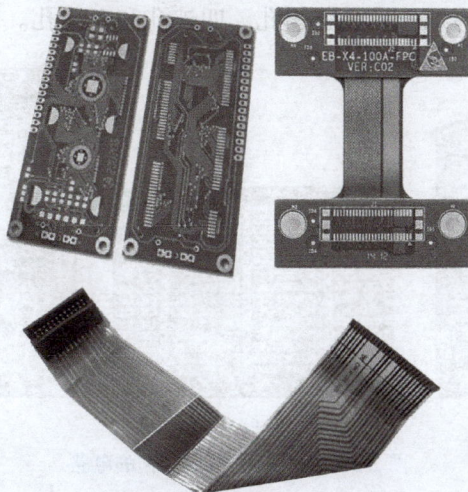

图 2-36　刚性印制电路板、刚挠结合印制电路板、挠性印制电路板

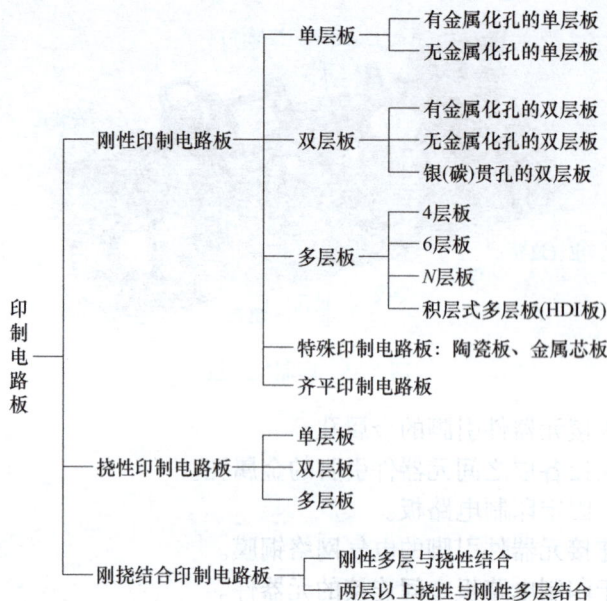

印
制
电
路
板

- 刚性印制电路板
  - 单层板
    - 有金属化孔的单层板
    - 无金属化孔的单层板
  - 双层板
    - 有金属化孔的双层板
    - 无金属化孔的双层板
    - 银(碳)贯孔的双层板
  - 多层板
    - 4层板
    - 6层板
    - N层板
    - 积层式多层板(HDI板)
  - 特殊印制电路板：陶瓷板、金属芯板
  - 齐平印制电路板
- 挠性印制电路板
  - 单层板
  - 双层板
  - 多层板
- 刚挠结合印制电路板
  - 刚性多层与挠性结合
  - 两层以上挠性与刚性多层结合

图 2-37　印制电路板分类

（2）特殊的电路板——万能板

1）万能板简介。万能板是一种按照标准 IC 间距（2.54mm）布满焊盘、可按自身意愿插装元器件及连线的印制电路板。相比专业的 PCB，万能板具有以下优势：使用门槛低、价格低廉、使用方便、扩展灵活。例如，在学生电子设计竞赛中，作品通常需要在几天时间内完成，所以大多使用万能板。万能板别名为万用板、实验板、学习板、洞洞板、点阵板。

市场上万能板有多种，选用时要根据电路情况灵活选用。按照线路来选用，目前市场上出售的万能板主要有两种：一种是焊盘各自独立的称为单孔板，另一种是多个焊洞连接在一起的称为连孔板。图 2-38a 是单孔万能版，图 2-38b 是连孔板，图 2-38c 是用万能板制作的数字电路板。单孔板较适合数字电路和单片机电路，因为数字电路和单片机电路以芯片为主，电路较规则。而模拟电路和分立电路往往较不规则，分立元件的引脚常常需要连接很多线，这时如果有多个焊孔连接在一起就会方便一些，因而连孔板更适合模拟电路和分立电路。连孔板一般有双连孔、三连孔、四连孔和五连孔。

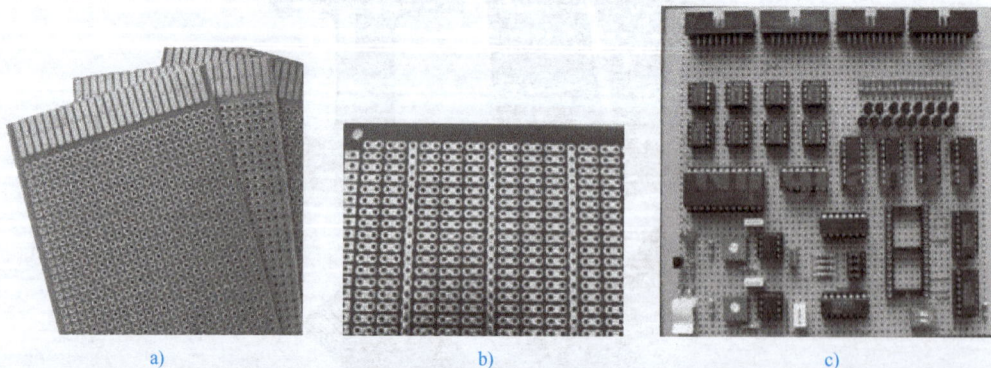

a)　　　　　　　　b)　　　　　　　　c)

图 2-38　常用万能板及制作的电路

按材质选用，分铜板和锡板两种。铜板的焊孔是裸露的铜，呈现黄铜色或红铜色，平时应该用报纸包好保存，以防止焊盘氧化而失去光泽、不好上锡。如果焊盘氧化了，可以用棉棒蘸酒精或用橡皮擦拭。锡板焊盘表面镀了一层锡，焊孔呈现银白色，锡板的基板材质要比铜板坚硬，不易变形。

2）万能板焊接技术用万能板进行电路焊接时，需要注意以下几点。

① 元器件布局要合理。要事先规划好，在纸上先画出元器件布局、模拟走线的过程。电流较大的信号要考虑接触电阻、地线回路、导线容量等方面的影响。单点接地可以解决地线回路的影响，这点容易被忽视。

② 用不同颜色的导线表示不同的信号（同一类信号最好用一种颜色）。

③ 按照电路原理分步制作调试。做好一部分就可以进行测试、调试，不要等到全部电路都制作完成后再测试调试，否则不利于调试和排错。

④ 走线要规整，边焊接边在原理图上做出标记。

⑤ 注意焊接工艺，尤其是待焊引脚的镀锡处理。若如万能板的焊盘上面已经氧化，那么需要用砂纸过水打磨，打磨亮为止，吹干后，涂抹酒精松香溶液，晾干后待用。元器件引脚如果发生氧化，用刀片等工具刮掉氧化层后，做镀锡处理待焊接。

⑥ 要控制导线绝缘层剥离的长度，以免焊接后和别的导线接触发生短路。焊接前，还需要对导线两端做镀锡处理，以提高焊接质量。

2. 钎料与焊剂

（1）钎料　钎料是一种易熔金属，能使元器件引线与印制电路板的连接点连接在一起。锡（Sn）是一种质地柔软、延展性强的银白色金属，熔点为232℃，在常温下化学性能稳定，不易氧化，不失金属光泽，抗大气腐蚀能力强。铅（Pb）是一种较软的浅青白色金属，熔点为327℃，高纯度的铅耐大气腐蚀能力强，化学稳定性好，但对人体有害。锡中加入一定比例的铅和少量其他金属可制成熔点低、流动性好、对元件和导线的附着力强、机械强度高、导电性好、不易氧化、抗腐蚀性好、焊点光亮美观的钎料，一般称焊锡。

焊锡按含锡量的多少可分为15种，按含锡量和杂质的化学成分分为S、A、B三个等级。手工焊接常用丝状焊锡。常用焊锡丝如图2-39所示。

（2）焊剂

1）助焊剂。助焊剂一般可分为无机助焊剂、有机助焊剂和树脂助焊剂，能溶解去除金属表面的氧化物，并在焊接加热时包围金属的表面，使之和空气隔绝，防止金属在加热时氧化。图2-40所示助焊剂为松香和液体助焊剂。助焊剂可降低熔融焊锡的表面张力，有利于焊锡的湿润。不适宜使用助焊剂焊接的元件有以下几种。

图 2-39　常用焊锡丝

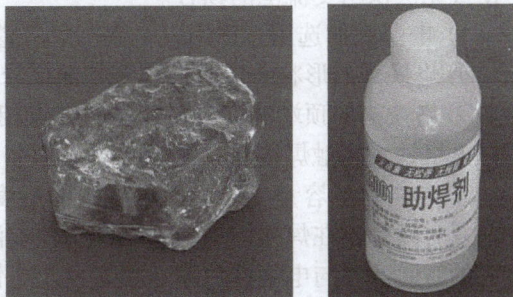

图 2-40　常用助焊剂

① 高灵敏度元件：微电流、电压敏感元件。

② 易被腐蚀元件：助焊剂腐蚀元件。

③ 非密封性元件：助焊剂可能渗透到元件内部，破坏元件特性。

④ 连接器类元件：助焊剂渗到触点造成导电性能不良。

2）阻焊剂。限制焊料只在需要的焊点上进行焊接，把不需要焊接的印制电路板的板面部分覆盖起来，保护面板使其在焊接时受到的热冲击小，不易起泡，同时起到防止桥接、拉尖、短路、虚焊等情况。

（3）电烙铁

1）外热式电烙铁。一般由烙铁头、烙铁芯、外壳、手柄、插头等部分所组成。烙铁头安装在烙铁芯内，用热传导性好的铜为基体的铜合金材料制成。烙铁头的长短可以调整（烙铁头越短，烙铁头的温度就越高），且有凿式、尖锥形、圆面形、圆形、尖锥形和半圆沟形等不同的形状，以适应不同焊接面的需要。

2）内热式电烙铁。它由连接杆、手柄、弹簧夹、烙铁芯、烙铁头（也称铜头）5个部分组成，烙铁芯安装在烙铁头里面。烙铁芯采用镍铬电阻丝绕在瓷管上制成，一般 20W 电烙铁的电阻为 2.4kΩ 左右，35W 电烙铁的电阻为 1.6kΩ 左右。常用内热式电烙铁的工作温度见表 2-12。

表 2-12   内热式电烙铁功率和温度对应表

电烙铁功率 /W	烙铁头温度 /℃
20	350
25	400
45	420
75	440
100	455

一般来说，电烙铁的功率越大，热量越高，烙铁头的温度越高。焊接集成电路、印制电路板、CMOS 电路一般选用 20W 内热式电烙铁。使用的电烙铁功率过大，容易烫坏元器件和使印制导线从基板上脱落（一般二极管、晶体管结点温度超过 200℃时就会被烧坏）；使用的电烙铁功率太小，焊锡不能充分熔化，焊剂不能挥发出来，焊点不光滑、不牢固，易产生虚焊。焊接时间过长，也会烧坏元器件，一般每个焊点在 1.5 ～ 4s 内完成。

3）其他电烙铁。

① 恒温电烙铁。恒温电烙铁的烙铁头内装有磁铁式的温度控制器，用于控制通电时间，实现恒温的目的。在焊接温度不宜过高、焊接时间不宜过长的元器件时，应选用恒温电烙铁，但它价格较高。

② 吸锡电烙铁。吸锡电烙铁是将活塞式吸锡器与电烙铁融于一体的拆焊工具。它具有使用方便、灵活、适用范围宽等特点，不足之处是每次只能对一个焊点进行拆焊。

③ 气焊烙铁。一种用液化气、甲烷等可燃气体燃烧加热烙铁头的烙铁，适用于供电不便或无法供给交流电的场合。

4）电烙铁的选用。选用电烙铁一般应遵循以下原则：

① 烙铁头的形状要适应被焊件物面要求和产品装配密度。

② 烙铁头的顶端温度要与钎料的熔点相适应，一般要比钎料熔点高 30 ～ 80℃（不包括在电烙铁头接触焊接点时下降的温度）。

③ 电烙铁热容量要恰当。烙铁头的温度恢复时间要与被焊件物面的要求相适应。温度恢复时间是指在焊接周期内，烙铁头顶端温度因热量散失而降低后，再恢复到最高温度所需的时间。它与电烙铁功率、热容量及烙铁头的形状、长短有关。

选择电烙铁的功率一般应遵循以下原则：

① 焊接集成电路,晶体管及其他受热易损件的元器件时,考虑选用 20W 内热式或 25W 外热式电烙铁。

② 焊接较粗导线及同轴电缆时,考虑选用 50W 内热式或 45 ~ 75W 外热式电烙铁。

③ 焊接较大元器件时,如金属底盘接地焊片,应选用 100W 以上的电烙铁。

5)电烙铁的使用。电烙铁的握法分为 3 种,如图 2-41 所示。

图 2-41　电烙铁握法

① 反握法:用五指把电烙铁柄握在掌内,适用于大功率电烙铁,焊接散热量大的被焊件。

② 正握法:适用于较大的电烙铁,弯形烙铁头的一般也采用此握法。

③ 握笔法:用握笔的方法握电烙铁,适用于小功率电烙铁,焊接散热量小的被焊件,如焊接收音机、电视机的印制电路板及维修等。

使用电烙铁前,先通电给烙铁头"上锡"。首先,用挫刀把烙铁头按需要挫成一定的形状,然后接上电源,当烙铁头温度升到能熔锡时,将烙铁头在松香上沾涂一下,等松香冒烟后再沾涂一层焊锡,如此反复进行 2 ~ 3 次,使烙铁头的刃面全部挂上一层锡便可使用了。

电烙铁不宜长时间通电而不使用,这样容易使烙铁芯加速氧化而烧断,缩短其寿命,同时也会使烙铁头因长时间加热而氧化,甚至被"烧死",不再"吃锡"。

电烙铁使用时需要注意以下事项:

① 根据焊接对象合理选用不同类型的电烙铁。

② 使用过程中不要任意敲击电烙铁头以免损坏。内热式电烙铁连接杆钢管壁厚度只有 0.2mm,不能用钳子夹持以免损坏。在使用过程中应经常维护,保证烙铁头挂上一层薄锡。

(4)其他工具

① 尖嘴钳:主要用于在连接点上固定导线、元器件引线及对元器件引脚塑形。

② 偏口钳:又称斜口钳、剪线钳,主要用于剪切导线,剪掉元器件多余的引线。不要用偏口钳剪切螺钉、较粗的钢丝,以免损坏钳口。

③ 镊子:主要用于夹取微小器件;在焊接时,夹持被焊件以防止其移动并帮助散热。

④ 螺钉旋具:又称改锥或螺丝刀,分为十字旋具、一字旋具,主要用于拧动螺钉及调整可调元器件的可调部分。

⑤ 小刀:主要用来刮去导线和元器件引线上的绝缘物和氧化物,使之易于上锡。

(5)手工焊接的基本技巧

1)电子元器件的引线成形要求。手工插装焊的元器件引线加工形状有卧式和竖式。引线加工应注意以下几点:

① 引线不应该在根部弯曲。

② 弯曲处的圆角半径 R 要大于 2 倍的引脚直径。

③ 弯曲后的两根引线要与元器件本体垂直。

④ 元器件的符号标志方向应一致。

2)电子元器件的插装方法。电子元器件的插装分手工插装和自动插装,元器件在印制电路板上插装的原则如下:

① 电阻、电容、晶体管和集成电路的插装应使标记和色码朝上，易于辨认。

② 有极性的元器件由极性标记方向决定插装方向。

③ 插装顺序应先轻后重、先里后外、先低后高。

④ 元器件的间距不能小于1mm，引线间隔要大于2mm。

3）对焊接点的基本要求。

① 焊点要有足够的机械强度，保证被焊件在受振动或冲击时不致脱落、松动。

② 不能用过多钎料堆积，这样容易造成虚焊、焊点与焊点短路。

③ 焊接可靠，具有良好的导电性，必须防止虚焊。虚焊是指钎料与被焊件表面没有形成合金结构，只是简单地依附在被焊金属表面。

④ 焊点表面要光滑、清洁，焊点表面应有良好光泽，不应有飞边、空隙，无污垢，尤其是焊剂的有害残留物质，要选择合适的钎料与焊剂。典型焊点外观如图2-42所示。

4）手工焊接的基本操作方法。手工焊接前，要准备好电烙铁及镊子、剪刀、斜口钳、尖嘴钳、钎料、焊剂等工具及材料，将电烙铁及焊件搪锡，左手握钎料，右手握电烙铁，保持随时可焊状态。手工焊接的基本步骤如图2-43所示。

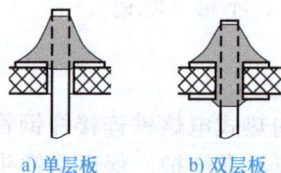

a) 单层板　　b) 双层板

图 2-42　典型焊点外观

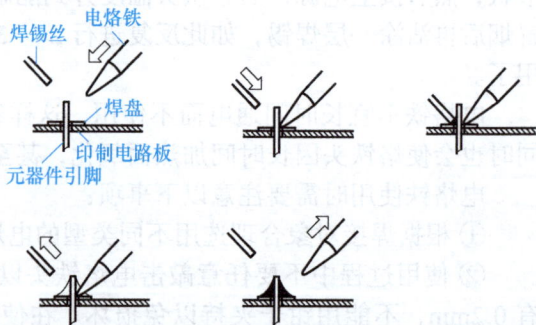

图 2-43　手工焊接的基本步骤

焊接时，先用电烙铁加热备焊件，然后送入钎料，熔化适量钎料，再移开钎料，当钎料流动覆盖焊接点时，迅速移开电烙铁。

焊接时，要掌握好焊接的温度和时间，要有足够的热量和温度。如温度过低，焊锡流动性差，很容易凝固，形成虚焊；如温度过高，将使焊锡流淌，焊点不易存锡，焊剂分解速度加快，使金属表面加速氧化，并导致印制电路板上的焊盘脱落，尤其在使用天然松香作助焊剂时，锡焊温度过高，很易氧化脱皮而产生碳化，造成虚焊。

5）印制电路板的焊接工艺。

① 焊前准备。首先，要熟悉所焊印制电路板的装配图，并按图样配料，检查元器件型号、规格及数量是否符合图样要求，并做好装配前元器件引线成形等准备工作。

② 焊接顺序。元器件装焊顺序依次为：电阻、电容、二极管、晶体管、集成电路、大功率晶体管，其他元器件为先小后大顺序。

③ 对元器件焊接的要求。

a）电阻焊接：要求标记向上，字朝向一致，装完同一种规格后再装另一种规格，尽量使电阻的高低一致。焊完后将露在印制电路板表面多余的引脚齐根剪去。

b）电容焊接：将电容装入规定位置，并注意有极性电容的"＋"与"－"极不能接错，电容上的标记方向要易看可见。先装玻璃釉电容、有机介质电容、瓷介电容，最后装电解电容。

c）二极管的焊接：二极管焊接要注意阳极和阴极的极性，不能装错；型号标记要易看可见；焊接立式二极管时，对最短引线焊接时间不能超过 2s。

d）晶体管焊接：注意 e、b、c 三引线位置的正确插接；焊接时间尽可能短，焊接时，用镊子夹住引线脚，以利于散热。焊接大功率晶体管时，若需加装散热片，应将接触面打磨光滑后再紧固，若要求加垫绝缘薄膜，切勿忘记加薄膜。引脚与印制电路板上需连接时，要用塑料导线。

e）集成电路焊接：首先，按图样要求检查型号、引脚位置是否符合要求。焊接时，先焊边沿的两只引脚，以使其定位，然后再从左到右、自上而下逐个焊接。

对于电容、二极管、晶体管露在印制电路板面上多余的引脚均需齐根剪去。

6）拆焊。在调试、维修过程中，由于焊接错误或对元器件进行更换时需进行拆焊。拆焊方法不当，往往会造成元器件损坏、印制导线断裂或焊盘脱落。良好的拆焊技术，能保证调试、维修工作顺利进行，避免由于更换器件不得法而增加产品故障率。

普通元器件的常用拆焊方法有选用合适的医用空心针头拆焊、用铜编织线拆焊、用气囊吸锡器拆焊、用专用拆焊电烙铁拆焊、用吸锡烙铁拆焊。

2.2.4　数字键盘与显示电路的制作

本项目采用万能板焊接电路，读者根据自己的设计选择元器件、焊接材料，可到电子市场或网上购买电子元器件及材料，教师提供工具和耗材，在实训室中进行制作。学生制作后要进行调试并进行交流和展示。制作好的样品如图 2-44 所示。

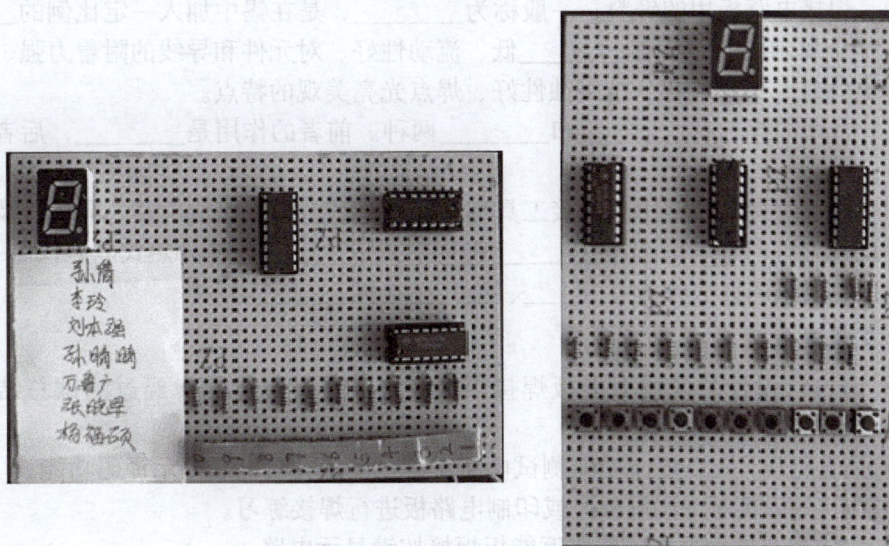

图 2-44　制作好的数字键盘与显示电路

巩固与提高

1. 知识巩固

1-1　一位 8421BCD 码译码器的数据输入线与译码输出线的数目分别是＿＿＿＿＿和＿＿＿＿＿。

1-2　完全二进制译码器，输入端有 4 位代码，则输出端有_____条译码输出线。

1-3　二进制译码器 74LS138 输入的代码是 3 位二进制_____码（原 / 反），输出端有_____条译码输出线，输出端是_____电平有效（高 / 低）。

1-4　74LS138 的工作状态控制端 $G_1 = 1$、$\overline{G_{2A}}$、$\overline{G_{2B}}$ 取值为_____时，芯片正常工作，否则芯片不工作，处于待机状态，输出端输出为_____。

1-5　集成二 – 十进制译码器又称为_____线译码器，74LS42 的输入端输入的有效代码是 4 位_____码，输出引脚共_____个，输出端_____电平有效。当输入非法代码时，输出端输出为_____。

1-6　七段 LED 数码管有_____和_____两种接法，前者某一段接_____电平时发光；后者接_____电平时发光。

1-7　驱动七段 LED 数码管，需要使用_____译码器，其输入是_____码，输出是 7 段_____码。CD4511 是驱动共_____极数码管的驱动器，如果显示 0，其输出的 a ~ g 段信号是_____。

1-8　编码器 74147 输出的代码是 8421 码的_____码，在将其送给显示译码器之前，_____（A. 需要，B. 不需要）进行按位求反，电路中_____（A. 需要，B. 不需要）接入 4 个反相器。

1-9　PCB 主要由_____、_____、安装孔、_____、_____、接插件、填充、电气边界等组成，使电路迷你化、直观化，对于固定电路的批量生产和优化用电器布局起到了重要作用。

1-10　焊接电路板用的钎料，一般称为_____，是在锡中加入一定比例的_____和少量其他金属制成的，具有_____低、流动性好、对元件和导线的附着力强、机械强度高、导电性好、不易氧化、抗腐蚀性好、焊点光亮美观的特点。

1-11　常用的焊剂有_____和_____两种。前者的作用是_____，后者的作用是_____。

1-12　手工焊接电路常用的焊接工具称为_____，焊接集成电路、晶体管及其他受热易损件的元器件时，考虑选用_____W 内热式或_____W 外热式电烙铁。

1-13　电烙铁的握法分为_____、_____和_____3 种。

2. 能力提高

2-1　请自行设计并使用万能板焊接 74LS138 功能测试电路，经过测试总结其功能特点。

2-2　请自行设计 CD4511 功能测试电路，测试其锁存功能和显示译码功能。

2-3　请选用万能板（洞洞板）或印制电路板进行焊接练习。

2-4　请合理选择元器件，使用万能板焊接按键显示电路。

任务 2.3　二进制译码器电路的应用扩展

任务要求

通过对二进制译码器译码原理的深入理解，认识并掌握二进制译码器的扩展、实现逻辑函数等功能，并能使用 Proteus 软件绘制电路，进行功能仿真，总结二进制译码器实现逻辑函数的方法。

知识目标：

1. 掌握最小项译码器的逻辑原理。
2. 掌握最小项译码器的代码位数扩展方法和原理。
3. 掌握用最小项译码器实现任意逻辑函数的方法和原理，并能灵活运用。

能力目标：

1. 能运用集成编码、译码器进行电路设计。
2. 会使用最小项二进制译码器进行功能扩展。
3. 能使用最小项译码器进行其他功能的中规模组合逻辑电路设计与分析。
4. 会使用仿真软件 Proteus 进行二进制译码器的电路绘制和仿真。

实践建议

教师指导学生分组完成二进制译码器的功能扩展仿真电路、用二进制译码器完成一个中规模组合逻辑电路设计并进行仿真。

知识与操作

2.3.1　二进制译码器的扩展

二进制译码器有功能控制端，利用这些功能端可以实现二进制译码器的功能扩展，如两个 2-4 线译码器级联可以实现 3-8 线译码器，两个 3-8 线译码器级联可以实现 4-16 线译码器。

1. 2-4 线译码器扩展 3-8 线译码器

一个简单的 2-4 线译码器，其功能见表 2-13。$\overline{S}$ 是功能控制端（使能端），A_1A_0 是二进制代码输入端，$\overline{Y_0} \sim \overline{Y_3}$ 是 4 个输出端，低电平有效。当 $\overline{S}=1$ 时，2-4 线译码器不工作，输出全部为 1，当 $\overline{S}=0$ 时，译码器正常工作。

表 2-13　2-4 线译码器功能表

输入			输出			
$\overline{S}$	A_0	A_1	$\overline{Y_0}$	$\overline{Y_1}$	$\overline{Y_2}$	$\overline{Y_3}$
1	×	×	1	1	1	1
0	0	0	0	1	1	1
0	0	1	1	0	1	1
0	1	0	1	1	0	1
0	1	1	1	1	1	0

2-4 线二进制译码器 4 个输出端的表达式为

$$\overline{Y_0} = \overline{\overline{S}\,\overline{A_1}\,\overline{A_0}}，\quad \overline{Y_1} = \overline{\overline{S}\,\overline{A_1}A_0}，\quad \overline{Y_2} = \overline{\overline{S}A_1\overline{A_0}}，\quad \overline{Y_3} = \overline{\overline{S}A_1A_0}$$

如果 $\overline{S}=0$，则表达式可以写成

$$\overline{Y_0} = \overline{\overline{A_1}\,\overline{A_0}} = \overline{m_0}\ , \quad \overline{Y_1} = \overline{\overline{A_1}A_0} = \overline{m_1}\ , \quad \overline{Y_2} = \overline{A_1\overline{A_0}} = \overline{m_2}\ , \quad \overline{Y_3} = \overline{A_1 A_0} = \overline{m_3}$$

用两个 2-4 线二进制译码器级联可以实现 3-8 线译码器，如图 2-45 所示。图中，A_2、A_1、A_0 是代码输入端，$\overline{Y_0} \sim \overline{Y_7}$ 是输出端，当输入代码在 $000 \sim 011$ 范围内，$A_2=0$，U_1 工作，有效输出信号在 $\overline{Y_0} \sim \overline{Y_3}$ 上，当代码在 $100 \sim 111$ 范围内，$A_2=1$，U_2 工作，有效输出信号在 $\overline{Y_4} \sim \overline{Y_7}$ 上。总体来说，输入代码是 $000 \sim 111$，输出有效信号依次出现在 $\overline{Y_0} \sim \overline{Y_7}$ 上，形成的功能表（真值表）见表 2-14。在这个电路中 A_2 是输入代码的最高位，同时起到选择芯片的作用，由 A_2 选择工作

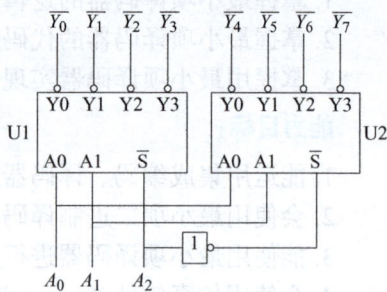

图 2-45　用 2-4 线译码器级联实现 3-8 线译码器的示意图

芯片，由 A_1A_0 选择有效的输出端，实现先选择大范围后选择小范围（或具体输出端）的由大到小的选择输出端方案。这种扩展思路会用在很多芯片的功能扩展中，由高位进行片选，由低位进行片内选择。

表 2-14　3-8 线译码器的功能表

输入代码			输出							
A_2	A_1	A_0	$\overline{Y_0}$	$\overline{Y_1}$	$\overline{Y_2}$	$\overline{Y_3}$	$\overline{Y_4}$	$\overline{Y_5}$	$\overline{Y_6}$	$\overline{Y_7}$
0	0	0	0	1	1	1	1	1	1	1
0	0	1	1	0	1	1	1	1	1	1
0	1	0	1	1	0	1	1	1	1	1
0	1	1	1	1	1	0	1	1	1	1
1	0	0	1	1	1	1	0	1	1	1
1	0	1	1	1	1	1	1	0	1	1
1	1	0	1	1	1	1	1	1	0	1
1	1	1	1	1	1	1	1	1	1	0

将表 2-14 与 74LS138 的功能表 2-8 比较可知，除了没有控制端外，输入、输出信号一样，实现了 3-8 线译码器的功能。译码器工作时，输出低电平 0 有效，此时，输出逻辑函数式为

$$\overline{Y_0} = \overline{\overline{A_2}\,\overline{A_1}\,\overline{A_0}} = \overline{m_0}\ , \quad \overline{Y_4} = \overline{A_2\,\overline{A_1}\,\overline{A_0}} = \overline{m_4}$$

$$\overline{Y_1} = \overline{\overline{A_2}\,\overline{A_1}A_0} = \overline{m_1}\ , \quad \overline{Y_5} = \overline{A_2\,\overline{A_1}A_0} = \overline{m_5}$$

$$\overline{Y_2} = \overline{\overline{A_2}A_1\overline{A_0}} = \overline{m_2}\ , \quad \overline{Y_6} = \overline{A_2 A_1\overline{A_0}} = \overline{m_6}$$

$$\overline{Y_3} = \overline{\overline{A_2}A_1A_0} = \overline{m_3}\ , \quad \overline{Y_7} = \overline{A_2 A_1A_0} = \overline{m_7}$$

从表达式可以看出，输出端获得了输入变量的所有最小项，因此，这种译码器又称为最小项译码器。

2. 3-8 线译码器扩展 4-16 线译码器

用两个 74LS138 进行级联，可以实现 4-16 线译码器。如图 2-46 所示。图中，$\overline{E}$ 是扩展后整个电路的使能端，当 $\overline{E}=0$ 时，可以保证芯片 74LS138（2）的 $\overline{G_{2A}}=\overline{G_{2B}}=0$，芯片 74LS138（1）的 $\overline{G_{2B}}=0$，此时，两片 74LS138 能否工作，取决于 A_3：当 $A_3=0$ 时，由于 74LS138（1）的 $G_1=1$，$\overline{G_{2A}}=0$，符合工作条件，74LS138（1）正常工作；由于 74LS138（2）的 $G_1=0$，不符合工作条件，74LS138（2）不工作。此时，选中 74LS138（1）工作，由 $A_2A_1A_0$ 的代码 000～111 确定有效信号"0"出现在 $\overline{Y_0}\sim\overline{Y_7}$ 中的哪一个上。

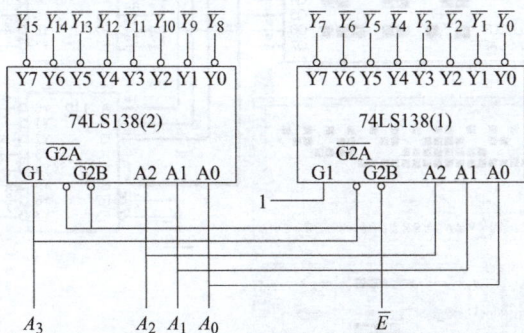

图 2-46　74LS138 扩展为 4-16 线译码器的原理图

当 $A_3=1$ 时，由于 74LS138（1）的 $\overline{G_{2A}}=1$，74LS138（1）不工作；由于 74LS138（2）的 $G_1=1$，符合工作条件，74LS138（2）正常工作。此时，选中 74LS138（2）工作，由 $A_2A_1A_0$ 的代码 000～111 确定有效信号"0"出现在 $\overline{Y_8}\sim\overline{Y_{15}}$ 中的哪一个上。

综上，A_3 作为代码的最高位，起到片选的作用，$A_2A_1A_0$ 起到芯片内选择有效输出端的作用，即高位作片选，低位作片内选择，仍然采用从大范围到小范围选择输出端的思路。按照这种思路扩展下去，可以实现 5-32 线等更多输入端的译码器，并且都是最小项译码器。74LS138 的控制端有 3 个，主要是为了增加控制的灵活度，实际上实现 4-16 线译码器的电路连接形式不止这一种，请读者思考其他的实现方法。

两个 74LS138 级联扩展实现 4-16 线译码器的仿真电路如图 2-47 所示。其模式信号发生器的输出信号设定为 0000～1111。结果用 LED-BARGRAPH-RED 显示器件来显示。请读者在 Proteus 中进行功能仿真，并认真理解这种高位作片选、低位作片内选择的功能扩展的思路。通过仿真也可以证实这是二进制译码器，由此可以写出 4-16 线译码器的输出表达式：

$$\overline{Y_0}=\overline{\overline{A_3}\,\overline{A_2}\,\overline{A_1}\,\overline{A_0}}=\overline{m_0}$$

$$\overline{Y_1}=\overline{\overline{A_3}\,\overline{A_2}\,\overline{A_1}A_0}=\overline{m_1}$$

$$\vdots$$

$$\overline{Y_{14}}=\overline{A_3A_2A_1\overline{A_0}}=\overline{m_{14}}$$

$$\overline{Y_{15}}=\overline{A_3A_2A_1A_0}=\overline{m_{15}}$$

2.3.2　二进制译码器作函数发生器

从 2-4 线译码器和 3-8 线译码器、4-16 线译码器的输出表达式可见，在二进制译码器的输出端能够得到输入代码变量的所有最小项，因此这种译码器也称为最小项译码器。因为任何一个逻辑表达式都可以用最小项之和的形式来表示，因此可以利用二进制译码器的输出端能够提供所有最小项的特点来实现逻辑函数。以项目 1 中的三人多数表决器电路为例来说明用二进制译码器来实现逻辑函数的方法。再次列出三人多数表决器电路真值表，见表 2-15。

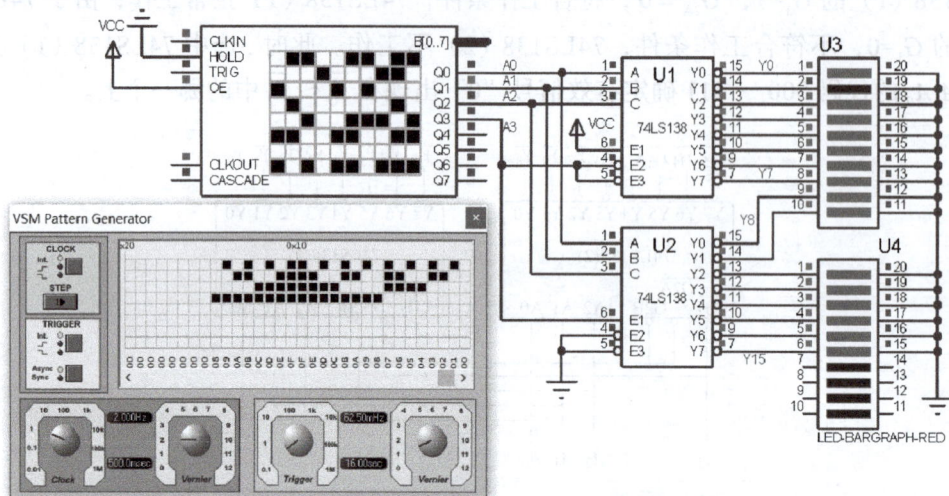

图 2-47　74LS138 扩展成 4−16 线译码器仿真电路

表 2-15　三人多数表决器电路真值表

A	B	C	Y
0	0	0	0
0	0	1	0
0	1	0	0
0	1	1	1
1	0	0	0
1	0	1	1
1	1	0	1
1	1	1	1

列出其表达式：

$$Y = A\overline{B}C + \overline{A}BC + AB\overline{C} + ABC = m_3 + m_5 + m_6 + m_7 = \overline{\overline{m_3}\,\overline{m_5}\,\overline{m_6}\,\overline{m_7}}$$

用 74LS138 来实现这个电路，令表决器电路的 A、B、C 三个按钮的信号连接到 3−8 线译码器的代码输入端 A_2、A_1、A_0，也就是 $A_2=A$，$A_1=B$，$A_0=C$。需要注意的是，变量的等量关系是按照位置顺序相对应建立起来的，千万不能按名称相同建立。这样三人多数表决器电路表达式中的 $\overline{m_3}$ 和 74LS138 输出端的 $\overline{m_3}$（即 $\overline{Y_3}$）相同，$\overline{m_i}$ 和 74LS138 输出端的 $\overline{m_i}$（即 $\overline{Y_i}$）相同，所以

$$Y = \overline{\overline{m_3}\,\overline{m_5}\,\overline{m_6}\,\overline{m_7}} = \overline{\overline{Y_3}\,\overline{Y_5}\,\overline{Y_6}\,\overline{Y_7}}$$

画出电路原理图如图 2-48 所示。图 2-49 是 Proteus 仿真电路,与项目 1 中的三人多数表决电路功能相同,但是由 74LS138 和与非门实现的,注意按键 A 连接到 74LS138 的 C,这是按照表达式中出现的最小项包含变量的顺序对应连接的,不是名称对应。

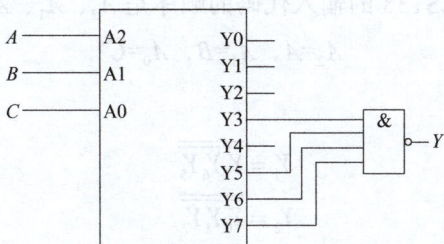

图 2-48 用 3-8 线译码器实现三人多数表决器电路的原理图

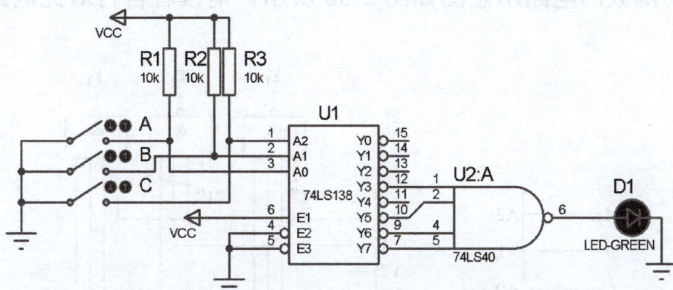

图 2-49 用 3-8 线译码器实现三人多数表决器电路的仿真图

用二进制译码器实现逻辑函数的简单步骤如下。

1)根据逻辑问题描述画出真值表。

2)写出最小项表达式。

3)建立逻辑函数变量和译码器输入代码端之间的等量关系。

4)画出电路图(或电路示意图)。

一般情况下,逻辑表达式中包含哪些最小项,就可以将译码器对应这些最小项的输出端接入与非门获得逻辑函数。

3-8 线译码器可以实现所有的 3 变量函数,4-16 线译码器可以实现所有的 4 变量函数。一个译码器可以实现多个逻辑函数,但是要注意不能超过译码器输出端的带负载能力。

【例 2-4】请用二进制译码器实现下列逻辑函数。

(1) $Y_1 = AB + AC$

(2) $Y_2 = ABC + \overline{AB}$

(3) $Y_3 = \overline{ABC} + AB + BC$

解:将给定的逻辑函数变成最小项表达式的形式:

(1) $Y_1 = AB + AC = ABC + AB\overline{C} + A\overline{B}C$

$= m_7 + m_6 + m_5 = \overline{\overline{m_7}\,\overline{m_6}\,\overline{m_5}}$

(2) $Y_2 = ABC + \overline{AB} = ABC + \overline{ABC} + \overline{AB}C$

$= m_0 + m_1 + m_7 = \overline{\overline{m_0}\,\overline{m_1}\,\overline{m_7}}$

（3）$Y_3 = \overline{\overline{A}\overline{B}\overline{C}} + AB + BC = \overline{A}\overline{B}\overline{C} + ABC + AB\overline{C} + \overline{A}BC$

$$= m_0 + m_3 + m_6 + m_7 = \overline{\overline{m_0}\overline{m_3}\overline{m_6}\overline{m_7}}$$

因为给定逻辑函数都是 3 个变量，所以可用 3-8 线译码器来实现。函数中的最小项变量顺序是 A、B、C，74LS138 的输入代码的顺序是 A_2、A_1、A_0（或 C、B、A），所以令

$$A_2=A，A_1=B，A_0=C$$

由此可得

$$Y_1 = \overline{\overline{Y_7}\overline{Y_6}\overline{Y_5}}$$
$$Y_2 = \overline{\overline{Y_0}\overline{Y_1}\overline{Y_7}}$$
$$Y_3 = \overline{\overline{Y_0}\overline{Y_3}\overline{Y_6}\overline{Y_7}}$$

实现给定逻辑函数的电路示意图如图 2-50 所示。请读者自行对此电路进行仿真。

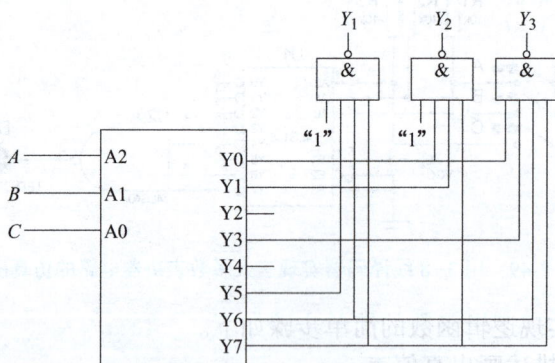

图 2-50　例 2-4 实现逻辑函数示意图

巩固与提高

1. 知识巩固

1-1　二进制译码器每个输出端的表达式都是一个_____的反变量，在输出端得到了输入变量的所有_____，因此这类译码器称为_____译码器。

1-2　如果 2-4 线译码器的输入端代码用 A 和 B 来表示，请默写出 4 个输出端的表达式：$\overline{Y_0} = $_____，$\overline{Y_1} = $_____，$\overline{Y_2} = $_____，$\overline{Y_3} = $_____。

1-3　二进制译码器 78LS138 的输入代码是 $A_2A_1A_0=011$，输出端_____有效，输出值是_____，该输出端的表达式是_____。

1-4　最小项的基本性质是对应于输入信号任意一组取值，有且只有_____个最小项的值为_____。

2. 能力提高

2-1　请在 Proteus 中设计一个 2-4 线译码器，并用两个 2-4 线译码器扩展成 3-8 线译码器。

2-2 请用 74LS138 实现举重裁判电路，并总结出用二进制译码器实现组合逻辑电路的方法和规律。

2-3 请用 4 片 74LS138 实现 5-32 线译码器，并进行仿真。**提示：**可以用 2-4 线译码器对 4 片 74LS138 进行片选，其 2 位代码作为 5 位代码的高位。

项目考核与评价

请参考项目 1 "项目考核与评价" 内容，根据实际学习过程情况，开展考核与评价。

项目 3

四位 BCD 码加法器的设计与制作

项目要求

二进制加法器可以实现二进制数的加法运算，其结果也是二进制数。但是在数字设备中，经常使用 8421BCD 码进行运算，此时使用的运算器也是二进制加法器，结果有时会出现错误，这是因为结果是二进制码而不是 8421BCD 码。请设计电路，用二进制加法器实现两个 8421BCD 码的加法运算并能将结果调整为正确结果。

项目目标

项目分两个任务实施，通过本项目的实施达到如下目标。

知识目标：

1. 理解二进制加法的原理，掌握其真值表、电路。
2. 掌握半加器、全加器的概念，并能正确区分和使用。
3. 理解集成加法器的功能表，掌握常用集成四位加法器的功能和使用方法。
4. 理解串行加法器和超前进位加法器的工作原理，能使用一位加法器设计多位加法器。
5. 理解 BCD 码加法的原理并掌握计算结果的调整方法。

能力目标：

1. 会用门电路、最小项译码器设计一位全加器并进行仿真。
2. 会用一位全加器构成多位二进制加法器并绘制仿真电路。
3. 能正确认识并选用集成加法器，能绘制仿真电路。
4. 能正确区分二进制加法与 BCD 码加法的关系。
5. 能对二进制加法的结果进行 BCD 码调整并能仿真测试电路功能。
6. 能制作出电路或在实训台上搭建电路，并进行验证和测试。

素质目标：

1. 进一步提升数字化逻辑思维能力，增强唯物辩证思维能力，提高逻辑分析能力。
2. 建立数字运算思维方式，提高对中规模集成电路应用问题的理解和认识。
3. 提升对新知识技能的探索精神和求知欲，增强自学能力、独立思考判断能力。
4. 培养电路安全操作意识和电子生产的效益意识。

5. 培养不断探究，不怕失败，挑战困难，精益求精的工匠精神和永攀科学高峰的勇气，加深对集成芯片技术的理解，增强对国产芯片技术的信心。

任务 3.1　二进制加法器的设计与仿真

任务要求

设计并仿真半加器、全加器和四位二进制全加器电路。

知识目标：

1. 掌握半加器和全加器的真值表、表达式、基本功能、特点。
2. 掌握由门电路设计二进制半加器和全加器的方法。
3. 掌握由译码器设计二进制加法器的方法。
4. 掌握多位全加器的功能和特点。
5. 掌握集成加法器功能表的读取方法及其功能。
6. 掌握 8421BCD 码和余 3 码的转换方法和原理。

能力目标：

1. 会用门电路、最小项译码器设计一位全加器。
2. 会用仿真软件对全加器功能进行仿真。
3. 会进行二进制加法运算。
4. 会用一位全加器构成多位二进制加法器并进行仿真。
5. 会使用集成多位加法器进行级联，实现多位加法器。
6. 会使用集成加法器进行中规模电路设计。

实践建议

教师引导学生研讨二进制加法，并设计和仿真半加器，在此基础上引入全加器的概念并引导学生采用门电路和最小项译码器设计和仿真全加器。引导学生利用一位加法器实现行波进位加法器，并进行仿真测试，然后提供集成超级进位加法器并进行功能分析与仿真测试。引导学生用加法器进行中规模集成电路的设计，实现 8421BCD 码和余 3 码的相互转换。

知识与操作

加法器是数字系统中运算的基础。在计算机中，加、减、乘、除等四则运算都可以按照一定的算法规则转换成加法运算来完成。而各种复杂的加法器中，最基本的又是半加器和全加器。

3.1.1　半加器的设计与仿真

一位二进制数相加，若只考虑两个加数本身，而不考虑来自相邻低位的进位，如图 3-1a 所示，称为半加，实现半加运算功能的电路称为半加器。根据加法法则可列出半加器的真值表，如图 3-1b 所示，其中，A_i 表示被加数中的第 i 位，B_i 表示加数中的第 i 位，S_i 表示 A_i 加 B_i 产生的和，C_i 表示 A_i 加 B_i 产生的进位。半加器的逻辑图和逻辑符号如图 3-1c

所示。

由真值表可得出半加器的逻辑表达式：

$$S_i = \overline{A_i}B_i + A_i\overline{B_i} = A_i \oplus B_i$$
$$C_i = A_iB_i$$

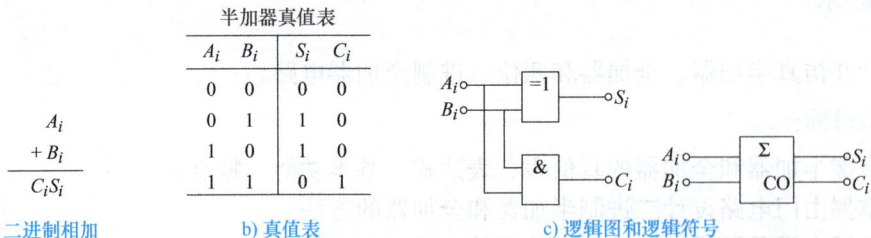

半加器真值表

A_i	B_i	S_i	C_i
0	0	0	0
0	1	1	0
1	0	1	0
1	1	0	1

a) 二进制相加　　　　　b) 真值表　　　　　c) 逻辑图和逻辑符号

图 3-1　半加器

对于半加器的功能，可以用图 3-2 所示电路进行仿真。

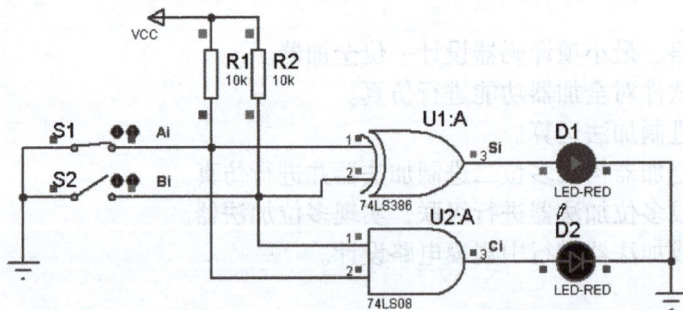

图 3-2　半加器的电路仿真图

半加器不能完全进行二进制的加法，但可以作为构成全加器的元件，另外可以用半加器替代异或门和与门使用。

3.1.2　一位全加器的设计与仿真

若两个二进制数相加，同时加入来自相邻低位的进位，称为全加，如图 3-3 所示。实现全加运算的电路称为全加器。根据二进制加法规则列出全加器的真值表，见表 3-1。

$$
\begin{array}{r}
A_i \\
+\quad B_i\ C_{i-1} \\
\hline
C_iS_i
\end{array}
$$

图 3-3　全加器加法规则示意图

由真值表可得出全加器的求和 S_i 的逻辑表达式和向相邻高位的进位 C_i 的表达式，分别如下：

表 3-1　一位全加器真值表

A_i	B_i	C_{i-1}	S_i	C_i
0	0	0	0	0
0	0	1	1	0
0	1	0	1	0
0	1	1	0	1
1	0	0	1	0
1	0	1	0	1
1	1	0	0	1
1	1	1	1	1

$$
\begin{aligned}
S_i &= m_1 + m_2 + m_4 + m_7 \\
&= \overline{A_i}\,\overline{B_i}C_{i-1} + \overline{A_i}B_i\overline{C_{i-1}} + A_i\overline{B_i}\,\overline{C_{i-1}} + A_iB_iC_{i-1} \\
&= \overline{A_i}(\overline{B_i}C_{i-1} + B_i\overline{C_{i-1}}) + A_i(\overline{B_i}\,\overline{C_{i-1}} + B_iC_{i-1}) \\
&= \overline{A_i}(B_i \oplus C_{i-1}) + A_i\overline{(B_i \oplus C_{i-1})} \\
&= A_i \oplus B_i \oplus C_{i-1}
\end{aligned}
\tag{3-1}
$$

$$
\begin{aligned}
C_i &= m_3 + m_5 + m_6 + m_7 \\
&= \overline{A_i}B_iC_{i-1} + A_i\overline{B_i}C_{i-1} + A_iB_i\overline{C_{i-1}} + A_iB_iC_{i-1} \\
&= (\overline{A_i}B_i + A_i\overline{B_i})C_{i-1} + A_iB_i \\
&= (A_i \oplus B_i)C_{i-1} + A_iB_i
\end{aligned}
\tag{3-2}
$$

式（3-2）可用摩根定律转换成与非式，即

$$
C_i = \overline{\overline{(A_i \oplus B_i)C_{i-1}}\ \overline{A_iB_i}}
$$

全加器的逻辑电路图及逻辑符号如图 3-4 所示，图 3-4a 是逻辑电路图，由异或门和与非门实现；图 3-4b 是全加器的国内曾用符号；图 3-4c 是全加器的国标符号。

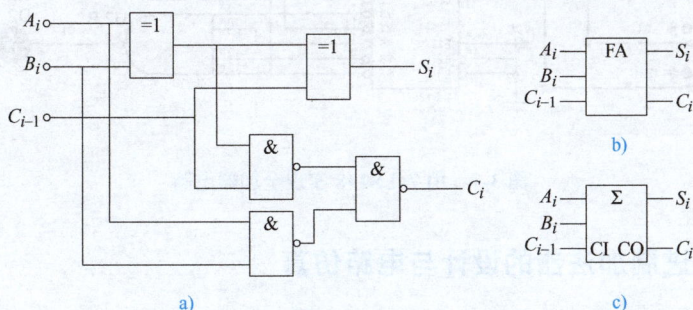

图 3-4　全加器的逻辑电路图及逻辑符号

利用半加器也可以实现全加器，如图 3-5 所示。

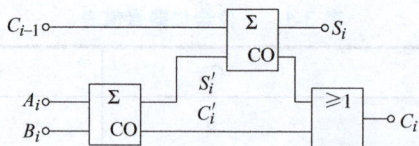

图 3-5　用半加器构成全加器图

读者可以在 Proteus 软件中绘出全加器电路并进行仿真，如图 3-6 所示，并设计一个功能测试表格进行功能测试。请绘制由半加器实现全加器的电路图。

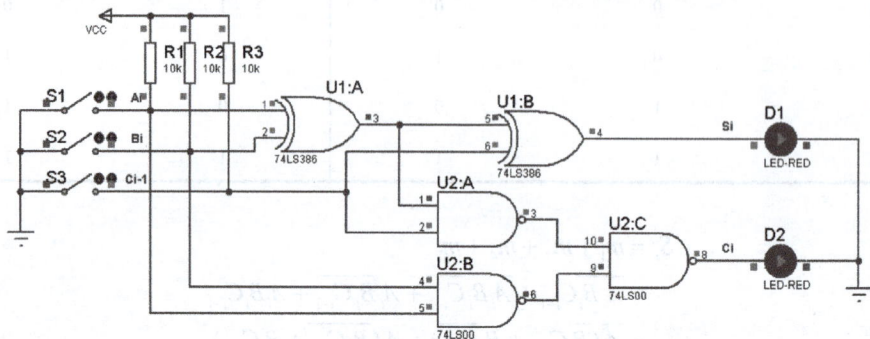

图 3-6　门电路实现的全加器仿真电路

前面学习的二进制译码器 74LS138 可以实现全加器。在真值表中认真观察，结果"1"对应的最小项 m_i 在电路图中对应 $\overline{Y_i}$，因此可以根据逻辑问题的真值表快速地设计出电路来，图 3-7 就是用 74LS148 实现全加器的电路，在全加器的真值表中，输出 S_i 对应的最小项是 m_1、m_2、m_4、m_7，在 74LS138 输出端对应 $\overline{Y_1}$、$\overline{Y_2}$、$\overline{Y_4}$、$\overline{Y_7}$；和 C_i 对应的最小项是 m_3、m_5、m_6、m_7，在 74LS138 输出端对应 $\overline{Y_3}$、$\overline{Y_5}$、$\overline{Y_6}$、$\overline{Y_7}$。此处注意 S_i 和 C_i 的表达式中变量顺序是 A_i、B_i、C_{i-1}，分别对应 74LS138 三位代码的最高位、中间位和最低位。

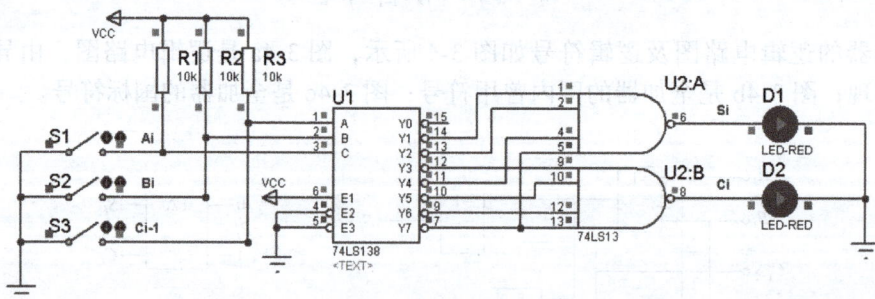

图 3-7　用 74LS148 实现全加器电路

3.1.3　多位二进制加法器的设计与电路仿真

1. 四位二进制加法器的设计和仿真

实现多位二进制数相加运算的电路称为多位加法器，根据进位方式的不同，可分为串行进位加法器和超前进位加法器。

（1）串行进位加法器

1）串行进位加法器的设计。以四位二进制数相加为例来说明多位二进制数相加的过程。如图 3-8 所示，运算时，从低位向高位进行。先是 A_0 和 B_0 相加，低位没有进位（也可以认为低位的进位是 0），图中的 C_{-1} 表示更低位的进位，主要是在有更低位时使用，如果没有更低位，可以由半加器实现 A_0 和 B_0 相加，但是有更低位时就必须使用全加器来实现，相加产生和 S_0 和进位 C_0。接着进行 A_1 和 B_1 相加，此时必须将 C_0 加入，所以实际是 3 个数相加，产生和 S_1 和 C_1，依次进行下去，直到最高位 A_3 和 B_3 相加，产生和 S_3 和进位 C_3，最终的结果可能为 5 位 $C_3S_3S_2S_1S_0$。

加法器是数字设备中很重要的组成部分，在计算机和单片机中都有 CPU，其中运算器是很重要的部件，它能实现逻辑运算和算术运算，而算术运算就是通过加法器实现的。在 CPU 中还有很多寄存器，其中有一个标志寄存器，它的一个位为进位标志，在运算时记录最高位是否有进位。

$$
\begin{array}{r}
A_3\ A_2\ A_1\ A_0 \\
+\ B_3\ B_2\ B_1\ B_0 \\
C_3\ C_2\ C_1\ C_0\quad C_{-1} \\
\hline
S_3\ S_2\ S_1\ S_0
\end{array}
$$

图 3-8　四位二进制数相加过程示意图

根据四位二进制数相加的过程可以看出，实现多位二进制加法的电路可以由多个全加器来实现，图 3-9 所示为由 4 个全加器组成的四位串行进位加法器。低位全加器的进位输出依次连在相邻高位全加器的进位输入端，最低位全加器的进位输入端接 "地"。

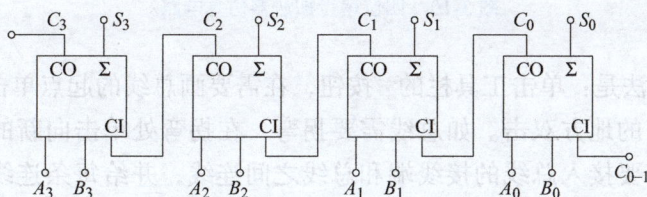

图 3-9　四位全加器示意图

串行进位加法器电路简单，但工作速度较慢，N 位二进制数相加，需要 N 位全加器的传输时间才可以得到正确的结果，因为需要等待低位的进位一位一位往高位传，因此这种加法器也称为行波进位加法器。

2）串行加法器的仿真。请读者按照图 3-10 所示电路进行串行加法器的仿真或自己设计电路进行仿真。

图 3-10 中使用的全加器是由 74LS138 实现的，4 个一位全加器从低位端向高位端进位，用 C_0、C_1、C_2、C_3 表示进位，S_0、S_1、S_2、S_3 表示和，用 SWA、SWB 两组开关仿真加数和被加数，通过拨动开关改变加法运算的数值。图中为了让连接线简洁明了，使用了两条总线（BUS），在数字设备中，总线是大量数据的公共传输通道，是数据的高速路。在 Proteus 中也使用了总线功能，每个总线上可以连接很多的线，每条连线都要有一个名称或标签（label），称为线标，线标是由用户定义的，但是要符合命名规则并见名知义。

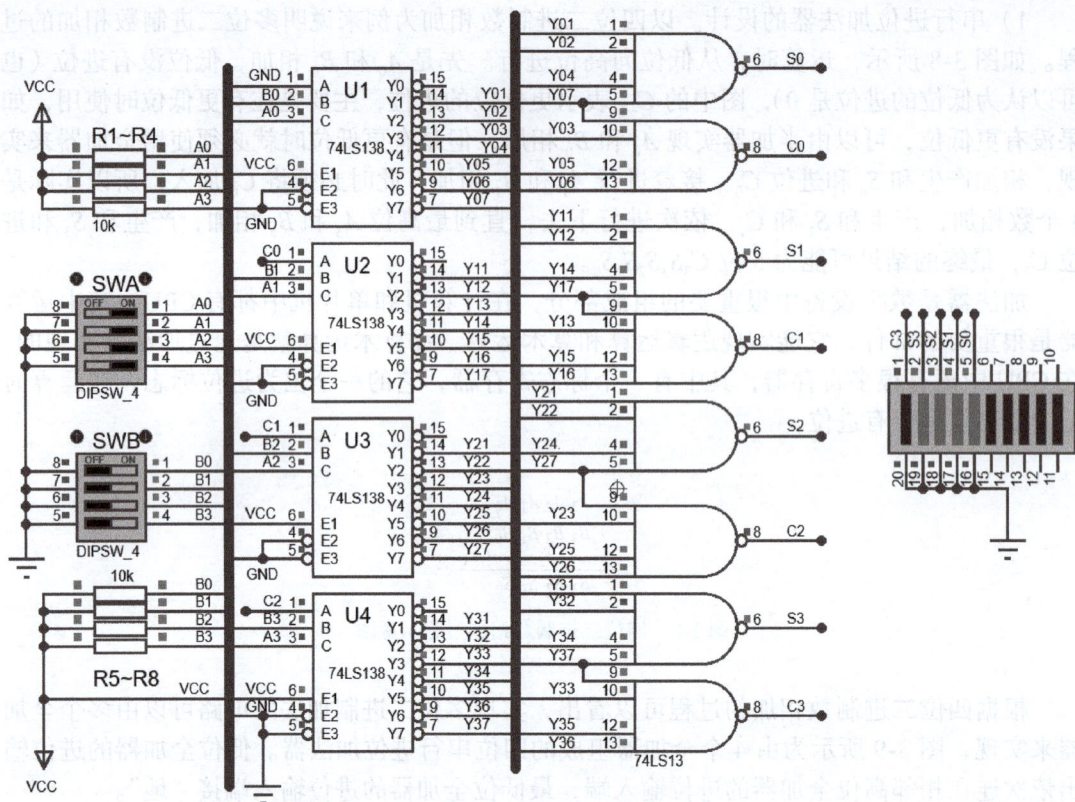

图 3-10　四位串行加法器仿真电路

总线的使用方法是：单击工具栏的 ▦ 按钮，在需要画总线的起点单击，拖动鼠标画出总线，在总线结束的地方双击。如总线需要拐弯，在拐弯处单击向新的方向继续拖动鼠标即可。然后在需要接入总线的接线端和总线之间连线，并给每条连线标注不同的线标（label）。

标注线标的方法：单击工具栏的 ▦ 按钮，进入标注"label"的状态，将鼠标停留在需要标注的线上，出现 ✳（方点和小 × ）的状态，单击调出"编辑线标"对话框，在"String"文本框中填写线标名称，如果该线的名称已经存在了，可以在下拉列表中选择使用，如图 3-11 所示。在一条总线上，相同名称的连线连接在一起，如图 3-10 所示。

在仿真电路中，还可以使用相同的线标将两个连接点连接起来，如图 3-10 中的 C_0，从第一个加法器的进位端出来后，要连接到 U2 芯片 74LS138 的 1 号引脚端，此时将 U2芯片 1 号端的线标也设为 C_0，这两个点就连接到一起了。**注意：**在设置时，要确定连线端信号是输入还是输出，单击 ▦ 按钮进入输入 / 输出端口设置状态，并选择 INPUT 或OUTPUT 终端类型，如图 3-12 所示，然后到相应的电路端点绘制端口连线。有了连线以后设置相应的线标即可。这种隔空连接是一种虚拟连接，只在仿真电路中使用，真实电路中需要连接的线路必须真正实现物理连接才行，否则就是断路点。

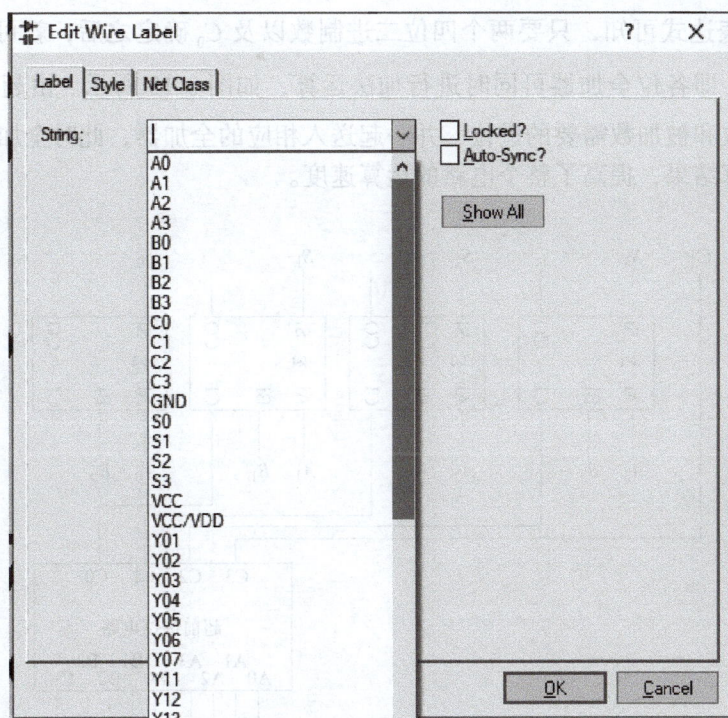

图 3-11　设置连线的线标

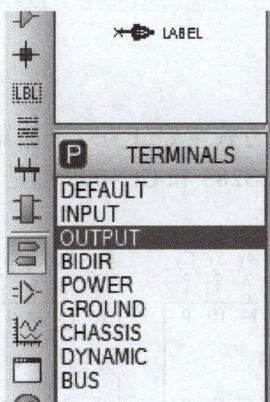

图 3-12　设置输入输出端口

（2）超前进位加法器　为了提高速度，必须消除进位等待时间。在做加法运算的同时，利用快速进位电路把各进位数求出来，从而加快运算速度，具有这种功能的电路称为超前进位加法器。

由全加器的进位输出逻辑表达式可得各位全加器的进位输出，即

$$C_1 = A_1 B_1 + (A_1 \oplus B_1) C_0$$

$$C_2 = A_2 B_2 + (A_2 \oplus B_2) C_1$$

$$C_3 = A_3 B_3 + (A_3 \oplus B_3) C_2$$

$$C_4 = A_4 B_4 + (A_4 \oplus B_4) C_3$$

根据上述表达式可知，只要两个四位二进制数以及 C_0 确定之后，就可直接算出 C_1、C_2、C_3、C_4，即各位全加器可同时进行加法运算，如图 3-13 所示。由超前进位电路快速获得各位加数和被加数需要的进位，并一起送入相应的全加器，此时全加器可以基本同时运算获得计算结果，提高了整个电路的运算速度。

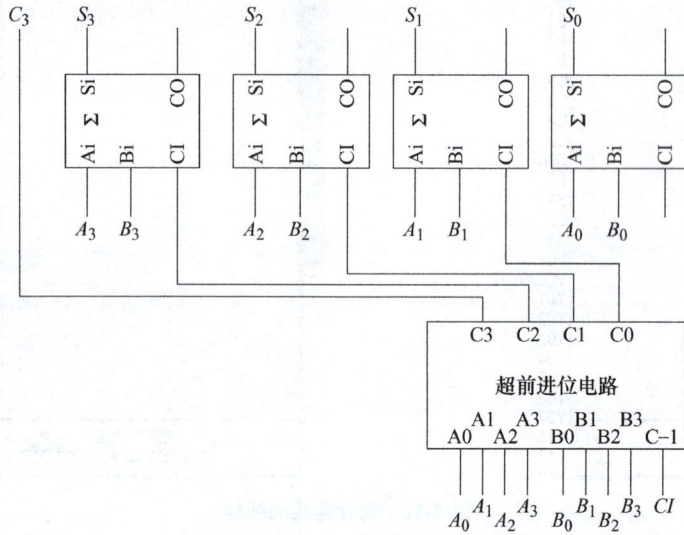

图 3-13　超前进位加法器原理示意图

2. 集成加法器的功能和测试

集成全加器按照集成度和集成方式主要分为双全加器、四位全加器和四位超前进位全加器。图 3-14 中的 74LS283 和 CC4008 都是四位全加器。

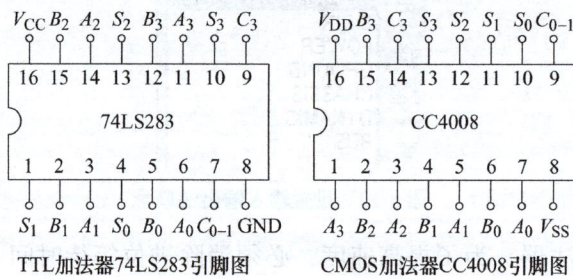

TTL加法器74LS283引脚图　　　CMOS加法器CC4008引脚图

图 3-14　四位加法器

图 3-15 是集成加法器 74LS283 的功能测试仿真电路，加法器输出的结果用一个显示十六进制数的七段 LED 数码管显示，当满 16 后向 C_3 进位，指示灯亮。请读者详细测试被加数和加数依次从 0 增加到 15 的求和结果，认真理解"逢十六进一"的含义，以及 C_3 进位端"以一当十六"的数字换算方法。如计算 1001+1001，结果应为十进制的 18，数码管显示 2，进位 LED 亮，即进位 $C_3=1$，此时为十六进制 12H，换算成十进制为 16+2=18。

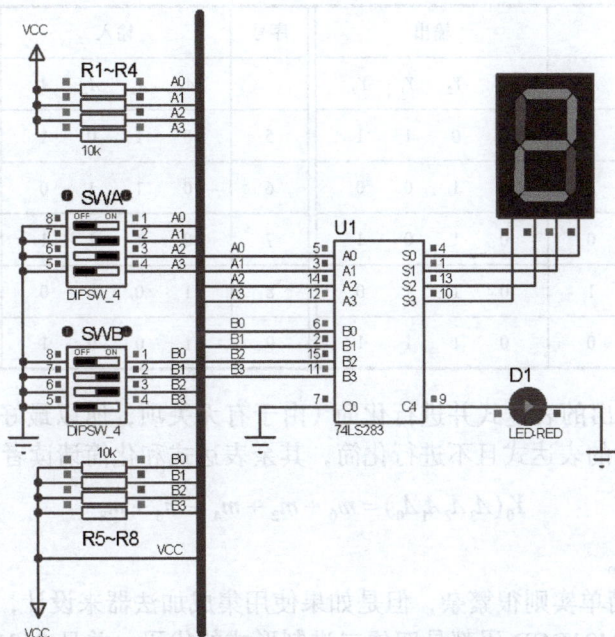

图 3-15 集成加法器 74LS283 的功能测试仿真电路图

集成加法器可以级联，构成更多位的加法器，级联的方法和思路同串行加法器。图 3-16 是集成加法器级联的示意图，实现了 16 位（即 2 字节）数据的加法，请读者自行设计电路测试其功能。**注意：这种加法是二进制加法，即第一个加法器满 16 向第二个加法器进位，加法器之间是逢 16 进 1 的，是十六进制的计数。**

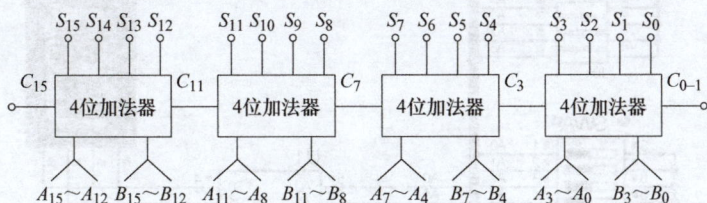

图 3-16 集成加法器级联示意图

3.1.4 用加法器设计 8421BCD 码和余 3 码的互换电路

集成加法器作为中规模集成电路，只要灵活应用，不仅能实现加法运算，还可以实现其他功能，如实现减法运算、代码转换等。现设计一个代码转换电路，当输入 8421BCD 码时，该电路能将它转换成相应的余 3 码，例如，输入 0001，输出 0100。

要实现这个设计，如果按照前面学习的组合逻辑电路设计方法，需要经历以下几个步骤：

1）逻辑分析与定义，输入代码用 A_3、A_2、A_1、A_0 表示，输出代码用 Y_3、Y_2、Y_1、Y_0 表示。

2）列真值表，见表 3-2，表中未列出输入为 1010 ～ 1111 的 6 个伪码。

表 3-2　BCD 码向余 3 码代码转换电路的真值表

序号	输入				输出				序号	输入				输出			
	A_3	A_2	A_1	A_0	Y_3	Y_2	Y_1	Y_0		A_3	A_2	A_2	A_0	Y_3	Y_2	Y_1	Y_0
0	0	0	0	0	0	0	1	1	5	0	1	0	1	1	0	0	0
1	0	0	0	1	0	1	0	0	6	0	1	1	0	1	0	0	1
2	0	0	1	0	0	1	0	1	7	0	1	1	1	1	0	1	0
3	0	0	1	1	0	1	1	0	8	1	0	0	0	1	0	1	1
4	0	1	0	0	0	1	1	1	9	1	0	0	1	1	1	0	0

3）写出所有输出的表达式并进行化简（由于有无关项，所以最好用卡诺图法进行化简）。此处仅写出 Y_0 的表达式且不进行化简，其余表达式和化简请读者自行完成。

$$Y_0(A_3A_2A_1A_0) = m_0 + m_2 + m_4 + m_6 + m_8$$

4）画出逻辑图。

这个设计看似简单实则很繁杂，但是如果使用集成加法器来设计，那就不同了。

由于余 3 码和 8421BCD 码都是四位二进制形式的代码，并且 8421BCD 码加上 3（即 0011）可以得到相应的余 3 码，因此可以使用集成四位加法器来完成这两种代码的转换，如图 3-17 所示。请按照图 3-17 进行电路测试，图中 SWA、SWB 两组按键，SWA 提供 8421BCD 码，SWB 提供固定的 0011，可以实现 8421BCD 码向余 3 码的转换。这个电路和图 3-15 所示电路是一样的，只要将 SWB 调整到 0011 即可。

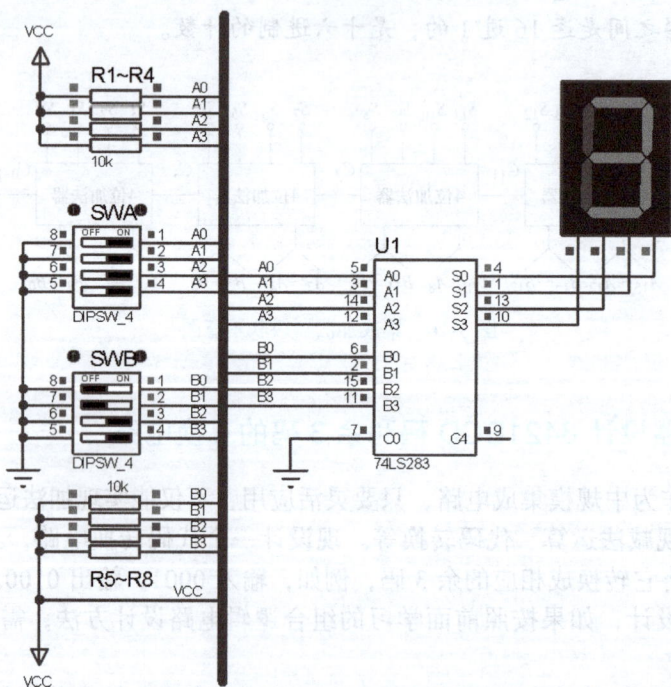

图 3-17　BCD 码向余 3 码代码转换电路

请思考，将余 3 码转换成 8421BCD 码的电路应该如何设计？显然容易想到让余 3 码减 3（即 0011）即可，但是如何实现呢？

事实上，在数字设备中，运算器只有加法器没有减法器，所有的运算都转换成加法来进行。这种情况在生活中也会碰到，例如，有一个钟表，如图 3-18 所示，如果从 12 点（0点）调到 2 点，可以采取 0+2 的方法，也可以采用 0-10 的方法，从 2 点调到 5 点，可以采用 2+3 的方法，也可以用 2-9 的方法。

图 3-18　钟表盘面

这说明我们可以将减法转换成加法来进行运算。在钟表上，12 是满刻度，我们两次调整时间用的加法和减法中的加数和减数的和刚好是 12，此处 12 就是这个问题的模，9 关于模 12 的补码是 3，10 关于 12 的补码是 2，这样一个 $X-Y$ 的运算可以变成 $X+[Y]_{补码}$，一个减法运算就变成加法运算了。

在余 3 码转换成 8421BCD 码的问题中，余 3 码 -0011=8421BCD 码，可以转变成

余 3 码 $+[0011]_{补码}$ =8421BCD

那么 0011 的补码如何求得呢？这里有一个简便的方法，就是原码求反 +1，即

$$[0011]_{补码}=[0011]_{反码}+1=1100+1=1101$$

四位二进制数的模是 16（即 10000），用模 -0011，即 10000-0011=1101。

因此，0011 的补码是 1101，那么

余 3 码 -0011= 余 3 码 $+[0011]_{补码}$ = 余 3 码 +1101=8421BCD

所以，只要将图 3-17 中的 SWB 组按键固定为 1101，从 A 组按键中输入余 3 码，即可实现该代码的转换电路。在这个电路中，A 组按键可以用模式信号发生器来代替，B 组按键可以用固定的接地或接电源来实现，请读者自行测试。

🧩 巩固与提高 🧩

1. 知识巩固

1-1　半加器和全加器的区别是_____。请绘制出半加器和全加器的逻辑符号，并比较它们的不同之处。

1-2　半加器的和输出表达式是_____，进位表达式是_____，因此，半加器可以当作_____门和_____门使用。

1-3　一位全加器的输入端有_____个，分别是_____、_____和_____端；输出端有两个，分别是_____端和_____端。

1-4　多位加法器按进位特点可以分为_____和_____。前者的特点是_____，后者的特点是_____。

1-5　用二进制加法计算 1110B+1101B=_____。两个四位二进制数相加，结果最多可以有_____位。

1-6　行波进位加法器最低位的进位应该接_____。

1-7　在数字设备中，大量数据的公共传输通道称为_____，它是数据的高速路。在 Proteus 中，使用总线功能每条连线都要有唯一的_____。

2. 能力提高

2-1　请将你所设计的一位二进制全加器电路进行整理和总结，写出电路设计和仿真的技术文章。并设计由半加器实现全加器的电路，实现仿真。

2-2　请用 4 个一位全加器设计一个四位二进制加法器。

2-3　请设计一个代码转换电路，当控制端 $C=0$ 时，实现 8421BCD 码到余 3 码的转换，当 $C=1$ 时，实现余 3 码到 8421BCD 码的转换。

2-4　请用两个超前进位加法器集成芯片设计 8 位二进制加法器，并在 Proteus 中进行仿真测试。

任务 3.2　一位 8421BCD 码十进制加法器的设计与制作

任务要求

深入理解 BCD 码加法与二进制加法之间的区别与各自的特点，用集成二进制加法器设计一位 BCD 码加法器，获得正确的十进制结果，将设计的电路在 Proteus 中测试，在实训室搭建电路或制作出电路。

知识目标：

1. 理解二进制加法和十进制加法的特点及进位时机。
2. 掌握二进制加法器的使用方法。
3. 掌握十进制加法的调整方法。

能力目标：

1. 能正确区分二进制加法与 BCD 码加法。
2. 能对二进制加法的结果进行 BCD 码调整。
3. 能用 Proteus 仿真电路。
4. 能制作出电路或在实训台上搭建电路，并进行验证和测试。

实践建议

先提出二进制加法和十进制加法因规则不同而导致进位时机不同的问题，讨论如何进行加法调整再分组设计调整电路，分组进行讨论、交流、仿真，最后设计出整个电路，并制作整个电路。

知识与操作

3.2.1　8421BCD 码加法的特点

在集成加法器功能测试和级联时，我们已经注意到，一个四位集成加法器是满 16 向前面的加法器进位的，在上一个任务的代码转换电路，尤其是 BCD 码转换到余 3 码，在进行二进制加法时，输出可能超出 $(1001)_2$。这说明，二进制加法器是按照二进制加法规则进行的运算，每一位都是逢二进一，而四位为一个整体，就是逢十六进一，也可以说是十六进制的加法。

BCD 码是用二进制形式表示的十进制数，所以在进行 BCD 码加法时，应该按照十进制的加法规则进行，即四位为一整体，逢十进一。例如，图 3-19a 所示是二进制加法，结果为 1010，是 10 的二进制代码；图 3-19b 结果不超过 9，所以可以是二进制加法，也可以是 BCD 码加法，图 3-19c 进行 BCD 码运算，结果 1110 是二进制的结果，BCD 码的结果应该是 $(0001\ 0100)_{8421BCD}$。因此，用集成二进制加法器采用二进制加法运算规则进行加法运算，在结果大于 9 时，得不到 8421BCD 码的结果，需要进行相应的结果调整。

```
    0011          0011          1001
   +0111         +0101         +0101
   ─────         ─────         ─────
    1010          1000          1110
                            (0001 0100)

     a)            b)            c)
```

图 3-19 二进制加法和 BCD 加法比较

由上面 3 种计算情况可知，当计算结果 ≥10 时，按照十进制的规则应该逢十进一，但是加法器是逢十六进一（四位为一个整体），进位的时机不同造成了运算结果不正确。因为十进制进位的时机比逢十六进一早了 6 个数，因此将不正确的结果 +0110 进行调整即可。

用二进制加法器进行 BCD 码加法的特点就是当计算结果 <10 时是正确的，不用调整（也可以认为是给结果 +0000）；当计算结果 ≥10 时，需要 "+0110" 进行调整。

对图 3-19c 中的结果进行调整：1110+0110=1 0100，在第一个 1 的前面补足 3 个 0 即可得到 $(0001\ 0100)_{8421BCD}$。

在数字设备中都是用的二进制，去研究 BCD 码加法有什么意义呢？我们在使用计算机时，从键盘输入数字，CPU 或存储器得到的都是数字相应的 ASCII 码，它和 8421BCD 码的变换十分简单。数字的 ASCII 码前面补 0 后构成 8 位代码，其高四位是 0011，低四位就是这个数字的 8421BCD 码，因此可以很方便地将 ASCII 码变换成 8421BCD 码进行运算。另外，运算的结果需要进行显示和打印，二进制的结果是不能被用户接受的，也需要变成 ASCII 码进行显示和打印，BCD 码的结果可以方便地变成 ASCII 码，因此进行 BCD 码的加法运算是很有必要的。

顺便了解一下余 3 码的作用，在运算结果 ≥10 需要 +0110 进行调整时，如果提前在加数和被加数上 +0011，那么运算之后就不用调整了，所以很多系统中会采用余 3 码进行运算。

3.2.2 十进制 BCD 码加法器电路框图

一位 8421BCD 码加法运算的电路框图如图 3-20 所示。第一个二进制加法器接收两个加数后计算获得二进制的结果，调整电路根据结果是 <10 还是 ≥10 生成调整码 0000 或 0110，调整码和第一次加法计算结果作为操作数送入第二加法器进行调整运算，获得正确的 BCD 码结果。

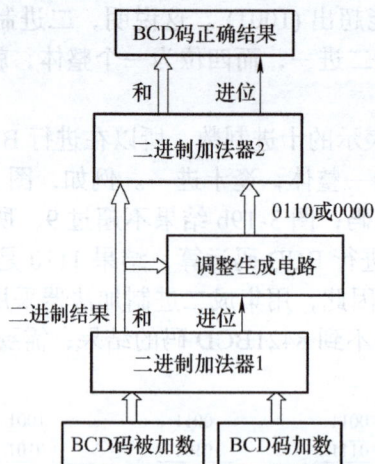

图 3-20 一位 8421BCD 码加法运算的电路框图

3.2.3 BCD 码加法器电路设计和仿真

本电路设计的关键点在调整电路上，可以采用组合逻辑电路的设计方法进行设计。

1）逻辑定义。图 3-20 中二进制加法器 1 输出的结果用 $X_3X_2X_1X_0$ 表示，进位用 C_x 表示，调整电路输出的值用 $T_3T_2T_1T_0$ 表示。

2）列真值表。因为两个 BCD 码相加产生的和最大为 18（十六进制为 12H，二进制加法器输出结果是：进位为 1，四位和为 0010），不用涵盖所有的 5 位二进制代码，所以调整电路的真值表见表 3-3。

表 3-3 加法调整电路的真值表

输入					输出				输入					输出			
C_x	X_3	X_2	X_1	X_0	T_3	T_2	T_1	T_0	C_x	X_3	X_2	X_1	X_0	T_3	T_2	T_1	T_0
0	0	0	0	0	0	0	0	0	0	1	1	0	0	0	1	1	0
0	0	0	0	1	0	0	0	0	0	1	1	0	1	0	1	1	0
0	0	0	1	0	0	0	0	0	0	1	1	1	0	0	1	1	0
0			......		0	0	0	0	0	1	1	1	1	0	1	1	0
0	1	0	0	1	0	0	0	0	1	0	0	0	0	0	1	1	0
0	1	0	1	0	0	1	1	0	1	0	0	0	1	0	1	1	0
0	1	0	1	1	0	1	1	0	1	0	0	1	0	0	1	1	0

3）写表达式。观察真值表，可以看出 $T_3=T_0=0$，$T_2=T_1$，因此只要写出 T_2（或 T_1）表达式即可。观察可见，当 $C_x=1$ 时，$T_2=1$；当 $C_x=0$ 时，$X_3=1$ 并且 $X_2=1$ 或者 $X_1=1$ 时，$T_2=1$，由此写出：

$$T_2=T_1=Cx+X_3(X_2+X_1)=C_x+\overline{\overline{X_3X_2}\cdot\overline{X_3X_1}}=\overline{\overline{1\cdot Cx\cdot\overline{X_3X_2}\cdot\overline{X_3X_1}}}$$

上面表达式可以用或门和与非门实现，也可只用与非门实现。

还需要注意一个问题，当第一级加法器输出的结果是 $16(C_x=1、X_3X_2X_1X_0=0000)$、$17(C_x=1、X_3X_2X_1X_0=0001)$、$18(C_x=1、X_3X_2X_1X_0=0010)$ 时，在第二级加法器上输入的是 $X_3X_2X_1X_0+0110$，不会产生进位，而此时结果的十位数应为 1，所以最后的结果还要考虑十位上的数 $C=C_x+C_4$，C_4 是第二级加法器的进位输出。

4）绘制逻辑图。整个电路的原理图和仿真图如图 3-21 所示。注意，仿真时，加数和被加数均在 0～9 的范围内，不能使用 8421BCD 码的伪码。电路输入用 SWA 和 SWB 生成两个加数，进入第一次运算，得到二进制的结果，由调整码生成电路判断二进制结果并生成调整码，调整码和第一次运算得到的二进制和作为操作数，进入第二个加法器运算器，得到最终结果。结果用两个 BCD 码数码管来显示，一个是十位，一个是个位。

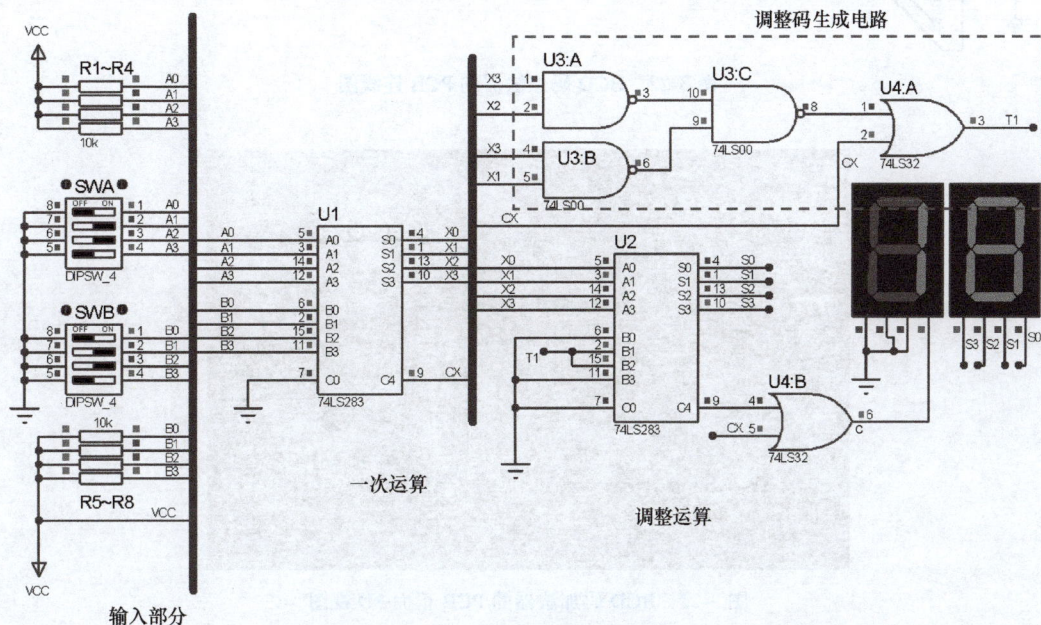

图 3-21 BCD 码加法器仿真电路图

3.2.4 BCD 码加法器电路的搭建

请根据自己的条件进行电路搭建，也可以使用万能板焊接制作电路。图 3-22 是在 Proteus 的 PCB 布板工具中设计的 PCB 连线图，供读者参考，这是按照双层板设计的连线图，蓝色连线是底层板的连线，红色连线是上层板的连线。接口 J2 是电路的电源接口和输出结果连接到数码显示电路的接口。在制作电路时可以不单独设置接口，直接连接显示电路。图 3-23 是在 Proteus 的 PCB 布板工具中使用 3D 视图看到的电路板正面，图 3-24 是背面。

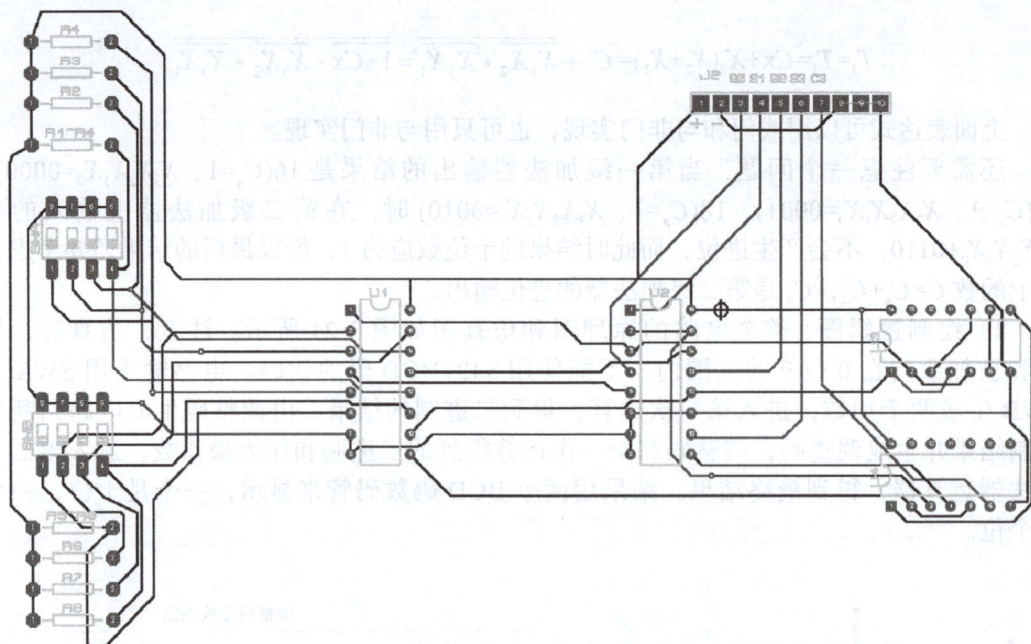

图 3-22　BCD 码加法器的 PCB 连线图

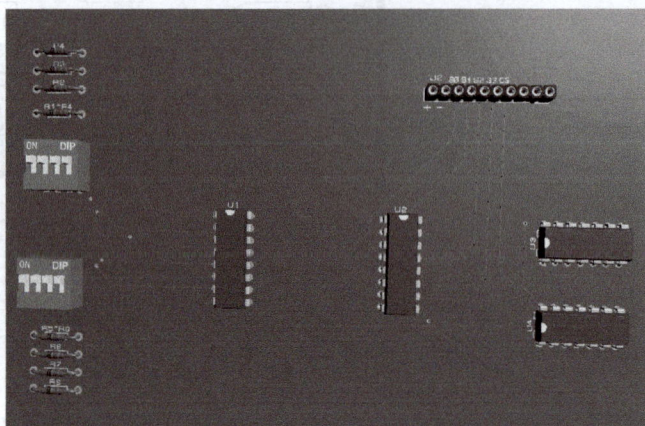

图 3-23　BCD 码加法器的 PCB 正面 3D 视图

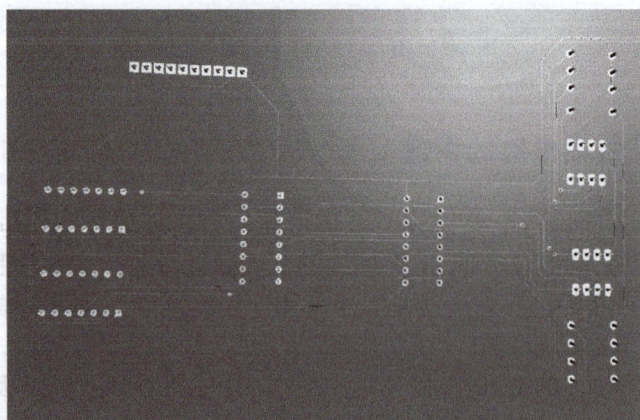

图 3-24　BCD 码加法器的 PCB 背面 3D 视图

🧩 巩固与提高 🧩

1. 知识巩固

1-1 在进行 BCD 码加法时，应该按照_____进制的加法规则进行，即四位为一整体，逢_____进一。

1-2 BCD 码加法的特点是当结果不大于 10 时，结果是_____的，_____调整（也可以认为是给结果 +_____）；当 ≥10 时，需要给结果 +_____进行调整。

2. 能力提高

请完成一位 8421BCD 码加法电路的设计报告，包括设计的基本思路、技术或使用的元器件介绍、原理图和电路制作过程、调试的过程和结果、其他的设计思路和方法、完成项目的收获等，要求思路清晰、图文并茂。

🧩 项目考核与评价 🧩

请参考项目 1 "项目考核与评价" 内容，根据实际学习过程情况，开展考核与评价。

项目 4

多人竞赛抢答器的设计与制作

项目要求

学校举行消防知识竞赛，每场有 4 个参赛队，请大家设计一个知识竞赛抢答器，要求有一个裁判控制键对抢答器进行复位，有 4 个抢答按键，每个参赛队控制一个。比赛中，当某个队首先按下抢答按键时，该队的灯亮，声响电路发出 500Hz 左右的蜂鸣声，其他队再按下抢答按钮没有任何反应。可以进一步改进设计，当某队首先抢答时，用一个数码管显示队号。请利用集成触发器设计并进行仿真测试，完成电路制作。

项目目标

项目分 3 个任务实施，通过本项目的实施，达到如下目标。

知识目标：

1. 熟练掌握各类触发器的功能和动作特点。
2. 掌握各类触发器的描述方法。
3. 掌握选用集成触发器及其功能分析、测试的方法。
4. 掌握各类触发器的功能转换方法和步骤。
5. 掌握使用触发器进行相关电路设计和分析的方法。

能力目标：

1. 能正确分析和选用触发器并应用于电路中。
2. 能灵活选用触发器构成应用电路。
3. 能正确使用函数发生器和示波器进行波形分析。
4. 能正确使用逻辑分析仪进行数字信号分析，正确解读数字信号波形。

素质目标：

1. 培养严谨的工作和学习作风。
2. 培养时序变化理念及对逻辑问题的客观认识和缜密的时序分析能力。
3. 提高学生自学能力和对新知识的求知欲，培养良好的学习习惯。
4. 了解我国存储器及集成电路产业的现状和发展。
5. 培养为我国科技强国做贡献的责任感和使命感。

任务 4.1　由基本 RS 触发器构成的液位自动控制电路的分析

任务要求

研究简易自动液位控制系统和电路设计，分析电路工作原理，总结 RS 触发器电路的功能和特性。

知识目标：

1. 掌握基本 RS 触发器的电路特征、功能、应用。
2. 掌握基本 RS 触发器的表示方法。
3. 掌握由与非门及或非门构成的 RS 触发器电路的功能特性和区别。
4. 掌握 RS 触发器的特征方程，学会波形图的画法。

能力目标：

1. 能分析简单的触发器工作过程。
2. 能正确理解基本 RS 触发器的功能。
3. 能读懂触发器的功能表，会画功能转换表和波形图。

实践建议

教师给学生一个简单的蓄水池液位自动控制电路，引导学生进行工作过程分析，从而理解触发器的功能和特点，进一步使用触发器的各种表示方法进行触发器研究。

知识与操作

4.1.1　简单自动蓄水池液位控制电路分析

前面学习的组合逻辑电路是由各种门电路构成的，这种电路没有记忆功能，每一时刻的输出仅和该时刻的输入有关，而与前一时刻的输出无关。在很多情况下，需要将前面的状态进行记忆，这时就需要另外一类电路——时序逻辑电路。时序逻辑电路在电路上具有记忆功能和反馈回路，每一时刻的输出不仅和该时刻的输入有关，还和前一时刻的输出有关。在构成上，时序逻辑电路中一定包含触发器。触发器是一个能记忆一位二值信息的电路单元，简单说，就是一位二进制数的记忆电路。为实现这种记忆功能，触发器必须具备以下 3 个基本特点：

① 有两个稳定的状态：0 状态和 1 状态。

② 在不同的输入情况下，触发器可以被置成 0 状态或 1 状态。

③ 当输入信号消失后，所置成的状态能够保持不变。

本项目设计的抢答器有很多方案，使用触发器设计是一个很好的选择。

下面通过分析一个简单的自动蓄水池控制电路来学习触发器的功能和工作特性。图 4-1 是一个简单的自动蓄水池及其工作过程示意图。

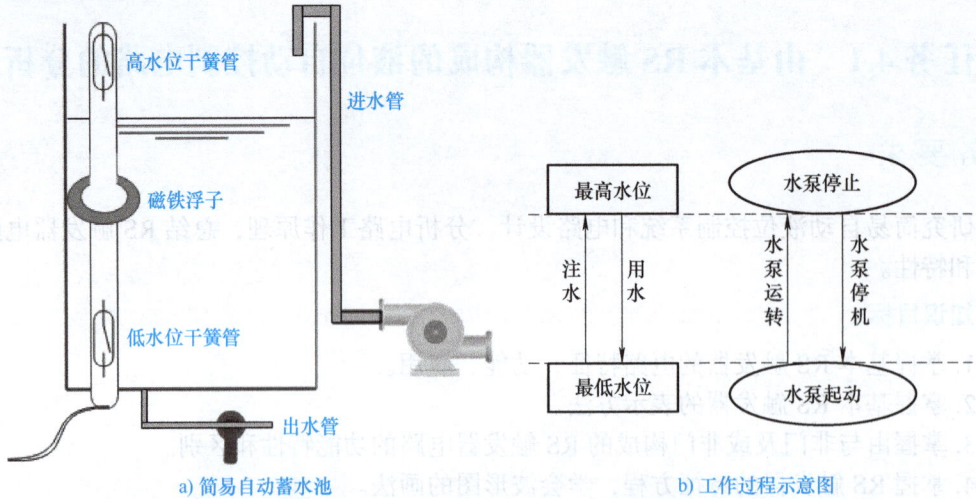

a) 简易自动蓄水池   b) 工作过程示意图

图 4-1   简单自动蓄水池及其工作过程示意图

蓄水池工作过程：当出水管放水使水位下降到最低水位干簧管时，水泵起动给蓄水池加水，当水位上升到最高水位干簧管时，水泵停止向池内注水。随着池内蓄水的使用，水位下降，当再次下降到最低水位时，水泵再次起动，向池内注水。在蓄水池的一个工作循环中，如图 4-1b 所示，在水位上升和下降的过程中，尽管都处在最高水位和最低水位之间，但是水泵的工作状态不同。水位上升过程中，水泵运转；水位下降过程中，水泵不运转。仔细分析图 4-1b 可以看到，水位在最高和最低之间时，水泵的状态和它的初始状态有关，即水泵起动后会保持运转状态一段时间，水泵停止运转后也会保持这个状态一段时间。

自动蓄水池能实现自动蓄水功能，主要由其控制电路实现。其控制电路如图 4-2 所示，主要由两个常开干簧管、两个与非门、两个电阻和电容构成，其中高水位干簧管和低水位干簧管处在图 4-1a 中密闭竖管中，开关受到套在竖管外的磁铁浮子的控制。水泵运转和停机受与非门 G2 的输出电平控制，当与非门 G2 输出为低电平"0"时，水泵停机；当与非门 G2 输出为高电平"1"时，水泵运转。

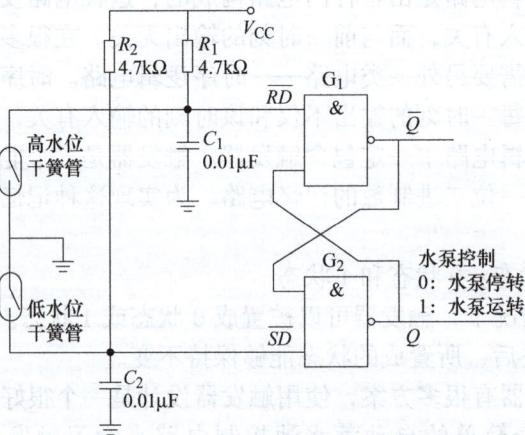

图 4-2   简单自动蓄水池控制电路

自动蓄水池中应用的干簧管如图 4-3 所示。干簧管是一种磁敏的特殊开关，也称为干簧继电器。

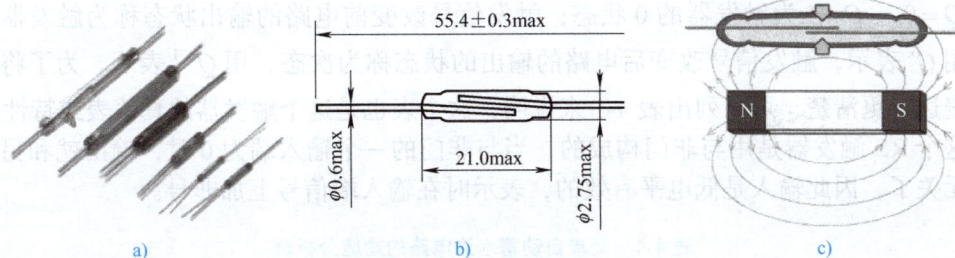

图 4-3　常开型干簧管

干簧管通常由两个或三个软磁性材料做成的簧片触点，被封装在充有惰性气体（如氮、氦等）或真空的玻璃管里，玻璃管内平行封装的簧片端部重叠，并留有一定间隙或相互接触以构成开关的常开或常闭触点。干簧管比一般机械开关结构简单、体积小、速度高、工作寿命长；而与电子开关相比，它又有抗负载冲击能力强等特点，工作可靠性很高。

干簧管的工作原理为：当永久磁铁靠近干簧管，绕在干簧管上的线圈通电形成的磁场使簧片磁化，簧片的触点部分就会被磁力吸引。当吸引力大于弹簧的弹力时，触点就会吸合；当磁力减小到一定程度时，触点被弹簧的弹力打开。

干簧管的触点形式有两种：一是常开触点（H）型，平时打开，只有簧片被磁化时，触点才闭合；二是转换触点的干簧管，其结构上有 3 个簧片，第一片用只导电不导磁的材料制成，第二、三片用既导电又导磁的材料制成。平时由于弹力的作用，第一、三簧片相连；当有外界磁力，第二、三簧片被磁化并相吸，这样形成一个转换开关。该简单自动蓄水池控制电路中用的干簧管是常开触点型干簧管。

干簧管可以作为传感器用，用于计数、限位等。例如，自行车公里表就是在轮胎上粘上磁铁，在一旁固定上干簧管构成的；把干簧管装在门上，可作为开门时的报警开关使用。

4.1.2　简单自动蓄水池控制电路的工作原理

当水位下降使磁铁浮子下降到低水位干簧管附近时，会使低水位干簧管接通，如图 4-2 所示。此时，$\overline{S}_D = 0$，G2 输入一个 0，必然输出 1，即 G2 输出 $Q = 1$，电动机起动，开始向水池注水。此时，高水位干簧管是断开的，G1 输入端 $\overline{R}_D = 1$，同时 G2 的输出端 Q 也向 G1 输入高电平 1，所以 G1 输出 $\overline{Q} = 0$。随着水位的升高，磁铁浮子远离低水位干簧管，使低水位干簧管断开，使得 $\overline{S}_D = 1$，此时由于 G2 从上面 G1 得到的输入为 0，所以 G2 的输出 $Q = 1$ 不变，使电动机保持运转状态，继续给蓄水池补水。

当水位升到最高水位时，磁铁浮子使高水位干簧管接通，G1 输入 $\overline{R}_D = 0$，G1 的输出 $\overline{Q} = 1$，此时，低水位干簧管也是断开状态，$\overline{S}_D = 1$。这样，G2 两个输入都为 1，输出为 $\overline{Q} = 0$，电动机停止运转。随着水位下降，两个干簧管都输出 1，由于 $Q = 0$，所以 $\overline{Q} = 1$，反过来又使得 $Q = 0$，使电动机保持停止状态。

可以看出，电路输出 Q 的逻辑状态与输入 $\overline{R}_D$ 和 $\overline{S}_D$ 有关，和电路前一时刻的输出也有关。这个控制电路就是一个由与非门构成的基本 RS 触发器，其输入信号端用 $\overline{R}_D$ 和 $\overline{S}_D$ 表示，称为触发输入信号；输出用 Q 和 $\overline{Q}$ 表示，并且定义 $Q = 1$、$\overline{Q} = 0$ 为触发器的 1 状态，$Q=0$、$\overline{Q}=1$ 为触发器的 0 状态；触发信号改变前电路的输出状态称为触发器的现态，用 Q^n 表示，触发信号改变后电路的输出的状态称为次态，用 Q^{n+1} 表示。为了将这个过程表达得更清楚，可以列出表 4-1 来说明，这个表也是这个触发器的真值表或特性表。

这个 RS 触发器是用与非门构成的，当与非门的一个输入端为 0 时，输出就和另外的输入无关了，因此输入是低电平有效的，表示时在输入端信号上加非号。

表 4-1　简单自动蓄水池电路的功能分析表

$\overline{S_D}$	$\overline{R_D}$	Q^n	Q^{n+1}	$\overline{Q^{n+1}}$	功能
0	1	0	1	0	置位（置1）
1	1	1	1	0	保持（记忆）
1	0	1	0	1	复位（置0）
1	1	0	0	1	保持（记忆）
0	0	0	×	×	约束（不允许）
0	0	1	×	×	

由表 4-1 可知，当 $\overline{S_D}=0$ 时，输出 Q 的次态是 1，称为输出置位（或置1）；当 $\overline{R_D}=0$ 时，输出 Q 的次态是 0，称为输出复位（或置0）；当 $\overline{S_D}=\overline{R_D}=1$ 时，输出 Q 次态和初态相同，这种工作状态称为保持（或记忆）；在这个电路中没有 $\overline{S_D}=\overline{R_D}=0$ 的情况出现。因此该 RS 触发器控制电路的工作特点是：

1）$\overline{S_D}$ 是置1控制端，$\overline{R_D}$ 是置0控制端，与非门构成的 RS 触发器输入端低电平有效。

2）当两个控制端都无效时，保持前面时刻初始态不变。

3）两个控制端不能同时有效。

4.1.3　基本 RS 触发器的功能和表示

1. 由与非门构成的基本 RS 触发器

如果抛开实际的控制电路，输入 $\overline{R_D}$ 和 $\overline{S_D}$ 可以任意取逻辑值，那么可以得到表 4-2 所示的真值表（特性表）。

表 4-2　基本 RS 触发器的真值表

$\overline{S_D}$	$\overline{R_D}$	Q^n	Q^{n+1}	$\overline{Q^{n+1}}$	功能
0	0	0	×	×	约束（不允许）
0	0	1	×	×	
0	1	0	1	0	置位（置1）
0	1	1	1	0	
1	0	0	0	1	复位（置0）
1	0	1	0	1	
1	1	0	0	1	保持（记忆）
1	1	1	1	0	

① 当 $\overline{S_D}$ =0（有效）、$\overline{R_D}$ =1（无效）时，触发器被置位（置 1）。

② 当 $\overline{R_D}$ =0（有效）、$\overline{S_D}$ =1（无效）时，触发器被复位（置 0）。

③ 当 $\overline{S_D}$ =1（无效）、$\overline{R_D}$ =1（无效）时，触发器状态不变（保持）。

④ 当 $\overline{S_D}$ =0（有效）、$\overline{R_D}$ =0（有效）时，触发器不允许这样工作。

因此，触发器有置位、复位、记忆这三种基本功能。其逻辑符号如图 4-4 所示。

当 $\overline{S_D}$ = $\overline{R_D}$ =0 时，图 4-2 所示两个与非门都输出 1，这两个 1 反馈回与非门的输入端，此时如果两个触发输入同时变成 1，那么每个与非门输入端都为 1，与非门 G1 若输出 0，则 G2 输出 1；若 G2 输出 0，则 G1 输出 1，到底是哪个输出 0，关键由信号在两个与非门中的传输速度决定。所以电路的状态出现不确定因素，在数字产品中，不确定性是不允许的，每一时刻的逻辑值必须是确定的。因此，RS 触发器的置位和复位输入端不能同时有效。

由表 4-2 可以画出 Q^{n+1} 卡诺图，如图 4-5 所示。其中，$\overline{S_D}$ = $\overline{R_D}$ =0 是无关项，在图上根据卡诺图化简的原则画出卡诺圈进行化简，写出表达式为

$$Q^{n+1} = S_D + \overline{R_D}Q^n \quad (\overline{S_D} + \overline{R_D} = 1)$$

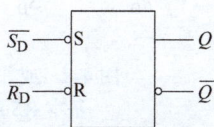

图 4-4　基本 RS 触发器符号　　　　图 4-5　RS 触发器卡诺图

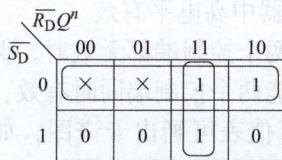

可以使用摩根定律对条件表达式进行变化，即

$$Q^{n+1} = S_D + \overline{R_D}Q^n \quad (S_D R_D = 0) \tag{4-1}$$

这个表达式代表了 RS 触发器的特性，也称为特性方程。括号中是这个特性方程成立的条件，代表 $\overline{R_D}$ 和 $\overline{S_D}$ 至少一个为 1。

这个触发器的功能还可以使用图 4-6 所示的状态转换图来表示。图中，圆圈内加逻辑值表示一个逻辑状态，箭头表示状态变化的方向，箭头上的表达式表示这种变化的输入条件。

在研究触发器的工作时，还经常分析输入，输出状态随着时间的延续发生变化的情况，此时可使用波形图（或时序图）进行分析。图 4-7 就是给 $\overline{R_D}$ 和 $\overline{S_D}$ 变化的信号，输出 Q 跟着变化的一个波形图。这是从逻辑分析仪上截取的一段波形，横轴是时间轴，其中的竖虚线是时刻线，表示与之相交的波形是同一时刻点。图中，Q 和 $\overline{Q}$ 在多数情况下是相反的，但是当 $\overline{S_D}$ = $\overline{R_D}$ =0 时，Q= $\overline{Q}$ =1，这是不允许的状态。

触发器的表示方法有真值表（特性表）、表达式（特性方程）、状态转换图、波形图（时序图）。它们各有特点。真值表可以将工作中可能出现的所有情况及其输出列举出来，但是看不出每种情况出现的时间先后；表达式可以显示输入与输出的逻辑关系，但是看不出具体的功能；从状态转换图中能明显看出状态变化的趋势和条件，但看不出时序

性；从波形图中能看到电路随着时间的延续输入、输出发生的变换，但是却不能明显看出其逻辑关系和每种情况下输入与输出的对应关系。这四种方法是分析时序逻辑电路的重要工具，它们是可以相互转换的。

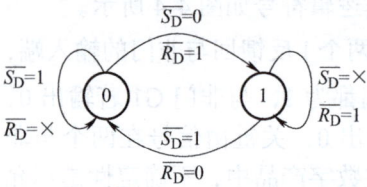

图 4-6　基本 RS 触发器的状态转换图

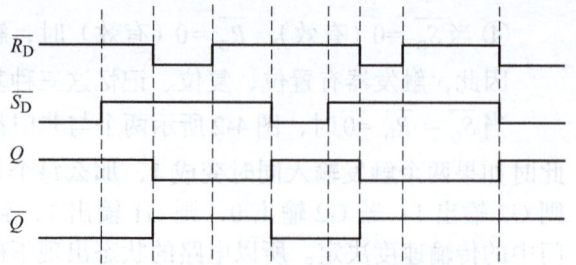

图 4-7　与非门构成的基本 RS 的时序图

2. 由或非门构成的基本 RS 触发器

图 4-8 是用或非门构成的基本 RS 触发器，输入信号高电平有效，其真值表见表 4-3，由此可见或非门构成基本 RS 触发器的特点是：

1）S_D 是置 1 控制端，R_D 是置 0 控制端，或非门构成的 RS 触发器中高电平有效。

2）当两个控制端都无效时，保持前面时刻初态不变。

3）不能两个控制端同时有效，即不能同时为 1。

根据真值表可画出卡诺图，如图 4-9 所示，进一步化简可以获得其特性方程，见式（4-2），可以继续画出状态转换图，如图 4-10 所示。

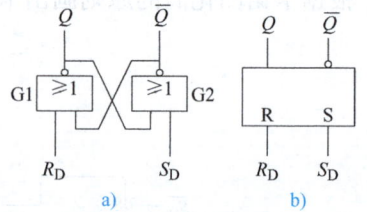

图 4-8　或非门构成的
基本 RS 触发器

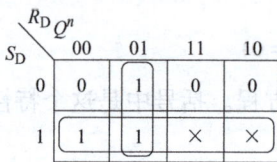

图 4-9　或非门构成的基本 RS 触发器卡诺图

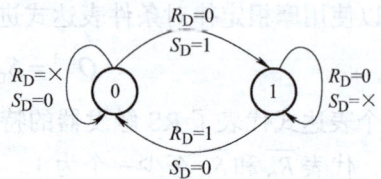

图 4-10　或非门构成的基本 RS 触发器状态转换图

特性方程：

$$Q^{n+1} = S_D + \overline{R_D}Q^n \quad (R_D S_D = 0) \tag{4-2}$$

将式（4-2）和式（4-1）进行比较，可以看出，这两个表达式是一样的，因此这是相同功能的触发器，仔细比较两个触发器的真值表也可以看出二者是相同的。**注意：** 与非门构成的基本 RS 触发器的输入端是低电平有效，而或非门构成的基本 RS 触发器的输入端是高电平有效。

表 4-3　或非门构成基本 RS 触发器真值表

S_D	R_D	Q^n	Q^{n+1}	$\overline{Q^{n+1}}$	功能
0	0	0	0	1	保持（记忆）
0	0	1	1	0	

（续）

S_D	R_D	Q^n	Q^{n+1}	$\overline{Q^{n+1}}$	功能
0	1	0	0	1	复位（置0）
0	1	1	0	1	
1	0	0	1	0	置位（置1）
1	0	1	1	0	
1	1	0	×	×	约束（不允许）
1	1	1	×	×	

或非门构成的基本 RS 触发器测试仿真电路如图 4-11a 所示，其某个时段的波形如图 4-11b 所示。

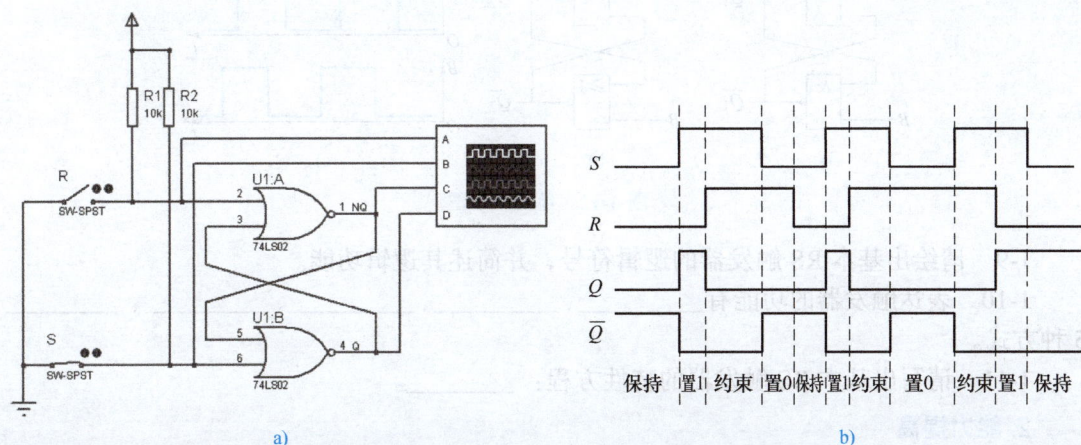

a)

b)

图 4-11 或非门构成的基本 RS 触发器测试仿真电路和波形图

基本 RS 触发器的动作特点：触发输入端变化会直接对输出端进行置位或复位，无时钟控制端。这种触发器也称为直接置位复位触发器，因此在输入信号上都有一个 D（Directory）代表是直接的置位复位。

基本 RS 触发器的主要优点：结构简单，具有置"0"、置"1"和保持的逻辑功能；主要缺点：电平直接控制，使电路抗干扰能力下降；$\overline{S}$ 和 $\overline{R}$ 之间有约束，限制了基本 RS 触发器的使用。

巩固与提高

1. 知识巩固

1-1 按逻辑功能的不同特点，数字电路可分为_____和_____两大类。请简述它们的功能特点。

1-2 组合逻辑电路是由各种（ ）组合而成。

A. 门电路　　　　B. 触发器　　　　C. 计数器　　　　D. 集成块

1-3 触发器是_____的电路单元，触发器必须具备的 3 个基本特点是_____。表达触发器的特性的表格称为_____表。

1-4 干簧管是一种_____的特殊开关，也称为_____。

1-5 触发器接收触发信号之前的状态称为_____，用_____表示，触发器接收触发信号之后的状态称为_____，用_____表示。

1-6 基本 RS 触发器的工作有_____、_____、_____3 种状态，即有 3 种功能，置位端和复位端都有效是_____（允许 / 不允许）的。

1-7 由与非门组成的基本 RS 触发器和由或非门组成的基本 RS 触发器在逻辑功能上有什么差别？

1-8 在图 4-12a、b 所示的基本 RS 触发器电路中，若输入端 A、B 的电压波形如图 4-12c 所示，试画出两个触发器输出端电压 Q_1、$\overline{Q_1}$、Q_2 和 $\overline{Q_2}$ 的电压波形（假定无输入信号时触发器的初态为 0）。

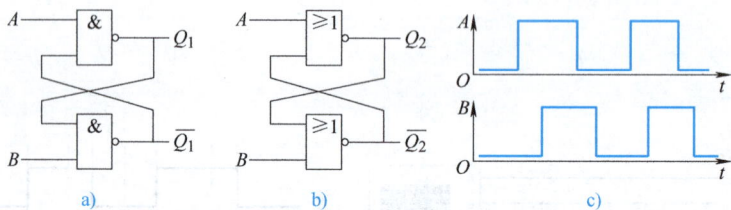

图 4-12 练习 1-8 图

1-9 请绘出基本 RS 触发器的逻辑符号，并简述其逻辑功能。

1-10 表达触发器的功能有_____、_____、_____、_____、_____
5 种方式。

1-11 请写出基本 RS 触发器的特性方程：_____。

2. 能力提高

请认真分析基本 RS 触发器的功能和电路特点，将简易自动蓄水池的控制电路改成用或非门构成的基本 RS 触发器的控制电路，并写出电路的工作过程。

任务 4.2 各类触发器的功能测试与电路比较

任务要求

请对常用触发器进行分类并总结其功能特性和电气特性，整理成表格，进行比较研究，从而找到其功能定义规律并牢记。

知识目标：

1. 掌握各类电路结构触发器的动作特点。
2. 熟练掌握 RS、JK、D、T 触发器的逻辑功能。
3. 掌握各类触发器的真值表、特性方程。
4. 掌握触发器功能转换的方法。
5. 掌握函数发生器和示波器的参数设置。

能力目标：

1. 能正确选用集成触发器并进行功能分析和测试，能正确将其应用于电路之中。
2. 能使用触发器进行相关电路的设计和分析。

3. 能灵活应用触发器构成的分频电路和计数器电路。

4. 能清晰地分析各类触发器的区别并能进行各类触发器的功能转换。

5. 能正确使用函数发生器和示波器进行电路仿真。

实践建议

　　教师指导学生进行各类触发器的功能测试或仿真测试，学生自己对各类触发器进行功能总结，深刻理解各类触发器的动作特点和功能。

知识与操作

4.2.1　触发器的分类

　　触发器总体可分为两大类：基本触发器和时钟触发器。基本触发器的次态输出不受时钟脉冲信号（CP）的控制，而时钟触发器次态输出受时钟脉冲信号的控制。

　　按照输入触发信号的不同控制方式，可以将触发器分为 RS 触发器、JK 触发器、D 触发器、T 触发器。

　　按照触发器电路结构的不同，可将触发器分为同步触发器、主从结构触发器、维持阻塞触发器、边沿触发器。

　　按照触发器使用器件的不同，可将触发器分为 TTL 集成触发器和 CMOS 集成触发器两种。

4.2.2　时钟触发器

1. 时钟 RS 触发器

　　在数字系统中，常用时钟脉冲控制触发器的翻转时刻，使各触发器按一定节拍同步动作，一个时钟脉冲信号通常是以矩形脉冲的形式给出，如图 4-13a 所示。通常，时钟触发器的控制方式分为高电平控制方式、低电平控制方式、上升沿控制方式和下降沿控制方式。图 4-13b 是一个时钟 RS 触发器的逻辑电路，图 4-13c 是其逻辑符号。

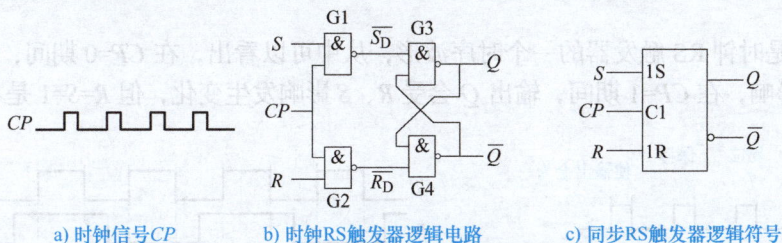

a) 时钟信号 CP　　　b) 时钟RS触发器逻辑电路　　　c) 同步RS触发器逻辑符号

图 4-13　时钟 RS 触发器

　　图 4-13b 所示电路是在基本 RS 触发器的基础上增加一级控制门电路，当 $CP=0$ 时，R、S 的变化不会引起 G1 门和 G2 门输出端的变化，因此 Q 输出会保持不变；当 $CP=1$ 时，$\overline{S_D}=\overline{S}$，$\overline{R_D}=\overline{R}$，从 R 和 S 触发输入端来分析，这个电路的功能和或非门构成的基本 RS 触发器相同，都是输入端高电平有效，其真值表见表 4-4。这个电路中 $CP=1$ 时，输出状

态会因输入而变化，称为时钟高电平控制方式（高电平有效），反之称为时钟低电平控制方式（低电平有效）。CP 高电平有效的触发器，CP 为高电平期间，输入的触发信号才起作用。CP 为低电平期间，即使有触发信号也不会改变触发器的状态。由于 CP 起同步作用，所以要求在 CP 的一个周期内，触发器的状态只能改变一次，要求触发信号在 CP 为高电平期间不允许改变。

表 4-4　时钟 RS 触发器的真值表

CP	R	S	Q^n	Q^{n+1}	功能
0	×	×	×	Q^n	$Q^{n+1}=Q^n$ 保持
1	0	0	0	0	$Q^{n+1}=Q^n$ 保持
1	0	0	1	1	
1	0	1	0	1	$Q^{n+1}=1$ 置 1
1	0	1	1	1	
1	1	0	0	0	$Q^{n+1}=0$ 置 0
1	1	0	1	0	
1	1	1	0	不用	不允许
1	1	1	1	不用	

根据时钟 RS 触发器的电路和特性表，可以得到

$$\overline{S_{\mathrm{D}}} = \overline{S \cdot CP} \qquad \overline{R_{\mathrm{D}}} = \overline{R \cdot CP}$$

当 $CP=1$ 时，

$$\begin{cases} Q^{n+1} = S + \overline{R}Q^n \\ SR = 0 \cdots\cdots(约束条件) \end{cases} \tag{4-3}$$

式（4-3）和式（4-1）、式（4-2）是完全相同的，说明这 3 个电路虽然电路结构上有区别，但是功能是相同的。它们的电路结构不同决定了其动作特点的不同。

时钟触发器的动作特点：

1）时钟电平控制。在 CP 有效期间接收输入信号，CP 无效期间状态保持不变，与基本 RS 触发器相比，对触发器状态的转变增加了时间控制。

2）R、S 之间有约束。不允许出现 R 和 S 同时为 1 的情况，否则会使触发器处于不确定的状态。

图 4-14 是时钟 RS 触发器的一个时序波形，从中可以看出，在 $CP=0$ 期间，R、S 的变化对输出没有影响，在 $CP=1$ 期间，输出 Q 会受 R、S 影响发生变化，但 $R=S=1$ 是不允许的。

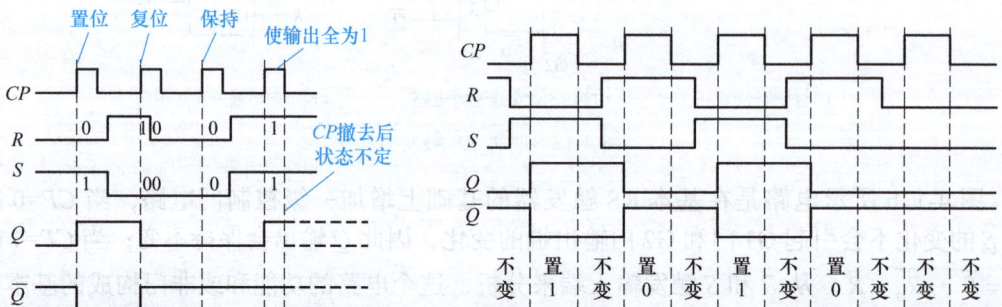

图 4-14　时钟 RS 触发器的波形图

请用图 4-15 所示的仿真电路进行时钟 RS 触发器的功能测试，图中，CP 代表时钟，R 代表复位端，S 代表置位端，Q 是输出端，NQ 代表 $\overline{Q}$。测试中，请认真观察输入与输出之间的关系并进行记录，画出波形图。图中输出端代表高、低电平的指示符号是调试用的"逻辑指示灯"（Logic Probe），在器件库中的"Debugging Tools"库中的"Logic Probes"子库中获取。

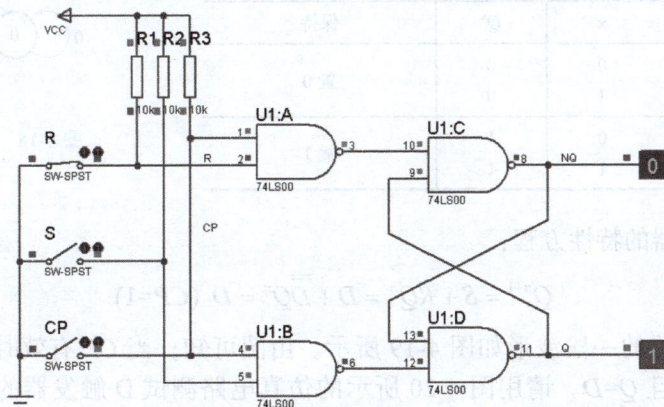

图 4-15　时钟 RS 触发器的功能测试仿真电路

有的时钟 RS 触发器除了有受时钟 CP 控制的 R、S 端外，还有不受 CP 控制的置位、复位端，称为异步置位、复位端，如图 4-16 所示。$\overline{S}_D$、$\overline{R}_D$ 是异步置位、复位端，当它们有效时（为 0），无论 CP 如何，都会使输出端置位或复位，并且这两个输入端不能同时有效。

2. 时钟 D 触发器

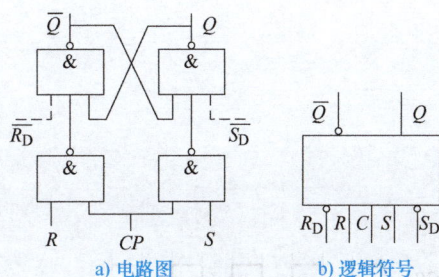

a) 电路图　　　　　　b) 逻辑符号

图 4-16　带异步端的时钟 RS 触发器

由于时钟 RS 触发器的触发输入端有约束状态，在使用时会出现一些不便之处，因此可以在 RS 触发器的基础上进行电路改造，如将 R 和 S 通过门电路连接为一个输入，并将其名字改为 D，就成了 D 触发器，如图 4-17 所示。

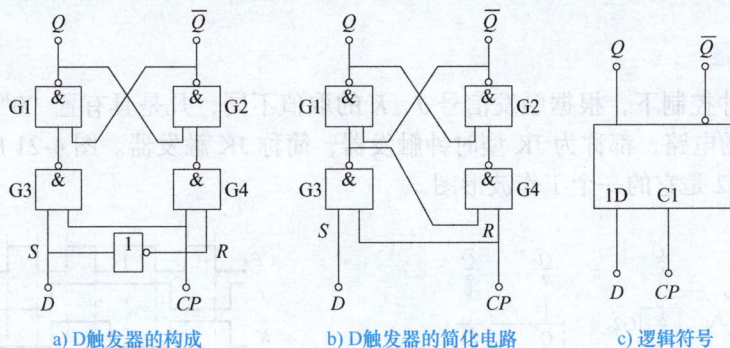

a) D 触发器的构成　　　　b) D 触发器的简化电路　　　　c) 逻辑符号

图 4-17　时钟 D 触发器

将 $S=D$，$R=\overline{D}$ 代入表 4-4 可以得到 D 触发器的特性表，见表 4-5，D 触发器的状态转换图如图 4-18 所示。由特性表可以看出以下三点：

1）当 CP 有效时，D 触发器只有置位和复位功能。

2）当 CP 无效时，触发器保持状态不变。

3）D 触发器无不允许的状态。

表 4-5　时钟 D 触发器的特性表

CP	D	Q^n	Q^{n+1}	功能
0	×	×	Q^n	保持
1	0	0	0	置 0
1	0	1	0	
1	1	0	1	置 1
1	1	1	1	

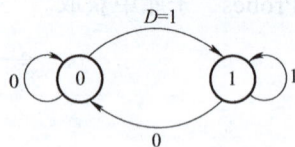

图 4-18　D 触发器状态转换图

时钟 D 触发器的特性方程：

$$Q^{n+1} = S + \bar{R}Q^n = D + \overline{\bar{D}}Q^n = D \ (CP=1)$$

时钟 D 触发器的一段波形如图 4-19 所示。由图可知，当 CP 有效时，D 的输入决定了 Q 的输出，并且 $Q=D$。请用图 4-20 所示的仿真电路测试 D 触发器的功能，并绘制 D 触发器的特性表。

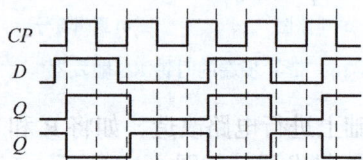

图 4-19　时钟 D 触发器波形图

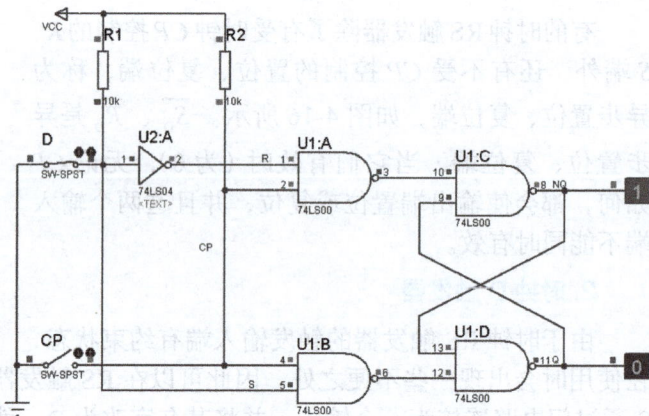

图 4-20　时钟 D 触发器功能测试仿真电路图

3. JK 触发器

在时钟脉冲控制下，根据触发信号 J、K 的取值不同，凡是具有置"0"、置"1"、保持和求反功能的电路，都称为 JK 型时钟触发器，简称 JK 触发器。图 4-21 所示是一个 JK 触发器，图 4-22 是它的一个工作波形图。

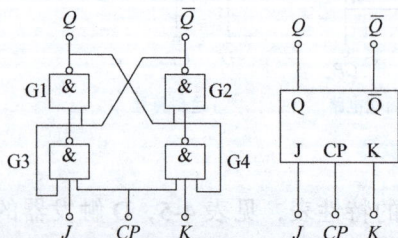

图 4-21　JK 触发器

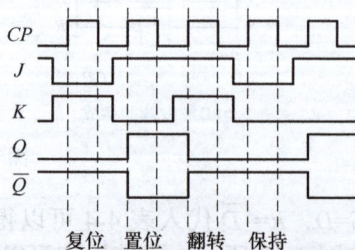

图 4-22　JK 触发器的波形图

　　由于将两个输出端信号交叉反馈到输入端，将 S 改为 J，将 R 改为 K，原先 RS 触发器不允许的情况就变成了允许的情况，并且当 $J=K=1$ 时，无论 Q 的初态是 0 还是 1，都将使输出端求反，即 $Q^{n+1}=\overline{Q^n}$，工作原理此处不做分析，JK 触发器的特性表见表 4-6。

表 4-6　JK 触发器的特性表

CP	K	J	Q^n	Q^{n+1}	功能
0	×	×	×	Q^n	$Q^{n+1}=Q^n$ 保持
1	0	0	0	0	$Q^{n+1}=Q^n$ 保持
1	0	0	1	1	
1	0	1	0	1	$Q^{n+1}=1$ 置 1
1	0	1	1	1	
1	1	0	0	0	$Q^{n+1}=0$ 置 0
1	1	0	1	0	
1	1	1	0	1	$Q^{n+1}=\overline{Q^n}$ 翻转
1	1	1	1	0	

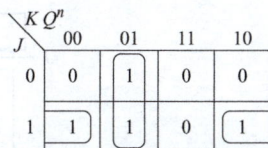

图 4-23　JK 触发器卡诺图

　　根据特性表可以得到 JK 触发器的卡诺图，如图 4-23 所示，由卡诺图可以化简得到 JK 触发器的特性方程为

$$Q^{n+1}=S+\overline{R}Q^n=J\overline{Q^n}+\overline{K}Q^nQ^n$$
$$=J\overline{Q^n}+\overline{K}Q^n$$

　　JK 触发器的一段波形如图 4-22 所示，在 $CP=1$ 的时间段里，如果 $J=K=1$，那么输出 Q 会将前一刻的输出求反，在 JK 触发器中，两个输出始终是相反的，不存在 RS 输入端有约束的问题，状态转换图如图 4-24 所示。需要说明的是，时钟 JK 触发器因为从输出端向输入端反馈，在通电瞬间，初态不确定，导致仿真时输出也不确定，仿真不能继续。但是如果给输出端一个确定的状态，如接地，开始工作后断开，就可以正常仿真了。

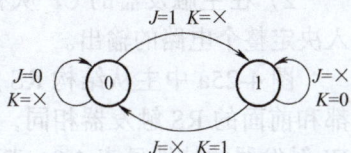

图 4-24　JK 触发器状态转换图

4. 主从结构触发器

　　从电路的结构上看，时钟触发器还有一种主从结构触发器，如图 4-25 所示。图 4-25a 是主从 RS 触发器，图 4-25b 是主从 RS 触发器的符号，图 4-25c 是主从 JK 触发器，图 4-25d 是主从 JK 触发器的符号。

　　以图 4-25a 为例，主从结构触发器包括主触发器和从触发器两部分，当 $CP=1$ 时，主触发器打开，从触发器封锁；当 $CP=0$ 时，主触发器封锁，从触发器打开。因此，整个电路的输出发生状态改变的时机只能是在 CP 由 1 变成 0 的极短的时间内，称为在时钟脉冲 CP 的下降沿发生状态改变，并且是在 $CP=1$ 的最后一刻输入 R、S 确定下来的 Q' 和 $\overline{Q'}$ 在 CP 变成 0 的那一刻对从触发器产生影响而改变 Q 和 $\overline{Q}$。主从结构 RS 触发器的逻辑功能和前面基本 RS 触发器、时钟 RS 触发器都是相同的，所不同的是发生状态变化的时机不同，也就是动作特点不同。

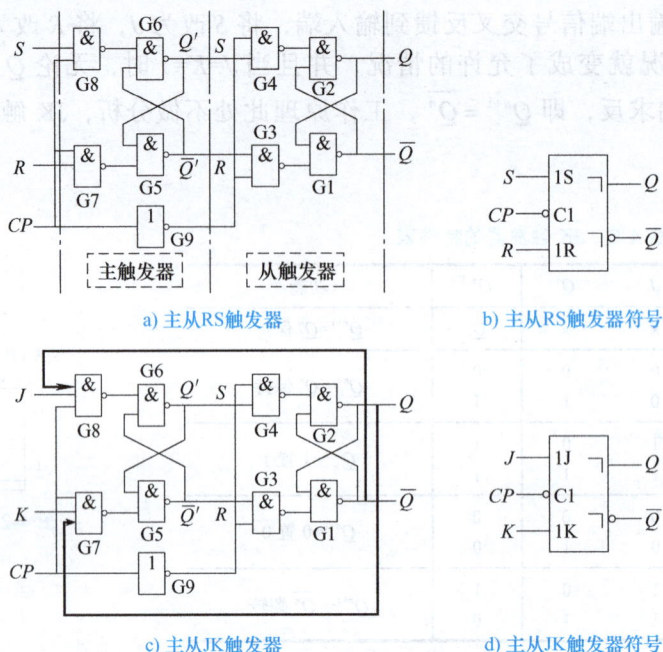

a) 主从RS触发器   b) 主从RS触发器符号

c) 主从JK触发器   d) 主从JK触发器符号

图 4-25 主从结构时钟触发器

主从结构触发器的动作特点：

1）在主触发器 CP 有效的时间里，外来触发信号能改变主触发器的状态，但从触发器状态保持不变；在主触发器 CP 无效的时间里，外来信号不能改变主触发器的状态，从触发器的状态也不会改变，触发器处于保持状态。

2）在主触发器的 CP 从有效跳变为无效的时钟脉冲边沿（有效边沿），主触发器的输入决定整个电路的输出。

图 4-25a 中主从结构 RS 触发器的特性见表 4-7，其状态转换图、卡诺图、特性方程都和前面的 RS 触发器相同，只是状态的改变发生在 CP 的下降沿。图 4-25c 中主从结构 JK 触发器的特性见表 4-8，其状态转换图、卡诺图、特性方程都和前面的 JK 触发器相同，只是状态的改变发生在 CP 的下降沿。

表 4-7 主从结构 RS 触发器的特性表

CP	K	J	Q^n	Q^{n+1}	功能
×	×	×	×	Q^n	$Q^{n+1}=Q^n$ 保持
↓	0	0	0	0	$Q^{n+1}=Q^n$ 保持
↓	0	0	1	1	
↓	0	1	0	1	$Q^{n+1}=1$ 置 1
↓	0	1	1	1	
↓	1	0	0	0	$Q^{n+1}=0$ 置 0
↓	1	0	1	0	
↓	1	1	0	1	$Q^{n+1}=\overline{Q^n}$ 翻转
↓	1	1	1	0	

表 4-8 主从结构 JK 触发器的特性表

CP	R	S	Q^n	Q^{n+1}	功能
×	×	×	×	Q^n	$Q^{n+1}=Q^n$ 保持
↓	0	0	0	0	$Q^{n+1}=Q^n$ 保持
↓	0	0	1	1	
↓	0	1	0	1	$Q^{n+1}=1$ 置 1
↓	0	1	1	1	
↓	1	0	0	0	$Q^{n+1}=0$ 置 0
↓	1	0	1	0	
↓	1	1	0	不用	不允许
↓	1	1	1	不用	

在 CP 的下降沿，可以写出主从 RS 触发器的特性方程，即

$$\begin{cases} Q^{n+1} = S + \overline{R}Q^n \\ SR = 0(约束条件) \end{cases}$$

在 CP 的下降沿，可以写出主从 JK 触发器的特性方程，即

$$Q^{n+1} = J\overline{Q^n} + \overline{K}Q^n$$

按照这种动作特点，画波形图变得更简单了。图 4-26 所示是一个主从 RS 触发器的一段波形图。图 4-27 所示是一个主从 JK 触发器的一段波形图。

注意：主从结构的触发器不是边沿触发器，属于时钟触发器，在使用中，需要注意一种特殊情况，在主触发器时钟有效的时间内，如果输入信号上的干扰信号影响了主触发器的输出后，在时钟变成无效前，输入的触发器信号是保持信号，那么这个干扰信号在主触发器上被保持下来，接着进入从触发器有效的时间，会进一步影响从触发器的状态，也就是主触发器上的干扰信号影响了从触发器的状态，即干扰了正常输出。不过也有的电路利用这个缺点进行信号的检测。图 4-27 中第 3 个脉冲下降沿时就发生了这种现象。

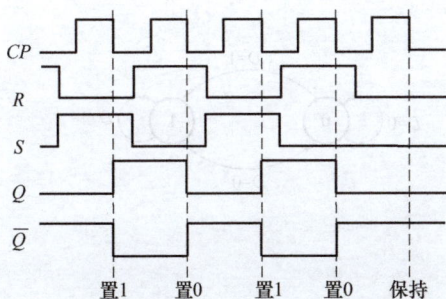

图 4-26　主从 RS 触发器波形图

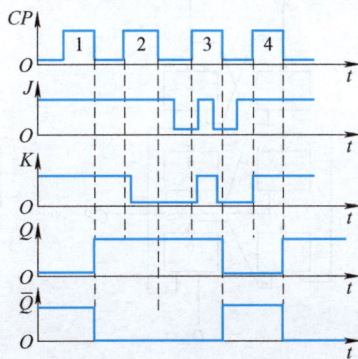

图 4-27　主从 JK 触发器波形图

主从结构的触发器，有的也带有异步置位、复位端，图 4-28 是带有异步置位/复位端的 JK 触发器的逻辑符号。从符号上可以看出 CP 的有效边沿，逻辑符号上 CP 带有小圆圈的是下降沿有效，没有小圆圈的是上升沿有效。

74LS76 和 74LS72 是集成的主从结构 JK 触发器，引脚如图 4-29 所示，它们的时钟都是下降沿有效，异步置位、复位端 $\overline{S_D}$、$\overline{R_D}$ 低电平有效，74LS72 上 $J=J_1 J_2 J_3$，$K=K_1 K_2 K_3$。

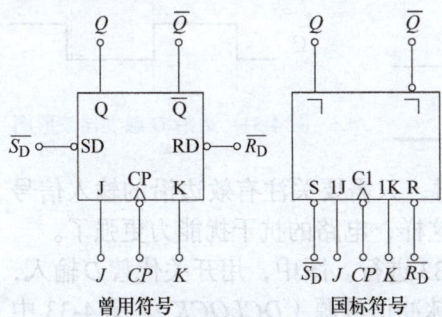

图 4-28　带异步置位/复位端的主从结构
　　　　JK 触发器符号

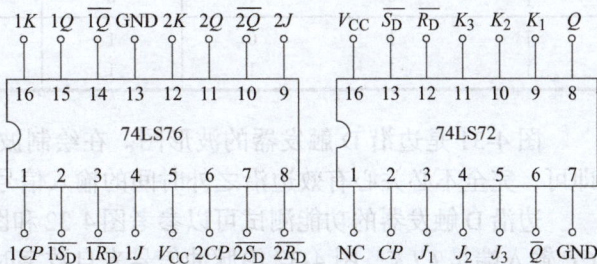

图 4-29　集成主从结构 JK 触发器引脚图

5. 边沿触发器

为了克服 $CP=1$ 期间输入触发信号不许改变的限制，可采用边沿触发方式。

特点：触发器只在时钟跳转时发生翻转，而在 $CP=1$ 或 $CP=0$ 期间，输入端的任何变化都不影响输出。如果翻转发生在上升沿就称为"上升沿触发"或"正边沿触发"。如果翻转发生在下降沿就称为"下降沿触发"或"负边沿触发"。

常用的边沿触发器主要是 JK 触发器、D 触发器，市面上的集成触发器多数是这两种。

（1）边沿 D 触发器　图 4-30 所示是一种维持阻塞边沿 D 触发器的内部原理图和逻辑符号。该触发器的触发方式为：在 CP 脉冲上升沿到来之前接受 D 输入信号，当 CP 从 0 变为 1 时，触发器的输出状态将由 CP 上升沿到来之前一瞬间 D 的状态决定。若 $D=0$，触发器状态为 0；若 $D=1$，触发器状态为 1，故有时称 D 触发器为数字跟随器。由于触发器接收输入信号及状态的翻转均是在 CP 脉冲上升沿前后完成的，故称为边沿触发器。

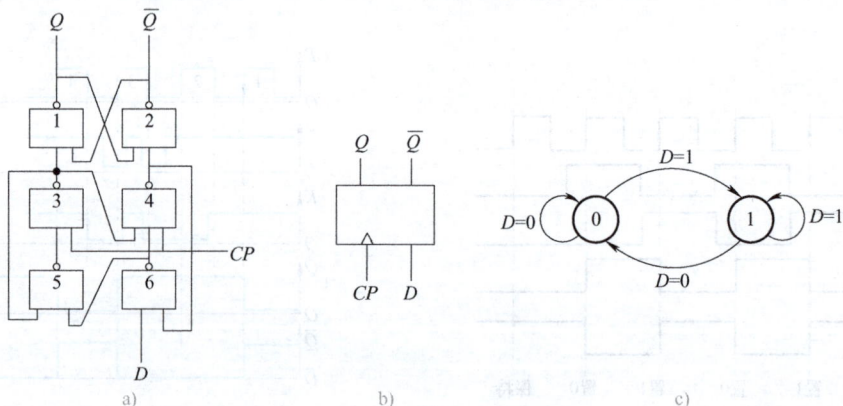

图 4-30　维持阻塞边沿 D 触发器

表 4-9 是边沿 D 触发器的特性表。状态转换图如图 4-30c 所示。其特性方程为

$$Q^{n+1} = D \quad (CP \uparrow)$$

表 4-9　边沿 D 触发器的特性表

P	D	Q^n	Q^{n+1}	功能
×	×	×	Q^n	保持
↑	0	0	0	置 0
↑	0	1	0	
↑	1	0	1	置 1
↑	1	1	1	

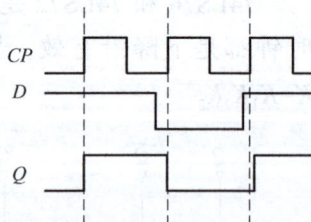

图 4-31　边沿 D 触发器波形图

图 4-31 是边沿 D 触发器的波形图。在绘制波形时，只需要关注有效边沿的输入信号即可，完全不必关心有效边沿之外时间的输入信号。这样，电路的抗干扰能力更强了。

边沿 D 触发器的功能测试可以参考图 4-32 和图 4-33 进行。图中，用开关代替 D 输入，CP 输入端是 CLK，图 4-32 中脉冲信号来自数字时钟脉冲信号源（$DCLOCK$），图 4-33 中脉冲信号来自信号发生器（Signal Generator）。S 端和 R 端分别是异步置位端和复位端，低电平有效，电路中全部接 V_{CC}，读者可以用开关控制这两端，进一步测试其功能。

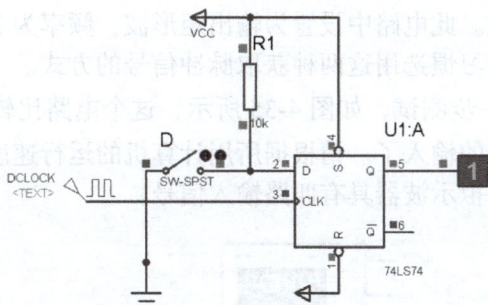

图 4-32 集成 D 触发器的功能测试（*DCLOCK* 提供 *CP*）

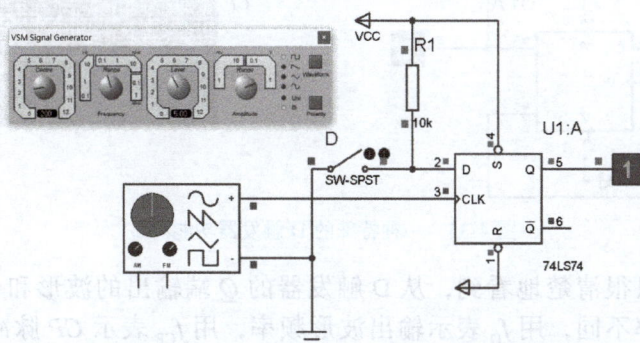

图 4-33 集成 D 触发器的功能测试（Signal Generator 提供 *CP*）

数字时钟脉冲信号源的获取方法：在 Proteus 原理图编辑环境左侧的工具箱中单击激励源模式（Generator Mode）按钮◉，在出现的"GENERATORS"对话框中选择"DCLOCK"，如图 4-34a 所示，即可获得数字时钟脉冲信号源。双击可打开设置面板进行参数设置，如图 4-34b 所示，对话框左上角可以设置发生器名字（Generator Name），在数字类型（Digital Types）框中选择"Clock"，在右上角时钟类型（Clock Type）对话框可选择时钟信号波形，还可设置频率（Frquency）、周期（Period）等。

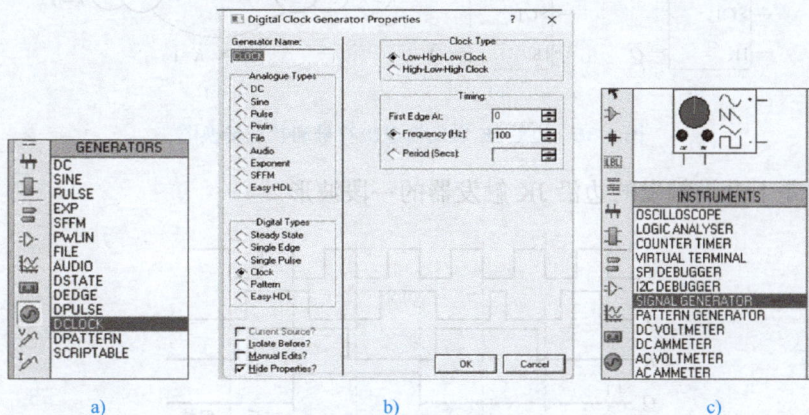

图 4-34 数字信号发生器使用方法

信号发生器（Signal Generator）获取方法：在虚拟仪器工具栏中选择"SIGNAL GENERATOR"即可在绘图区单击获得信号发生器，如图 4-34c 所示。其中，"+"端输出波形信号，"−"端接地。在仿真开始后，会弹出虚拟信号发生器的设置界面，可以在上面设置波形、频率等参数。此电路中设置为输出矩形波，频率为 200Hz。

读者可以根据自己的习惯选用这两种获取脉冲信号的方式。

对 D 触发器可以进一步测试，如图 4-35 所示，这个电路比较特殊的是将 $\overline{Q}$ 反馈给 D 输入端，这样就没有外来的输入了。请根据所用计算机的运行速度适当设置数字时钟脉冲信号频率。图中使用的虚拟示波器具有四路输入信号。

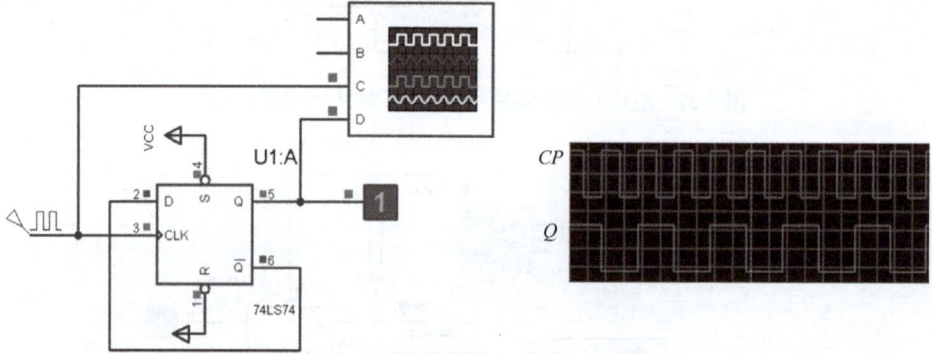

图 4-35　一种特殊的 D 触发器功能测试

分析波形可以很清楚地看到，从 D 触发器的 Q 端输出的波形和 CP 脉冲的波形形状相同，但是频率不同，用 f_Q 表示输出波形频率，用 f_{CP} 表示 CP 脉冲的频率，显然有 $f_Q = f_{CP}/2$，所以，这种电路称为二分频电路。

（2）边沿 JK 触发器　边沿 JK 触发器也是一种常用的触发器。图 4-36 是边沿 JK 触发器的逻辑符号和状态转换图。图 4-36b 所示下降沿触发的边沿触发器的特性表和表 4-8 相同，图 4-36a 的特性表也基本相同，只要将下降沿改成上升沿即可。特性方程为 $Q^{n+1} = J\overline{Q^n} + \overline{K}Q^n$。

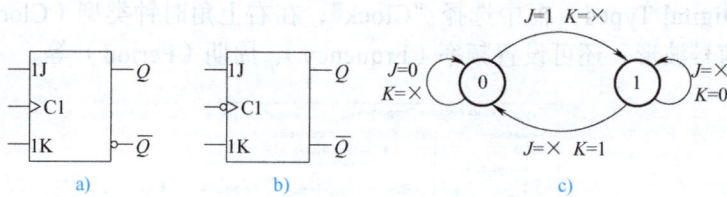

图 4-36　边沿 JK 触发器逻辑符号和状态转换图

图 4-37 是上升沿触发的边沿 JK 触发器的一段波形。

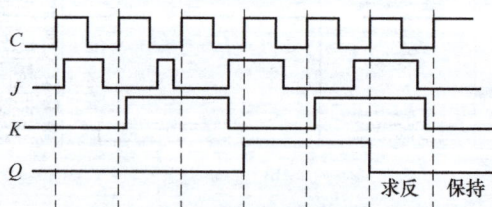

图 4-37　边沿 JK 触发器的波形图

请参考图 4-38，使用 74LS73 来测试边沿 JK 触发器的功能。在图 4-38a 中，当 CLR 键闭合时，对触发器进行异步复位，触发器输出 0，指示灯灭；当 CLR 键打开时，触发器的输出由 J 和 K 来决定。仿真时，CP 的频率要根据计算机的运算速度适当设置，建议设置为 100Hz。当 CP 频率过低时，对 J、K 上的信号变化捕捉能力差，太高时，会造成仿真中大量数据运算，拖慢计算机速度。在图 4-38b 中，将 J、K 两个输入端合二为一，用 T 表示，此时，$J=K=T$。当 T 闭合时，$J=K=0$，此时，如果 CP 接收到下降沿，输出保持不变；如果 T 打开，$J=K=1$，此时，如果 CP 接收到下降沿，输出端翻转。这样，JK 触发器就只有保持和翻转两种功能，变成了一种新的触发器——T 触发器。T 触发器也有时钟结构、主从结构，只要将 JK 触发器的两个触发端连接到一起使用，就是 T 触发器。

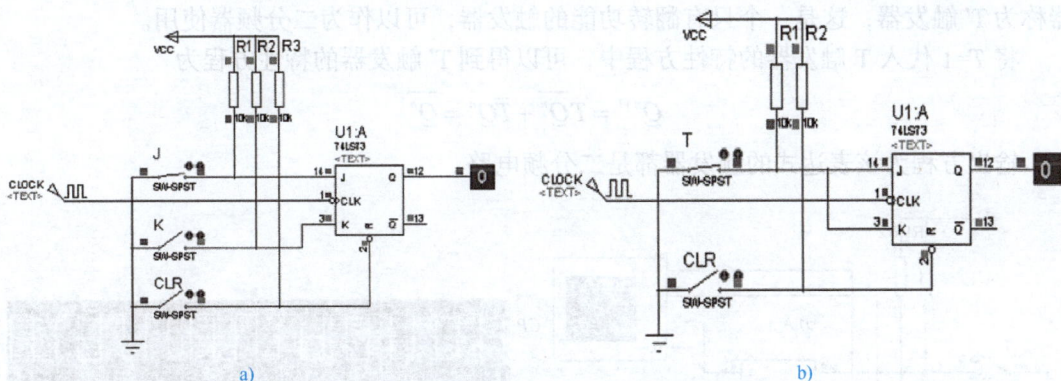

图 4-38　集成 JK 触发器功能测试仿真图

（3）T 触发器　在数字电路中，凡在 CP 时钟脉冲控制下，根据输入信号 T 取值的不同，具有保持和翻转功能的电路，即当 $T=0$ 时能保持状态不变，$T=1$ 时一定翻转的电路，都称为 T 触发器。一般使用 JK 触发器，将 J 和 K 连接到一起来实现 T 触发器，如图 4-39a 所示。图 4-39 是 T 触发器的示意图、逻辑符号和状态转换图。

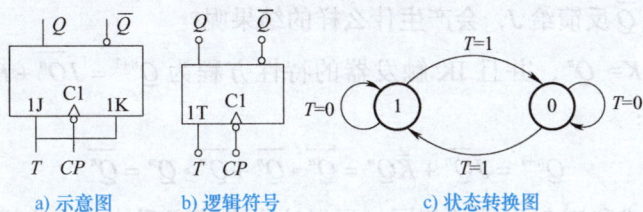

a）示意图　　　b）逻辑符号　　　c）状态转换图

图 4-39　边沿 T 触发器

根据 JK 触发器的功能和特性表可以获得 T 触发器的特性表，见表 4-10，从特性表可以看出，T 触发器只有保持和翻转两个功能。利用它的这个特性可以构成很多实用的电路。图 4-40 所示是下降沿触发边沿 T 触发器的一段波形。

表 4-10　T 触发器特性表

T	Q^n	Q^{n+1}	$\overline{Q^{n+1}}$	功能
0	0	0	1	保持
0	1	1	0	
1	0	1	0	求反
1	1	0	1	

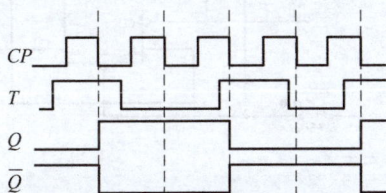

图 4-40　下降沿触发边沿 T 触发器的波形

将 $J=K=T$ 代入 JK 触发器的特性方程 $Q^{n+1} = J\overline{Q^n} + \overline{K}Q^n$ 中，可以得到 T 触发器的特性方程为

$$Q^{n+1} = T\overline{Q^n} + \overline{T}Q^n = T \oplus Q^n$$

图 4-41a 是将 JK 触发器接成 T 触发器来使用的，给电路加上示波器来显示 CP、T、Q 的波形，其工作波形如图 4-41b 所示。从上到下依次是 CP、T、Q 的波形。$T=1$，Q 的波形是周期性的矩形波，其频率是 CP 的 $1/2$，显然这是一个二分频电路。将 $T=1$ 的触发器称为 T′ 触发器，这是一个只有翻转功能的触发器，可以作为二分频器使用。

将 $T=1$ 代入 T 触发器的特性方程中，可以得到 T′ 触发器的特性方程为

$$Q^{n+1} = T\overline{Q^n} + \overline{T}Q^n = \overline{Q^n}$$

输出方程为该表达式的触发器都是二分频电路。

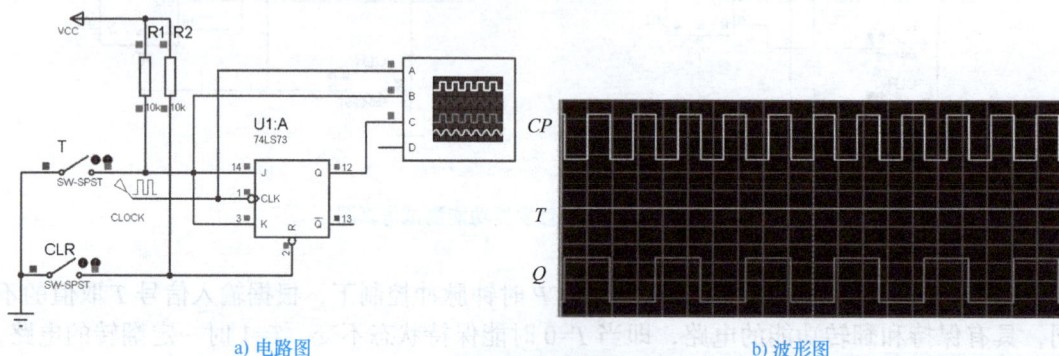

a) 电路图   b) 波形图

图 4-41　T 触发器功能测试图

（4）进一步的功能测试　如果将 JK 触发器按照图 4-42a 所示的连接方式进行连接：将 Q 反馈给 K，将 $\overline{Q}$ 反馈给 J，会产生什么样的结果呢？

因为 $J= \overline{Q^n}$，$K= Q^n$，并且 JK 触发器的特性方程为 $Q^{n+1} = J\overline{Q^n} + \overline{K}Q^n$，所以可以得到下面的逻辑运算：

$$Q^{n+1} = J\overline{Q^n} + \overline{K}Q^n = \overline{Q^n} \cdot \overline{Q^n} + \overline{Q^n} \cdot Q^n = \overline{Q^n}$$

因为这个表达式和 T′ 触发器的相同，所以这个电路实现的是二分频功能。从图 4-42b 所示的示波器波形上分析，可以得到相同的结论。

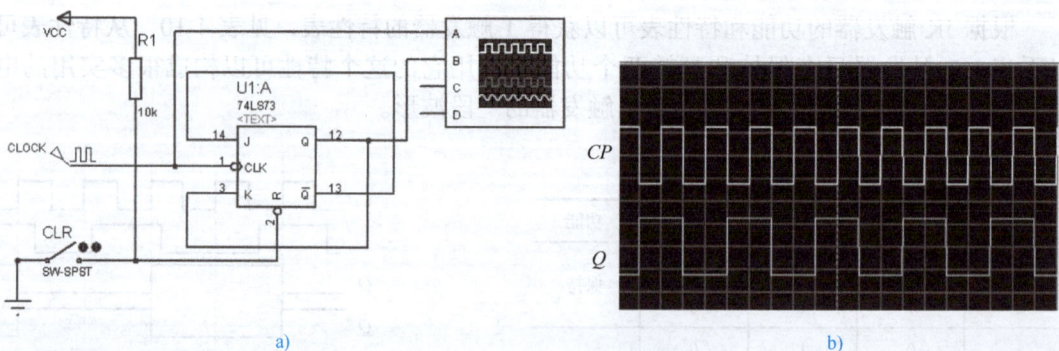

a)   b)

图 4-42　集成 JK 触发器功能测试图

二分频电路可以进行级联，如图 4-43 所示，将两个边沿 JK 触发器构成 T′ 触发器进行级联，让第一个触发器的输出 Q_0 作为第二个触发器的 CP 使用，这样第二个触发器的输出 Q_1 就是 Q_0 的二分频。Q_1 就是时钟脉冲信号 CP 的四分频信号。

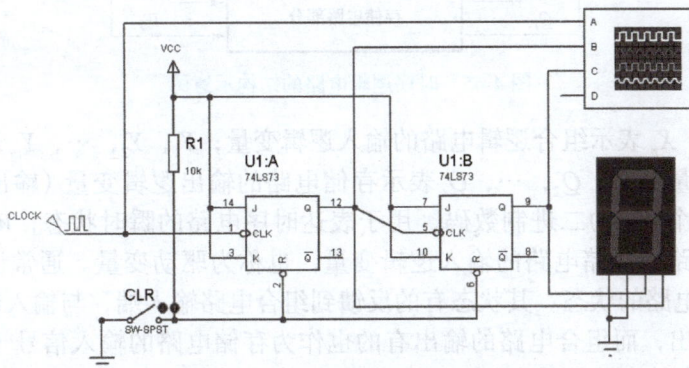

图 4-43　二分频电路的级联图

在图 4-43 所示电路中，使用了七段 LED 数码管和四通道示波器进行输出状态（信号）的显示，请认真做这个电路的仿真，仔细分析各种显示器显示的结果。图 4-44 所示波形是四通道示波器显示的电路工作波形，自上而下三个波形依次是 CP、Q_0、Q_1，可以看出周期是 1:2:4，频率就是 4:2:1，Q_0 是 CP 的二分频信号，Q_1 是 CP 的四分频信号。如果一次读出 Q_1Q_0 的信号，可以得到 $00 \rightarrow 01 \rightarrow 10 \rightarrow 11 \rightarrow 00$ 四个状态在循环，并且每个状态存在的时间都是 CP 的一个周期，从数码管的显示来看，依次显示 $0 \rightarrow 1 \rightarrow 2 \rightarrow 3$，这个就是四进制计数器。按照这个规律扩展下去，读者可以自行设计八进制、十六进制、2^N 进制电路并进行仿真。

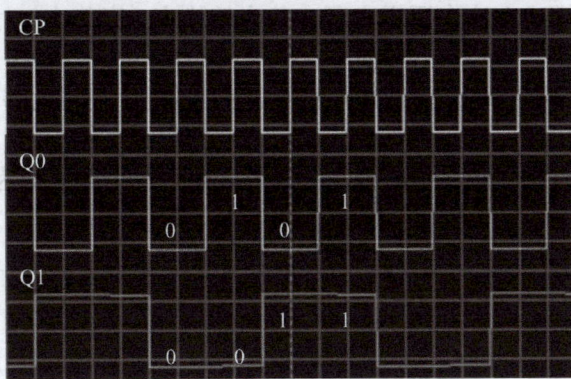

图 4-44　二分频级联电路的工作波形

4.2.3　时序逻辑电路的特点与分析方法

1. 时序逻辑电路的特点

通常，将时序逻辑电路简称为时序电路，它由组合逻辑电路（简称组合电路）和存储电路两部分构成，其一般结构如图 4-45 所示。

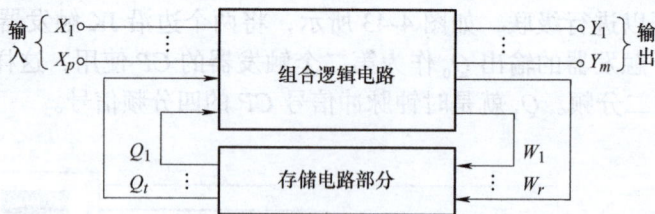

图 4-45 时序逻辑电路的结构示意图

X_1，X_2，$\cdots$，X_p 表示组合逻辑电路的输入逻辑变量；Y_1，Y_2，$\cdots$，Y_m 表示组合逻辑电路的输出逻辑变量，Q_1，Q_2，$\cdots$，Q_t 表示存储电路的输出逻辑变量（输出状态），这 t 个逻辑变量构成一个 t 位的二进制数码，用于表达时序电路的瞬时状态，W_1，W_2，$\cdots$，W_r 表示组合逻辑电路向存储电路的输入逻辑变量，也称为驱动变量。通常说时序电路的状态，都是指存储电路的状态。其状态有的反馈到组合电路输入端，与输入信号一起共同决定组合电路的输出，而组合电路的输出有的也作为存储电路的输入信号（驱动变量），以便决定下一时刻存储电路的状态。

时序逻辑电路根据各个触发器状态转换的不同，可分为同步时序逻辑电路和异步时序逻辑电路。同步时序逻辑电路中各个触发器的时钟端相同，即各个触发器的状态转换是同一时刻；异步时序逻辑电路中所有触发器的时钟端不完全相同，即各个触发器状态的状态转换不全在同一时刻。

时序逻辑电路按逻辑功能的不同可分为计数器、寄存器、时序信号发生器等。

2. 时序逻辑电路的分析方法

（1）时序逻辑电路功能的描述方法　时序逻辑电路功能的描述有多种方法，图 4-45 是时序逻辑电路的一般形式，其中，$X_1 \sim X_p$ 是组合逻辑电路部分的输入量，$Y_1 \sim Y_m$ 是组合逻辑电路部分的输出量，$W_1 \sim W_r$ 是给触发器的输入量，称为驱动量，$Q_1 \sim Q_t$ 是触发器的输出量，称为状态量。

时序逻辑电路的描述方法有逻辑方程、状态转换表（真值表）、逻辑状态转换图、波形图四种。

1）逻辑方程。逻辑方程就是用数学逻辑表达式将时序逻辑电路中出现的各种逻辑变量表示出来。

① 时钟方程：是指每个触发器的时钟脉冲的表达式，一般形式为

$$CP_i = E[Q_i, CP]$$

② 驱动方程：是指每个触发器输入端的表达式，一般形式为

$$W(t_n) = F[X(t_n), Q(t_n)]$$

③ 状态方程：是指每个触发器输出端的表达式，是由驱动方程代入到该触发器的特性方程得到的，一般形式为

$$Q(t_{n+1}) = G[Q(t_n), W(t_n)]$$

④ 输出方程：是指电路中组合逻辑电路的输出端表达式，这个不是必需的，有的电路中没有组合逻辑部分输出量，也没有输出方程，一般形式为

$$Y(t_n) = H[X(t_n), Q(t_n)]$$

2）状态转换表。状态转换表反映时序电路输出次态与输入、现态之间的取值关系的表格，也是时序逻辑电路的真值表。

3）逻辑状态转换图。逻辑状态转换图是反映时序电路状态转换规律及输入、输出取值的几何图形，简称状态转换图、状态图。

4）波形图。用波形图表达输入、输出、电路状态在时间上的对应关系，也称为时序图。

（2）时序逻辑电路的分析方法　时序逻辑电路的分析步骤如下。

1）写方程：根据给定电路写出时钟方程、驱动方程和输出方程。

2）求解次态方程：将驱动方程代入相应触发器的状态方程，得出各触发器的最简次态方程，即状态方程。

3）求次态：将电路的输入和现态的所有取值组合代入状态方程和输出方程，计算出相应的次态和输出。

4）画图表：根据计算结果画出状态转换真值表，状态图或时序图。

5）得结论：用文字说明该时序逻辑电路的逻辑功能。

【例 4-1】请分析图 4-46 所示电路的逻辑功能。

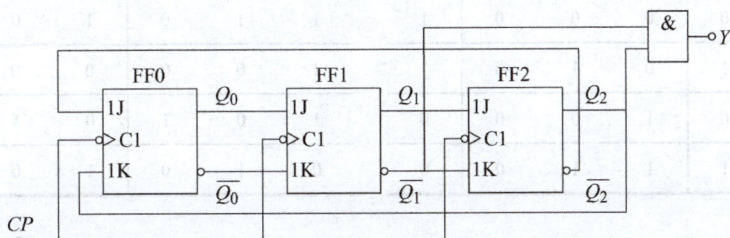

图 4-46　例 4-1 电路图

解：

（1）写各触发器的时钟方程、驱动方程及电路输出方程。

时钟方程：
$$CP_2 = CP_1 = CP_0 = CP$$

驱动方程：
$$\begin{cases} J_2 = Q_1^n & K_2 = \overline{Q_1^n} \\ J_1 = Q_0^n & K_1 = \overline{Q_0^n} \\ J_0 = \overline{Q_2^n} & K_0 = Q_2^n \end{cases}$$

输出方程：
$$Y = \overline{Q_1^n} Q_2^n$$

（2）写出状态方程。将驱动方程代入到 JK 触发器的特性方程 $Q^{n+1} = J\overline{Q^n} + \overline{K}Q^n$ 中，得到状态方程：

$$\begin{cases} Q_2^{n+1} = J_2\overline{Q_2^n} + \overline{K_2}Q_2^n = Q_1^n\overline{Q_2^n} + Q_1^nQ_2^n = Q_1^n \\ Q_1^{n+1} = J_1\overline{Q_1^n} + \overline{K_1}Q_1^n = Q_0^n\overline{Q_1^n} + Q_0^nQ_1^n = Q_0^n \\ Q_0^{n+1} = J_0\overline{Q_0^n} + \overline{K_0}Q_0^n = \overline{Q_2^n}\overline{Q_0^n} + \overline{Q_2^n}Q_0^n = \overline{Q_2^n} \end{cases}$$

（3）求各触发器的次态和电路输出，列状态转换表、画状态转换图及时序图。根据已经求出的状态方程和输出方程求解触发器的次态，设定初始状态为 0，代入状态方程，即可得到次态的输出逻辑值，然后再将这个逻辑值作为初态代入状态方程求下一个次态，一直重复进行，直到状态出现循环为止。表 4-11 是状态转换表。状态转换表有多种形式，表 4-11 是按照二进制的顺序设置初态，求解次态；表 4-12 以上次的次态作为初态求解次态；还可以列成表 4-13 的形式。读者可以根据个人的喜好任选一种使用，在分析电路时建议使用表 4-13。

表 4-11 图 4-46 的状态转换表 1

现态			次态			输出
Q_2^n	Q_1^n	Q_0^n	Q_2^{n+1}	Q_1^{n+1}	Q_0^{n+1}	Y
0	0	0	0	0	1	0
0	0	1	0	1	1	0
0	1	0	1	0	1	0
0	1	1	1	1	1	0
1	0	0	0	0	0	1
1	0	1	0	1	0	1
1	1	0	1	0	0	0
1	1	1	1	1	0	0

表 4-12 图 4-46 的状态转换表 2

现态			次态			输出
Q_2^n	Q_1^n	Q_0^n	Q_2^{n+1}	Q_1^{n+1}	Q_0^{n+1}	Y
0	0	0	0	0	1	0
0	0	1	0	1	1	0
0	1	1	1	1	1	0
1	1	1	1	1	0	0
1	1	0	1	0	0	0
1	0	0	0	0	0	1
1	0	1	0	1	0	1
0	1	0	1	0	1	0

表 4-13 图 4-46 的状态转换表 3

CP 顺序	状态			输出
	Q_2	Q_1	Q_0	Y
0	0	0	0	0
1	0	0	1	0
2	0	1	1	0
3	1	1	1	0
4	1	1	0	0
5	1	0	0	1
6	0	0	0	0
0	1	0	1	1
1	0	1	0	0
2	1	0	1	1

由表 4-13 很容易看出，这个电路有两个状态循环，第一个循环中有 6 个状态，第二个循环中有两个状态。如规定第一个循环是有效循环，则第二个是无效循环，如果电路的输出状态能自动从无效循环跳入有效循环中，则称该电路能够自启动，否则称该电路不能自启动。图 4-47 是该电路的状态转换图。

状态转换图要有图例，说明状态转换图中各逻辑值的意义，本图中逻辑状态的书写顺序是 $Q_2Q_1Q_0$，箭头上的数字表示 Y，箭头表示状态发生变化的方向。

例题中电路的波形图如图 4-48 所示。

排列顺序：

$$\frac{Q_2^n Q_1^n Q_0^n}{\quad} / Y$$

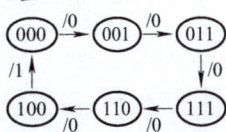

a) 有效循环

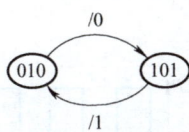

b) 无效循环

图 4-47　电路的状态转换图

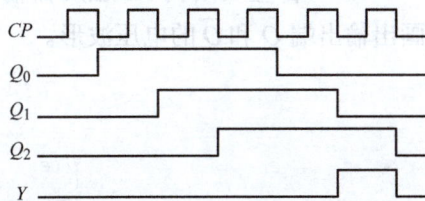

图 4-48　波形图

（4）说明电路功能。该电路有效循环的 6 个状态分别是 0 ～ 5 这 6 个十进制数字的格雷码，并且在时钟脉冲 CP 的作用下，这 6 个状态是按递增规律变化的，即

$$000 \rightarrow 001 \rightarrow 011 \rightarrow 111 \rightarrow 110 \rightarrow 100 \rightarrow 000 \rightarrow \cdots$$

所以这是一个用格雷码表示的六进制同步加法计数器。当对第 6 个脉冲计数时，计数器又重新从 000 开始计数，并产生输出 $Y=1$。该电路不能自启动。

巩固与提高

1. 知识巩固

1-1　基本 RS 触发器和时钟 RS 触发器在电路结构上的不同是_____，在动作特点上的不同是_____。

1-2　触发器按逻辑功能的不同分为_____、_____、_____、_____。按照触发器使用器件的不同，又将触发器分为_____集成触发器和_____集成触发器两种。

1-3　JK 触发器具有_____、_____、_____、_____四种功能；D 触发器有_____、_____ 和 _____ 三 种 功 能；RS 触 发 器 具 有_____、_____、_____功能，但是 RS 触发器有_____的不利之处；边沿 T 触发器的功能有_____和_____，当它的 $T=1$ 时，称为_____触发器，具有_____功能。

1-4　将 RS 触发器的 S 端信号求反后接入 R 端，可以实现_____触发器的功能；将 JK 触发器的 J 端信号求反后接入 K 端，可以实现_____触发器的功能；将 JK 触发器的 J 端和 K 端短接到一起，可以实现_____触发器的功能。

1-5　在时钟触发器和边沿触发器中，$\overline{S}_D$、$\overline{R}_D$ 端的作用分别是_____和_____。

1-6　在图 4-49a 所示的 D 触发器电路中，若输入端 D 的电压波形如图 4-49b 所示，试画出输出端 Q 和 $\overline{Q}$ 的电压波形。设触发器的初始状态为 $Q=0$。

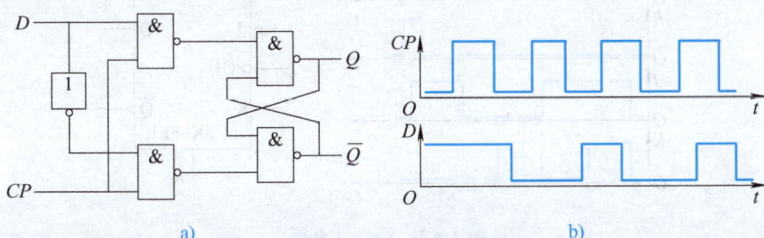

a)　　　　　　　　　　　　b)

图 4-49　练习 1-6 图

1-7 若主从结构 JK 触发器输入端 J、K、RD 和 CP 的电压波形如图 4-50 所示，试画出输出端 Q 和 $\overline{Q}$ 的电压波形。

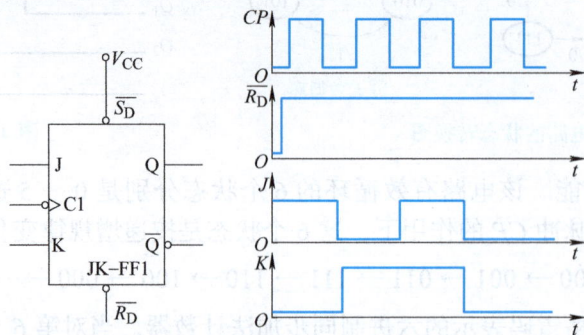

图 4-50 练习 1-7 图

1-8 在主从结构 JK 触发器电路中，输入端 J、K、$\overline{R_D}$ 和 CP 的电压波形如图 4-51 所示，试画出输出端 Q 和 $\overline{Q}$ 的电压波形。

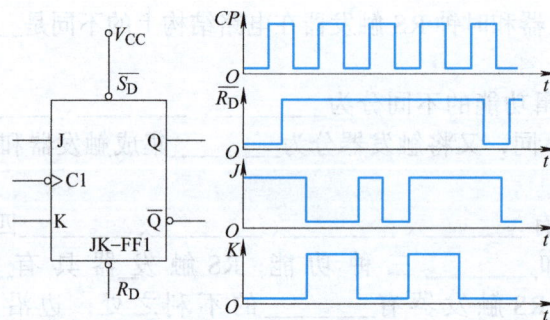

图 4-51 练习 1-8 图

1-9 若 CMOS 边沿触发的 JK 触发器输入端 J、K、S 和 R 的电压波形如图 4-52 所示，试画出输出端 Q 和 $\overline{Q}$ 电压波形。

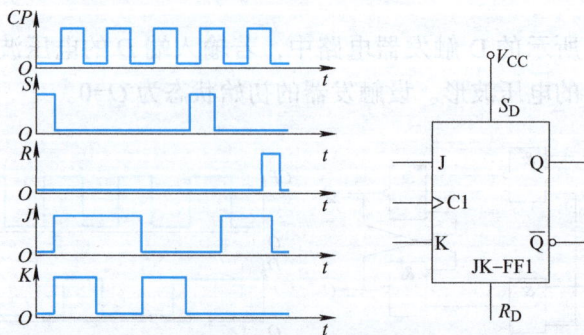

图 4-52 练习 1-9 图

1-10　图 4-53 是用两个 CMOS 边沿触发器构成的信号调制电路。已知输入信号 T 的电压波形如图 4-53 所示，试画出 Q_1、Q_2 端的电压波形。

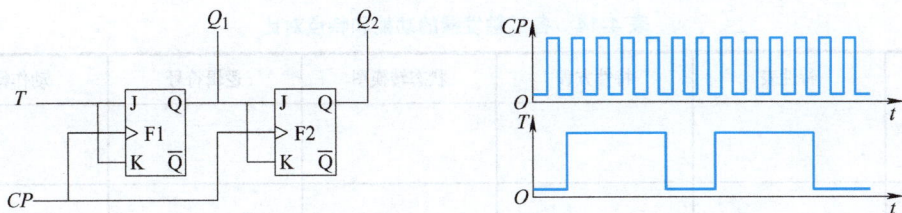

图 4-53　练习 1-10 图

1-11　在图 4-54 电路中，已知 F1、F2、F3 均为维持阻塞结构 D 触发器，试画出在图示 $\overline{R_D}$ 及 CP 信号作用下 Q_1、Q_2、Q_3 的电压波形，并说明这三个电压信号的频率之比是多少。

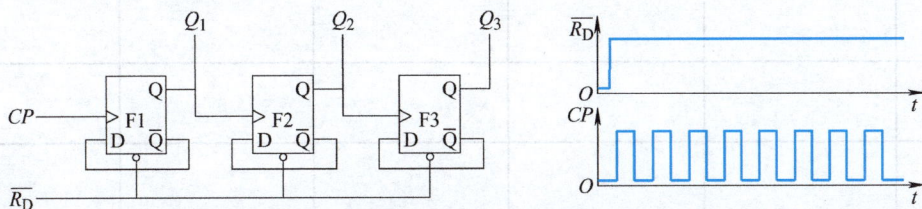

图 4-54　练习 1-11 图

1-12　时序电路由_____电路和_____电路两部分构成，其中_____电路可以没有，但是_____电路必须要有，并且必有部分的最简单电路是一个_____。

1-13　一个完整的时序逻辑电路，其中的组合电路输入的变量称为_____；逻辑电路部分输出的逻辑量称为_____；触发器部分的输入量称为_____；触发器的输出量称为_____；因此，描述时序逻辑电路的方程有_____、_____、_____。

1-14　时序逻辑电路根据各个触发器状态转换的不同，可分为_____时序逻辑电路和_____时序逻辑电路；按逻辑功能的不同可分为_____、_____、时序信号发生器等。

1-15　描述时序逻辑电路的方式有_____、_____、_____、_____。

1-16　时序逻辑电路的输出状态能从无效循环自动跳入到有效循环中，则称该电路_____自启动；否则，称_____自启动。

1-17　分析图 4-55 电路的逻辑功能，检查电路能否自启动，说明电路的功能。

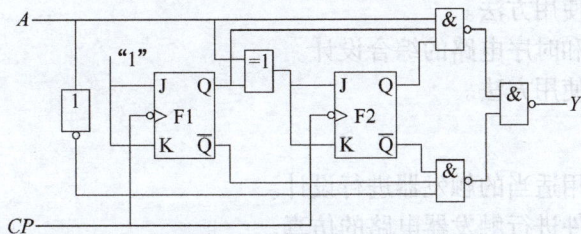

图 4-55　练习 1-17 图

2. 能力提高

2-1　请填写表 4-14，总结各类触发器的功能和特点。

表 4-14　各类触发器的功能和特点对比

类型	特性表	特性方程	状态转换图	逻辑符号	动作特点
基本 RS 触发器					
时钟 RS 触发器					
时钟 D 触发器					
时钟 JK 触发器					
时钟 T 触发器					
边沿 JK 触发器					
边沿 D 触发器					
边沿 T 触发器					

2-2　请将四分频电路仿真的情况写成一篇技术文档，详细阐述仿真的原理、电路工作情况、仿真的结果和结论，将仿真过程中的重要图形进行截图，作为插图融入文章中。

任务 4.3　四人竞赛抢答器的设计、仿真与制作

任务要求

请根据已学习的各类触发器的工作特性与功能，按照本项目的设计要求，利用集成触发器完成抢答器的电路设计，并进行仿真测试、制作电路。如果有能力，请改进设计，当某队首先抢答时，用一个数码管显示队号。

知识目标：

1. 集成触发器的使用方法。
2. 组合逻辑电路和时序电路的综合设计。
3. 逻辑分析仪的使用方法。

能力目标：

1. 能根据需要选用适当的触发器进行设计。
2. 能使用仿真软件进行触发器电路的仿真。
3. 能正确使用逻辑分析仪或示波器进行数字信号分析。

实践建议

教师指导学生根据设计需要选用集成触发器并进行电路设计、仿真，购买元器件进行电路制作。

知识与操作

4.3.1　电路设计框图

从设计要求分析出电路的功能和实现这些功能使用的电路单元。裁判控制键和抢答按键构成电路的输入部分，主电路是能鉴别出第一个按下按钮的信号并对其他按下按钮的信号进行屏蔽的信号鉴别与屏蔽电路，还有显示电路和声响电路，提升设计，需要一个数码显示电路及其控制电路。电路的整体框图如图 4-56 所示。

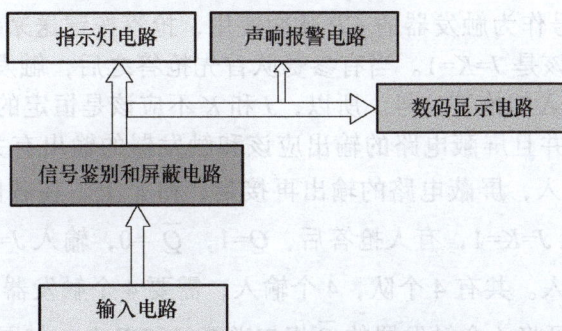

图 4-56　抢答器电路的整体框图

设计要求使用集成触发器完成，市面上边沿 D 触发器和 JK 触发器很多，设计中选用边沿 D 触发器和 JK 触发器都可以。此处选用有异步复位端的下降沿触发器的 74LS73JK 触发器进行设计。

4.3.2　电路各部分的设计、仿真与制作

1. 按键输入部分设计

输入电路包括裁判控制按键和 4 个队的抢答键，裁判控制按键起到复位的作用，按照设计要求，裁判控制按键按下后，起到的作用是触发器复位，使得亮起的指示灯灭掉，显示队号的数码管显示 0 或灭掉。74LS73 上的异步复位端是低电平有效，所以裁判控制按键常态是高电平，按下是低电平，如图 4-57a 所示。

抢答键按下后，会使对应的触发器置位，并能封锁其他队的按键信号，也封锁自己队再次输入的信号，避免二次按下引起的报警现象。对输入信号的封锁可从两方面来设计：一是使触发器进入保持状态，抢答按键作为 CP 信号使用；二是抢答键输入的信号作为 J 或 K 信号，CP 信号在复位之前不再有下降沿，也使触发器保持状态不变。先采用第一种做法，需要在按下抢答键时产生一个下降沿，常态也是高电平，如图 4-57b 所示。

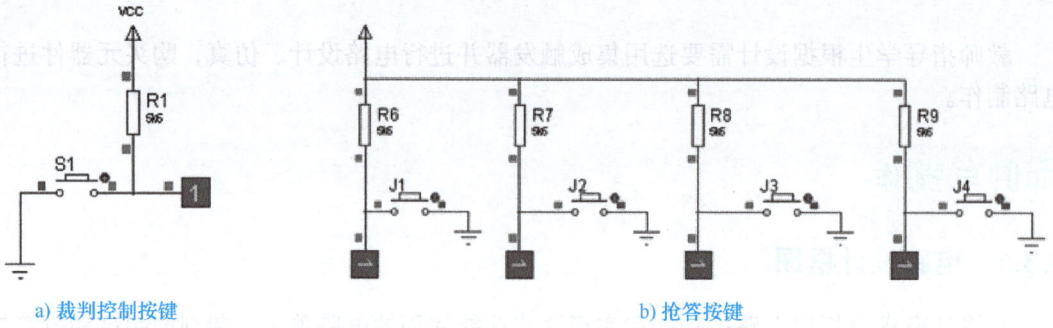

a) 裁判控制按键 b) 抢答按键

图 4-57　电路的输入部分仿真电路

2. 信号鉴别和屏蔽部分设计

在裁判按复位键后触发器被复位变成 0，要识别抢答的信号，触发器就得翻转为输出 1，现确定抢答信号作为触发器的 CP 脉冲使用，抢答按键送来的下降沿使触发器翻转，触发器的输入应该是 $J=K=1$。当有参赛队首先抢答之后，触发器要变成保持状态，则 $J=K=0$ 屏蔽再次输入的抢答信号。所以，J 和 K 不应该是恒定的 1 或者 0，应该是受到屏蔽电路控制的，并且屏蔽电路的输出应该和触发器的输出有关，这样可以用 Q 或 $\overline{Q}$ 作为屏蔽电路的输入，屏蔽电路的输出再接到 J 和 K 上。在各队抢答前，触发器输出 $Q=0$，$\overline{Q}=1$，输入 $J=K=1$，有人抢答后，$Q=1$，$\overline{Q}=0$，输入 $J=K=0$，因此可以使用 $\overline{Q}$ 作为屏蔽电路的输入。共有 4 个队，4 个输入，需要 4 个触发器，每个触发器的工作原理是相同的，所以可将 4 个触发器的 $\overline{Q}$ 相与送至 J 和 K 上，如图 4-58 所示，图中 Q' 表示 $\overline{Q}$。

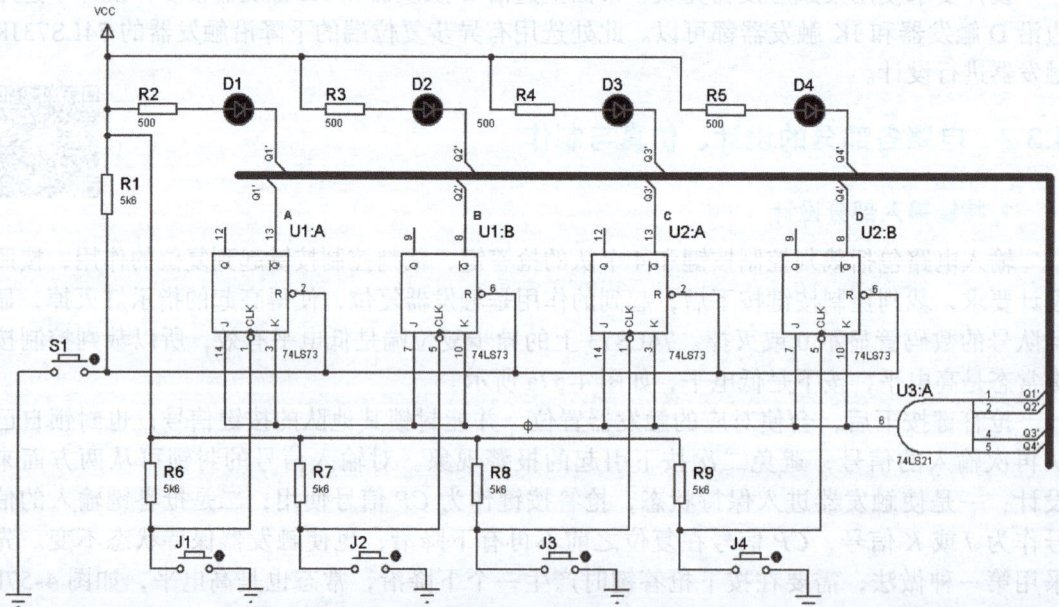

图 4-58　四路抢答器的仿真电路设计图

在图 4-58 中，用四输入与门 74LS21 实现屏蔽电路，在抢答前，4 个输入来自 4 个触发器，即 $\overline{Q}$ =1，与门输出 1 送至 4 个触发器的 J、K 端，在抢答后，如 J1 先抢答，使第一个触发器翻转，$\overline{Q}$ 成为 0，则与门输出 0，将 4 个触发器的输入都变成 0，即便再有 CP 下降沿输入，也是保持状态，输出端状态不变。

3. 指示灯部分设计

用 LED 充当指示灯，由于 LED 的阴极接到 $\overline{Q}$，没有抢答时 $\overline{Q}$ =1，灯不亮，当 $\overline{Q}$ =0 时，灯亮，所以 LED 的阳极应该是接高电平，设计如图 4-58 所示。

4. 声音报警电路设计

设计中可以用蜂鸣器作为发声部件，蜂鸣器是一种一体化结构的电子音响器，采用直流电压供电，广泛应用于计算机、打印机、复印机、报警器、电子玩具、汽车电子设备、电话机、定时器等电子产品中作发声器件。蜂鸣器主要分为压电式蜂鸣器和电磁式蜂鸣器两种类型。蜂鸣器在电路中用字母 "H" 或 "HA"（旧标准用 "FM" "LB" "JD" 等）表示。图 4-59 是一个蜂鸣器的实用电路和外观图。

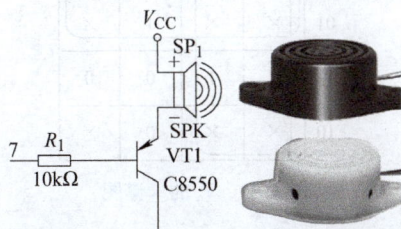

图 4-59　一个蜂鸣器的电路和外观

在本设计中，可以用触发器输出端控制图 4-59 中晶体管的基极，抢答需要发声时，给基极 500Hz 的方波信号。如图 4-60 所示，图中 U3：B 与门和 U3：A 在同一个集成块上，这里不必再增加使用两输入端的与门。

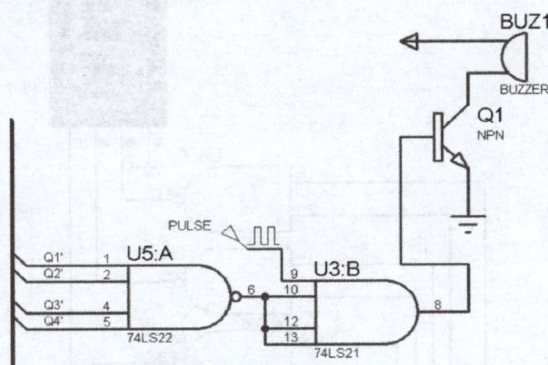

图 4-60　声音报警电路仿真图

5. 数码显示电路

要根据抢答情况显示队号，可以设计一个由抢答的逻辑状态到 8421BCD 码的转换电路。用 A、B、C、D 分别表示第一、二、三、四队对应的 JK 触发器（U1A、U1B、U2A、U2B）的输出 $\overline{Q}$，用 Y_3、Y_2、Y_1、Y_0 分别代表 8421BCD 码的 4 个位，根据这个设计要求，可以列出这部分电路的真值表，见表 4-15。显然，这里只会出现 5 种情况，其他不出现的可以作为无关项来处理，采用卡诺图化简。图 4-61 是 Y_0 的卡诺图。

表 4-15 数码显示电路真值表

A	B	C	D	Y_3	Y_2	Y_1	Y_0	说明
0	1	1	1	0	0	0	1	第一队抢答
1	0	1	1	0	0	1	0	第二队抢答
1	1	0	1	0	0	1	1	第三队抢答
1	1	1	0	0	1	0	0	第四队抢答
1	1	1	1	0	0	0	0	无抢答

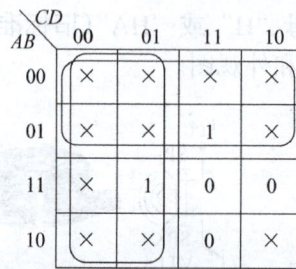

图 4-61　Y_0 的卡诺图

由卡诺图可以直接写出 Y_0 的表达式：$Y_0 = \overline{AC}$。

同理可以写出其他表达式：$Y_1 = \overline{BC}$；$Y_2 = \overline{D}$；$Y_3 = 0$。

画出电路，如图 4-62 所示。

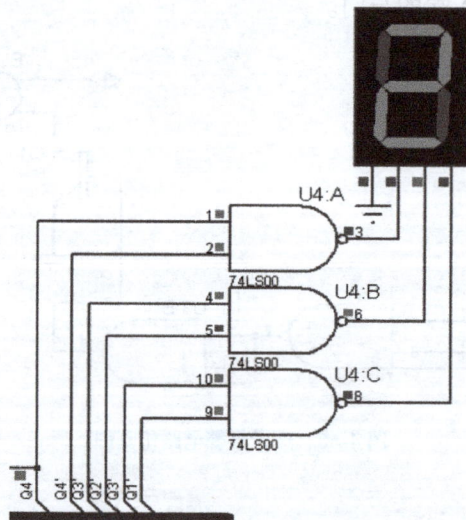

图 4-62　数码显示部分仿真电路

四人抢答器的完整仿真电路如图 4-63 所示。这只是一种设计参考，请读者自己思考，设计出不同的电路来。

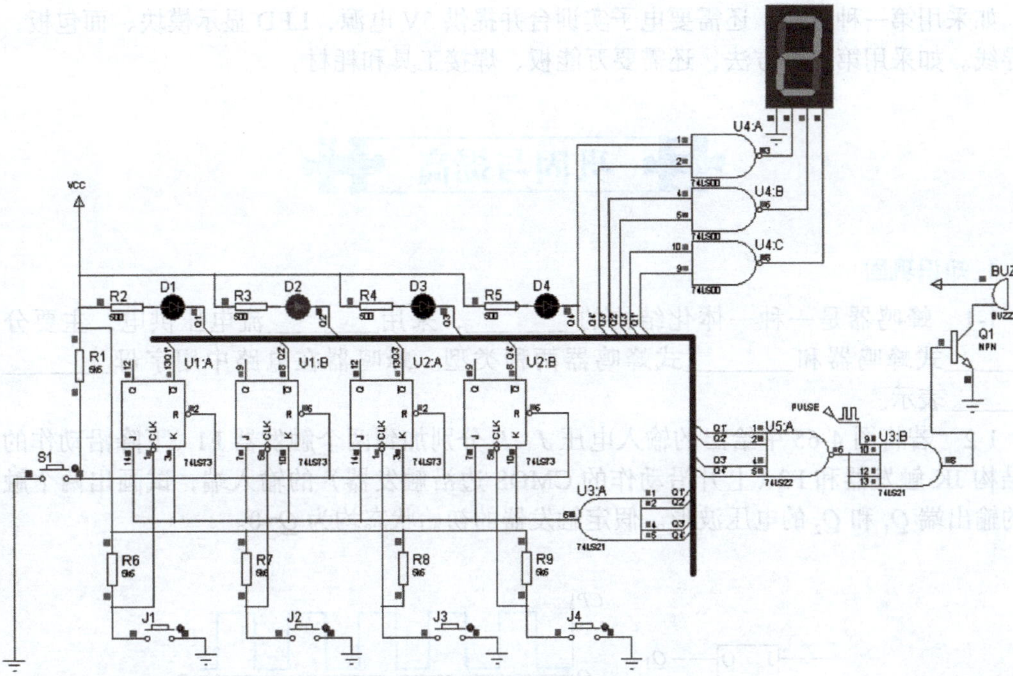

图 4-63　四人抢答器完整仿真电路

6. 电路的制作

请根据自己的情况购买电路元器件，完成电路的制作并相互展示和交流。

进行电路制作可采用以下两种方法：

1）在实训台上完成。

2）在实训室用万能板焊接完成，需要的元器件清单如图 4-64 所示。

数量	位号	值	库存代码	单位成本
0 模块				
数量	位号	值	库存代码	单位成本
小计:				¥0.00
0 电容				
数量	位号	值	库存代码	单位成本
小计:				¥0.00
9 电阻				
数量	位号	值	库存代码	单位成本
5	R1,R6-R9	5k6		
4	R2-R5	500		
小计:				¥0.00
5 集成电路				
数量	位号	值	库存代码	单位成本
2	U1-U2	74LS73		
1	U3	74LS21		
1	U4	74LS00		
1	U5	74LS22		
小计:				¥0.00
1 晶体管				
数量	位号	值	库存代码	单位成本
1	Q1	NPN		
小计:				¥0.00
4 二极管				
数量	位号	值	库存代码	单位成本
4	D1-D4			
小计:				¥0.00
6 杂项				
数量	位号	值	库存代码	单位成本
1	BUZ1	BUZZER		
5	J1-J4,S1			

图 4-64　四路抢答器电路的基本元器件列表

　　如采用第一种方法，还需要电子实训台并提供 5V 电源，LED 显示模块、面包板、连接导线。如采用第二种方法，还需要万能板、焊接工具和耗材。

🧩 巩固与提高 🧩

1. 知识巩固

1-1　蜂鸣器是一种一体化结构的_____，采用_____流电压供电，主要分为_____式蜂鸣器和_____式蜂鸣器两种类型。蜂鸣器在电路中用字母_____或_____表示。

1-2　若将图 4-65 中给出的输入电压 J、K 分别加到两个触发器 F1（下降沿动作的主从结构 JK 触发器和 F2（上升沿动作的 CMOS 边沿触发器）的输入端，试画出两个触发器的输出端 Q_1 和 Q_2 的电压波形。假定触发器的初始状态均为 $Q=0$。

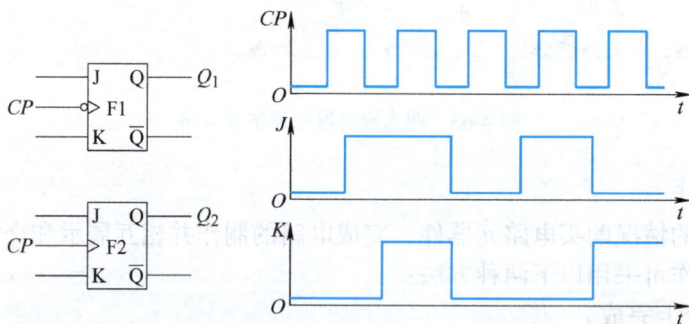

图 4-65　练习 1-2 图

2. 能力提高

2-1　请采取和参考电路不同的方案进行四人抢答器电路的设计，如采用 D 触发器设计、采用按键输入信号作触发输入信号设计等。将设计的框图、各部分的设计思路、各部分的调试及整机仿真调试和电路制作进行详细阐述，完成项目报告。

2-2　请比较图 4-66 中抢答器仿真电路和本项目设计的抢答器的异同（图中二极管均采用 1N4148）。

🧩 项目考核与评价 🧩

　　请参考项目一"项目考核与评价"内容，根据实际学习过程情况开展考核与评价。

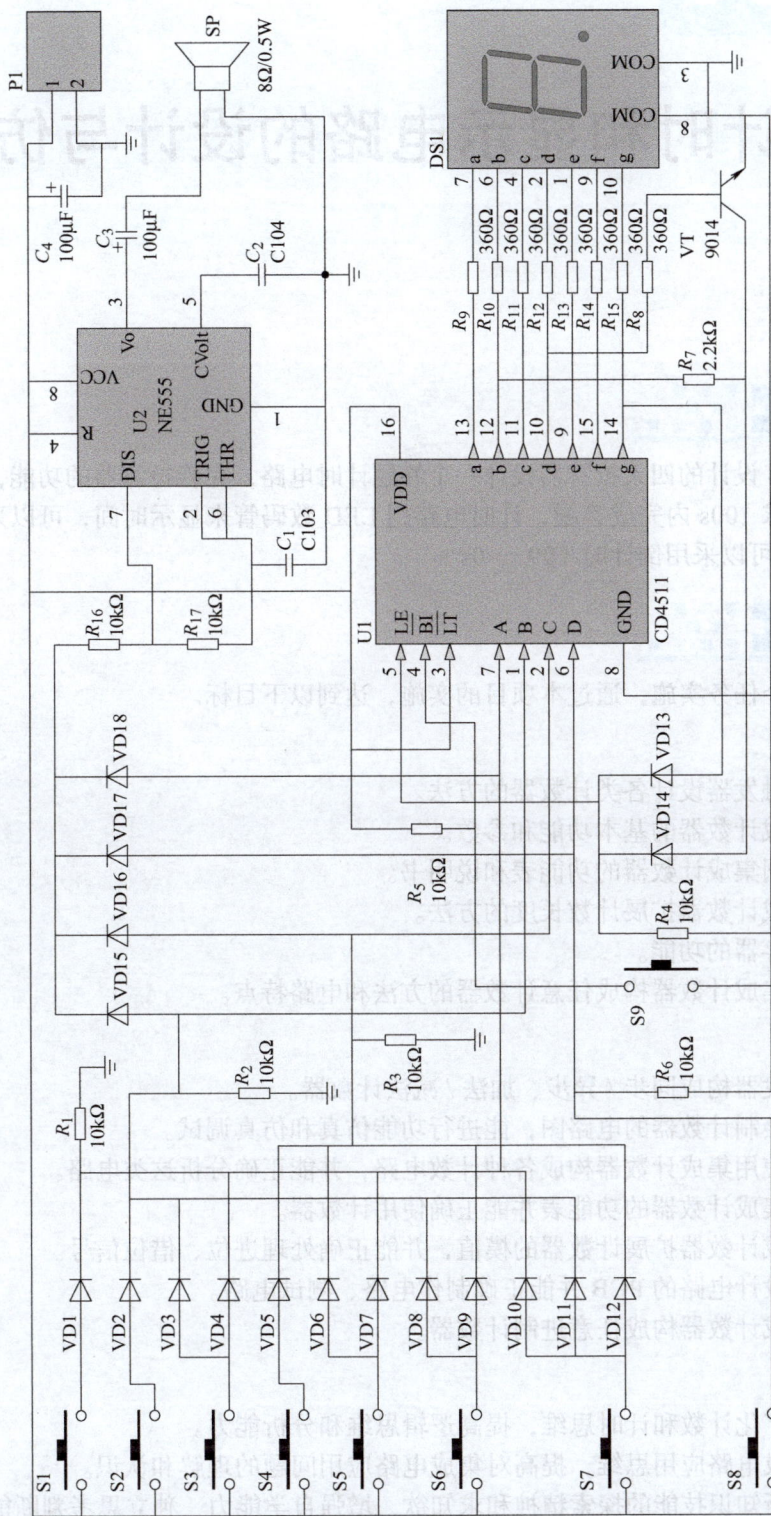

图 4-66　练习 2-2 图

项目 5

答题计时和显示电路的设计与仿真

项目要求

请为项目 4 设计的四人抢答器设计一个答题计时电路，完善抢答器的功能，当某个参赛队抢答后要求 100s 内完成答题，计时电路用 LED 数码管来显示时间，可以采用正计时（0～99s），也可以采用倒计时（99～0s）。

项目目标

项目分 3 个任务实施，通过本项目的实施，达到以下目标。

知识目标：

1. 掌握用触发器设计各类计数器的方法。
2. 掌握集成计数器的基本功能和参数。
3. 学会查阅集成计数器的功能表和说明书。
4. 掌握集成计数器扩展计数长度的方法。
5. 掌握寄存器的功能。
6. 掌握用集成计数器构成任意计数器的方法和电路特点。

能力目标：

1. 会用触发器构成同步 / 异步、加法 / 减法计数器。
2. 能正确绘制计数器的电路图，能进行功能仿真和仿真调试。
3. 会灵活使用集成计数器构成各种计数电路，并能正确分析这类电路。
4. 能看懂集成计数器的功能表并能正确使用计数器。
5. 能用集成计数器扩展计数器的模值，并能正确处理进位、借位信号。
6. 能手工设计电路的 PCB 并能正确制作电路、测试电路。
7. 能用集成计数器构成任意进制计数器。

素质目标：

1. 提升数字化计数和计时思维，提高逻辑思维和分析能力。
2. 建立集成电路应用思维，提高对集成电路应用问题的理解和认识。
3. 提升对新知识技能的探索精神和求知欲，增强自学能力、独立思考判断能力和项目设计开发能力。
4. 培养电路安全操作意识和消费电子生产的效益意识、精益求精的精神。

5.加深对国产芯片应用和发展的认识，增强国家科技事业快速发展的自豪感和对国产芯片技术发展的信心。

任务 5.1　计数器设计与功能仿真

任务要求

请使用触发器设计并仿真同步和异步计数器，设计加法和减法计数器，并总结其电路结构特点及时钟特性。

知识目标：

1.掌握用触发器构成计数器的方法和规律。

2.了解计数器电路的内部结构。

3.掌握分频器的工作原理和计算方法。

4.掌握时序逻辑电路功能分析的一般步骤。

能力目标：

1.会用边沿触发器构成同步 / 异步、加法 / 减法计数器。

2.能正确绘制计数器的电路图并进行仿真和调试。

3.能根据实训电路图进行时序逻辑电路的功能分析。

实践建议

教师指导学生连接并改造计数器并进行电路测试，发现并总结各类计数器的结构特点和计数特点。

知识与操作

5.1.1　二进制计数器的设计与仿真

在项目 4 中已经学习了二分频电路。二分频电路就是二进制电路，将二分频电路进行级联，便可以得到二进制计数器。

1. 二分频电路的形式

二分频电路有很多形式，用各种触发器都可以实现，图 5-1 是以各类边沿触发器构成的二分频电路，时钟可以是上升沿触发或是下降沿触发。

图 5-1a 是用 D 触发器实现的二分频电路，当 $Q=1$ 时，$D=0$，CP 上升沿到来时，由于 $D=0$，Q 次态变为 0，相应地，$\overline{Q}=1$，D 也会变成 1，当 CP 下一个上升沿到来，Q 变成 1，$\overline{Q}=0$，$D=0$，如此往复，形成图 5-2 所示波形。图 5-1b 是 T 触发器的输入端 $T=1$，接成了 T′触发器，每次遇到一个有效时钟边沿（图中是上升沿）输出端 Q 都求反。图 5-1c ～ f 所示二分频电路的工作原理请自行分析。二分频电路的输入脉冲 CP 和输出 Q 之间存在频率比为 2∶1 的关系，如图 5-2 所示。

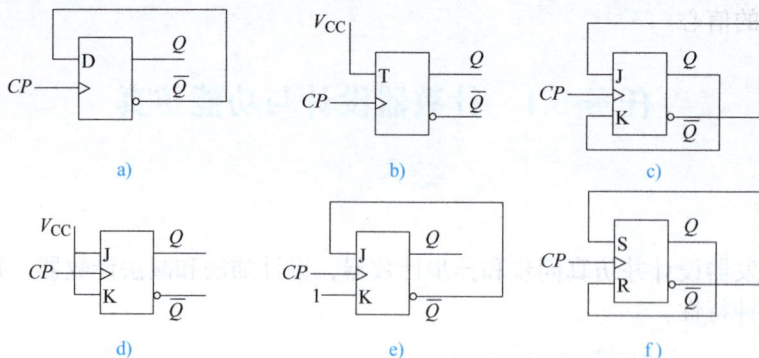

图 5-1   二分频电路

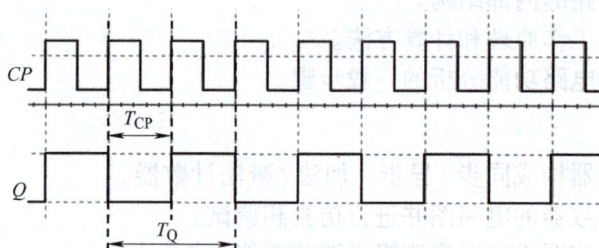

图 5-2   二分频电路波形图

以 D 触发器 74LS74 为例进行二分频电路仿真测试，如图 5-3 所示。图中，1 号引脚是异步清零端（复位），低电平有效，4 号引脚是异步置 1（置位）端，低电平有效，本测试电路中不需要异步置位和复位，因此全接成高电平。

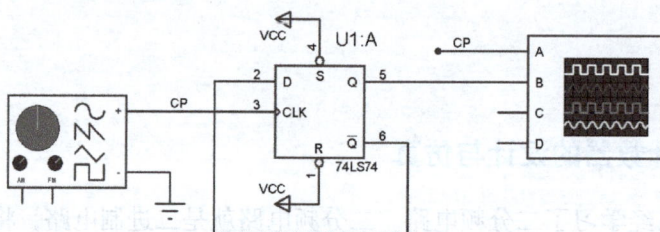

图 5-3   由 D 触发器构成的二分频电路

图 5-3 中左侧是信号发生器，可以在运行时提供矩形脉冲、三角波、锯齿波、正弦波，可以设置波形的频率和波幅。

2. 二进制计数器

将 n 个二分频电路级联，可以得到 2^n 进制计数器。触发器的个数 n 和计数状态数是 2^n 关系的计数器称为二进制计数器。如图 5-4a 所示，是将两个 D 触发器构成的二分频电路进行级联得到的四进制计数器。这是上升沿触发的 D 触发器，将外加的 CP 送给第一个触发器的 CP 端，将第一个触发器的输出端 Q_0 接给第二个触发器的 CP 端，其输出是 Q_1，将 Q_0 和 Q_1 接两个指示灯进行观察，并将外来 CP、Q_0、Q_1 分别接入四通道示波器进行波形观察，形成的波形如图 5-4b 所示。

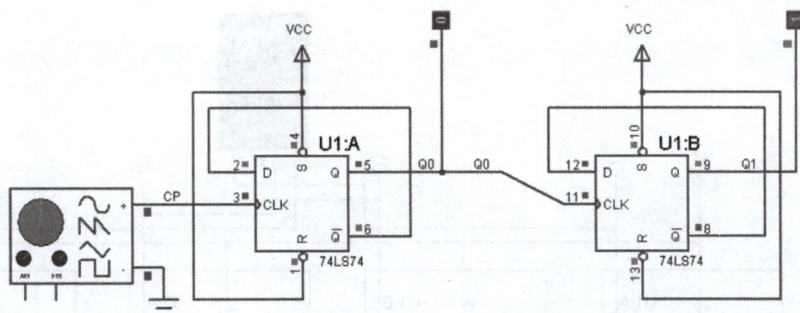

a) 两个二分频电路构成的四进制计数器

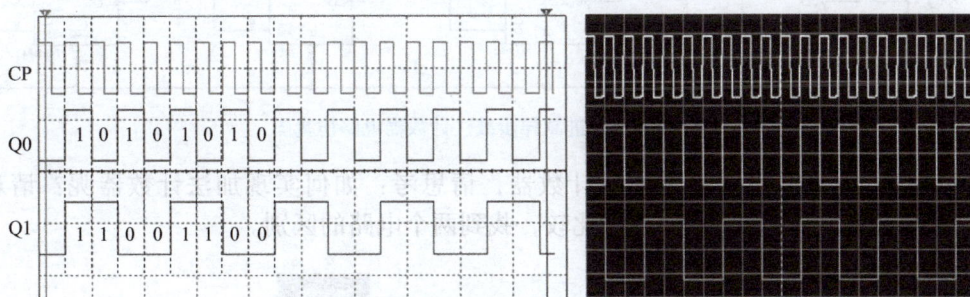

b) 四进制计数器的波形图

图 5-4　两个二分频电路级联形成四进制计数器仿真图

观察图 5-4b 波形图可以发现以下特点：

1）在一个 CP 周期中将两个触发器的输出 Q_1Q_0 组合起来，构成了一个确定的状态，如图中标出的 11、10、01、00。

2）每个 CP 周期中两个触发器的输出状态是确定的，并且每个状态组合存在的时间和 CP 的周期相同。

3）四进制计数器中一共 4 个状态组合，分别是 11、10、01、00，并且是按照 $11 \rightarrow 10 \rightarrow 01 \rightarrow 00 \rightarrow 11$ 的顺序不断重复出现，即 $3 \rightarrow 2 \rightarrow 1 \rightarrow 0 \rightarrow 3$ 的次序周而复始地变化。

4）两个触发器的时钟脉冲是不同的，这种时序逻辑电路是异步时序逻辑电路。

从以上四点可以看出，这是一个异步的四进制减法计数器（计数时依次减 1，减到 0 后变成最大的数继续减 1）。计数器的状态变化可以使用状态转换图表示，如图 5-5 所示。

请仿照图 5-4 电路设计并仿真八进制、十六进制异步减法计数器，图 5-6 是一个十六进制异步减法计数器电路。

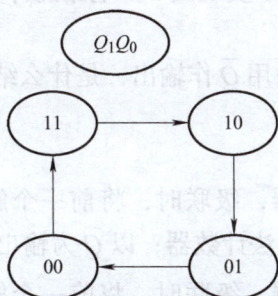

图 5-5　四进制减法计数器的状态转换图

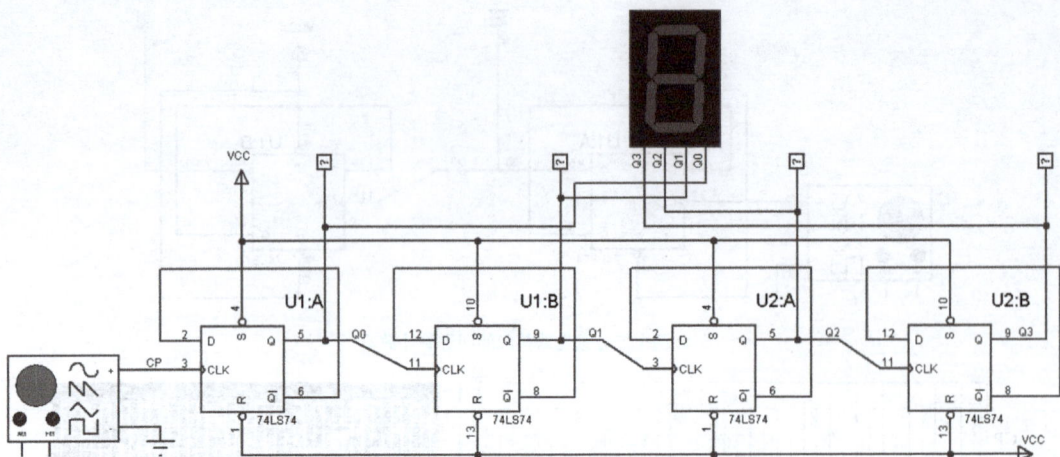

图 5-6　十六进制异步减法计数器电路仿真图

按照以上方法实现的都是减法计数器，请思考：如何实现加法计数器呢？请观察图 5-7 所示电路，并认真与图 5-6 做比较，找到两个电路的区别。

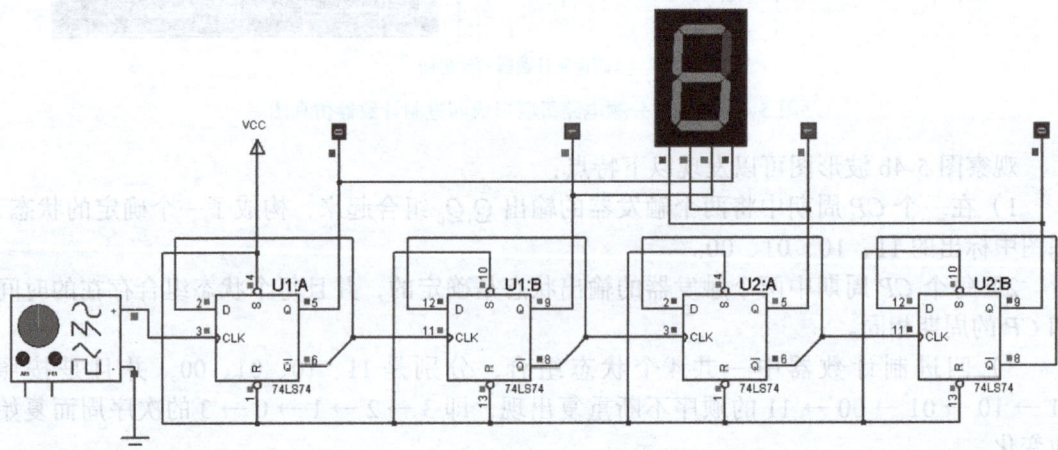

图 5-7　十六进制加法计数器电路仿真图

比较图 5-6 和图 5-7 可以发现：

1）图 5-7 中第 2 ~ 4 个触发器的时钟脉冲连接的是前一个触发器的 $\overline{Q}$，这样实质上是将触发器的触发脉冲变成了下降沿触发。

2）通过观察电路的运行，可以发现图 5-7 电路的计数是按照每次加 1 的规律进行的，因此是一个加法计数器。

请测试并思考，如果图 5-6 中用 $\overline{Q}$ 作输出，是什么结果？图 5-7 中用 Q 作输出，是什么结果？

通过测试得到以下结论：

1）采用上升沿触发的触发器，级联时，将前一个触发器的 Q 接到后一个触发器的 CP 端，以 Q 为输出，实现的是减法计数器；以 $\overline{Q}$ 为输出，实现的加法计数器。

2）采用上升沿触发的触发器，级联时，将前一个触发器的 $\overline{Q}$ 接到后一个触发器的 CP 端，以 Q 为输出，实现的是加法计数器；以 $\overline{Q}$ 为输出，实现的减法计数器。

3）采用下降沿触发的触发器，级联时，将前一个触发器的 Q 接到后一个触发器的 CP 端，以 Q 为输出，实现的是加法计数器；以 $\overline{Q}$ 为输出，实现的减法计数器。

4）采用下降沿触发的触发器，级联时，将前一个触发器的 $\overline{Q}$ 接到后一个触发器的 CP 端，以 Q 为输出，实现的是减法计数器；以 $\overline{Q}$ 为输出，实现的加法计数器。

这个规律，可以用表 5-1 表示。

表 5-1　异步计数器实现加法计数和减法计数的规律

CP 有效边沿	级联方式	使用输出端	计数器类型
↑	前 Q→后 CP	Q	减法计数
		$\overline{Q}$	加法计数
↑	前 $\overline{Q}$→后 CP	Q	加法计数
		$\overline{Q}$	减法计数
↓	前 Q→后 CP	Q	加法计数
		$\overline{Q}$	减法计数
↓	前 $\overline{Q}$→后 CP	Q	减法计数
		$\overline{Q}$	加法计数

在设计异步二进制计数器时，不要局限于 D 触发器构成的二分频电路，图 5-1 中任何一个二分频电路都可以级联获得计数器电路。

同步时序逻辑电路中各个触发器的 CP 都是相同的，可依靠各触发器的输入端信号（驱动信号）不同而实现有规律的计数，图 5-8 就是一个实例，此处不具体展开。

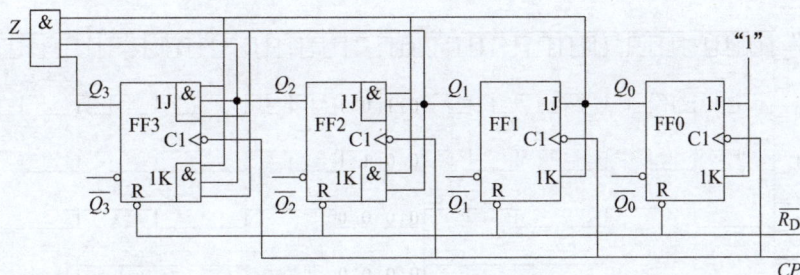

图 5-8　同步二进制计数器电路

从图 5-8 中可以得到以下结论：

1）各触发器的 CP 端是相同的，各触发器状态变化的时机是相同的，不存在级间的时间延迟。

2）各触发器输入端（J、K）输入的信号不同，但有明显的规律。

3）输出 Z 是电路的组合输出部分，当 $Q_3Q_2Q_1Q_0=1111$ 时，$Z=1$，所以 Z 是计数器的进位信号。

图 5-8 所示同步二进制加法计数器电路的状态转换表见表 5-2，图 5-9 是它的状态转换图，图 5-10 是它的波形图。由图 5-10 可以看出，Q_3、Q_2、Q_1、Q_0、CP 之间依次是二分频关系，Q_3 是 CP 的十六分频，Z 也是 CP 的十六分频，但是 Z 信号的占空比不是 50%，Q_3 和 Z 信号的下降沿几乎是同时的，因此，很多计数器上没有设计进位信号，用最高位充当进位信号来进行级联。

表 5-2　同步二进制加法计数器的状态转换表

CP 序号	现态 $S(t)$				次态 $N(t)$				输出 Z
	Q_3	Q_2	Q_1	Q_0	Q_3	Q_2	Q_1	Q_0	
0	0	0	0	0	0	0	0	1	0
1	0	0	0	1	0	0	1	0	0
2	0	0	1	0	0	0	1	1	0
3	0	0	1	1	0	1	0	0	0
4	0	1	0	0	0	1	0	1	0
5	0	1	0	1	0	1	1	0	0
6	0	1	1	0	0	1	1	1	0
7	0	1	1	1	1	0	0	0	0
8	1	0	0	0	1	0	0	1	0
9	1	0	0	1	1	0	1	0	0
10	1	0	1	0	1	0	1	1	0
11	1	0	1	1	1	1	0	0	0
12	1	1	0	0	1	1	0	1	0
13	1	1	0	1	1	1	1	0	0
14	1	1	1	0	1	1	1	1	0
15	1	1	1	1	0	0	0	0	1

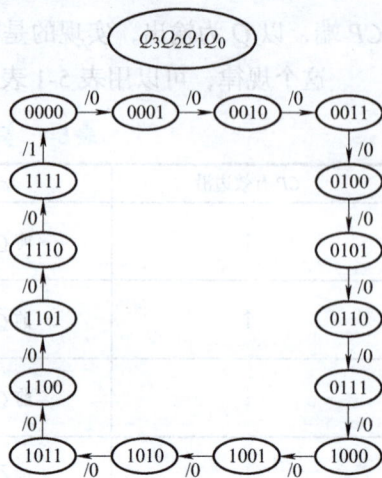

图 5-9　二进制加法计数器的状态转换图

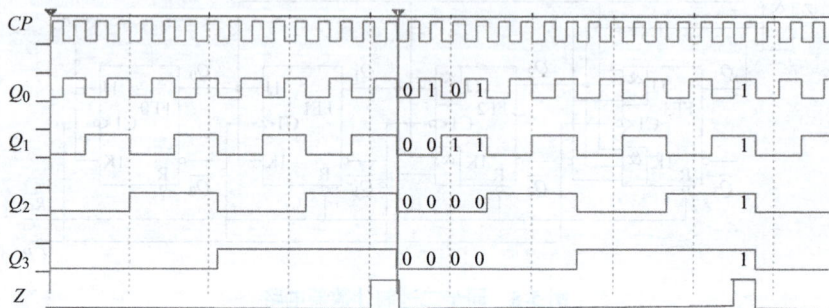

图 5-10　二进制加法计数器的波形图

从表 5-2 可以看出，Q_0 在每个 CP 的下降沿翻转一次，这符合二分频电路的特征，Q_1 是在 $Q_0=1$ 时，遇到 CP 下降沿翻转，Q_2 是在 $Q_0=Q_1=1$ 时遇到 CP 下降沿翻转，Q_3 是在 $Q_0=Q_1=Q_2=1$ 时遇到 CP 下降沿翻转，所以各个触发的输入信号是有规律的，从 FF_0 到 FF_3 触发器的 J、K 端的信号分别为

$$\begin{cases} J_0 = K_0 = 1 \\ J_1 = K_1 = Q_0 \\ J_2 = K_2 = Q_1 Q_0 \\ J_3 = K_3 = Q_2 Q_1 Q_0 \end{cases}$$

这种输入端表达式称为电路的驱动方程（也称为激励方程）。

从电路图可得

$$Z=Q_3Q_2Q_1Q_0$$

这种组合电路的输出端表达式称为输出方程。

5.1.2　十进制计数器的设计与仿真

图 5-11 是一种同步十进制计数器电路，其驱动方程为

$$\begin{cases} J_0 = K_0 = 1 \\ J_1 = \overline{Q_3^n} Q_0^n, K_1 = Q_0^n \\ J_2 = K_2 = Q_1^n Q_0^n \\ J_3 = Q_2^n Q_1^n Q_0^n, K_3 = Q_0^n \end{cases}$$

如果将每个触发器输入端信号代入 JK 触发器的特性方程中，则得到的新表达式称为状态方程，分别如下：

$$Q_0^{n+1} = \overline{Q_0^n} \cdot CP\downarrow$$

$$Q_1^{n+1} = (\overline{Q_3^n} Q_0^n \overline{Q_1^n} + \overline{Q_0^n} Q_1^n) \cdot CP\downarrow$$

$$Q_2^{n+1} = (Q_1^n Q_0^n \overline{Q_2^n} + \overline{Q_1^n Q_0^n} Q_2^n) \cdot CP\downarrow$$

$$Q_3^{n+1} = (Q_2^n Q_1^n Q_0^n \overline{Q_3^n} + \overline{Q_0^n} Q_3^n) \cdot CP\downarrow$$

状态方程中表示出了该触发器按照表达式所确定的变化条件在 CP 的下降沿发生状态变化。

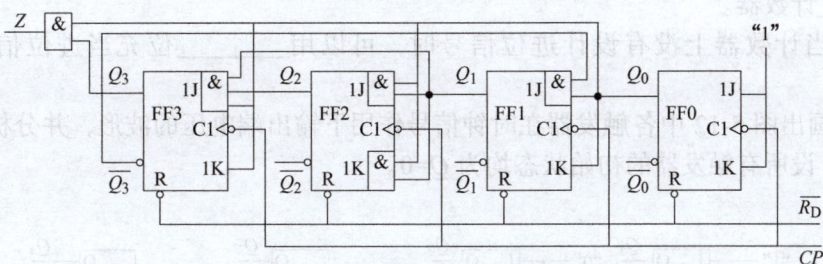

图 5-11　同步十进制计数器

十进制加法计数器的状态转换见表 5-3，状态是 0000 ～ 1001，共 10 个，对应于 8421BCD 码。其中，Z 是进位信号，$Z=Q_3Q_0$，当 $Q_3Q_2Q_1Q_0$=1001 时，Z=1。

表 5-3　十进制计数器的状态转换表

CP 序号	现态 $S(t)$				次态 $N(t)$				输出
	Q_3	Q_2	Q_1	Q_0	Q_3	Q_2	Q_1	Q_0	Z
0	0	0	0	0	0	0	0	1	0
1	0	0	0	1	0	0	1	0	0
2	0	0	1	0	0	0	1	1	0
3	0	0	1	1	0	1	0	0	0
4	0	1	0	0	0	1	0	1	0
5	0	1	0	1	0	1	1	0	0

（续）

CP 序号	现态 $S(t)$				次态 $N(t)$				输出 Z
	Q_3	Q_2	Q_1	Q_0	Q_3	Q_2	Q_1	Q_0	
6	0	1	1	0	0	1	1	1	0
7	0	1	1	1	1	0	0	0	0
8	1	0	0	0	1	0	0	1	0
9	1	0	0	1	0	0	0	0	1

巩固与提高

1. 知识巩固

1-1　计数器是能够_____的时序逻辑电路，可用于脉冲信号的_____和执行运算。计数器按状态转换时刻可分为_____计数器和_____计数器。

1-2　二分频电路也是_____电路，两个这种电路级联，可以得到_____进制计数器，n 个这种电路级联可以得到_____进制计数器，也可以得到_____分频的分频器。

1-3　采用上升沿触发的触发器构成二分频电路，级联时将前一个触发器的 Q 接到后一个触发器的 CP 端，以 Q 为输出，实现的是_____计数器；以 $\overline{Q}$ 为输出端实现的是_____计数器。

1-4　当计数器上没有设计进位信号时，可以用_____位充当进位信号来进行级联。

1-5　画出图 5-12 中各触发器在时钟信号作用下输出端电压的波形，并分析哪些是二分频电路。设所有触发器的初始状态均为 $Q=0$。

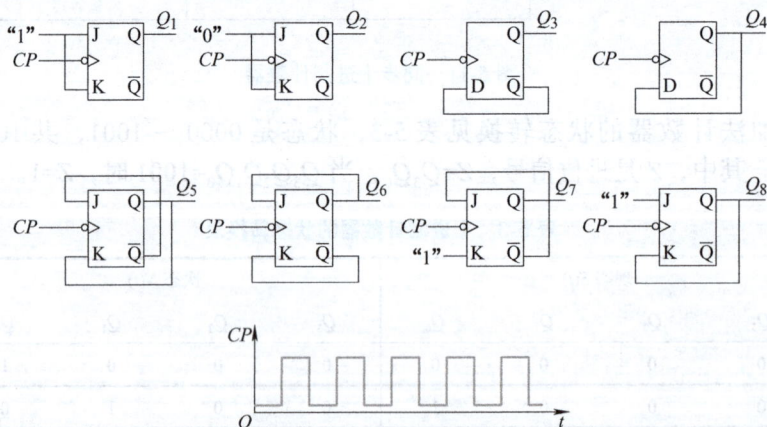

图 5-12　练习 1-5 图

1-6　利用触发器的特性方程写出题图 5-13 中各触发器次态输出（Q^{n+1}）与现态（Q^n）和 A、B 之间的逻辑函数式。

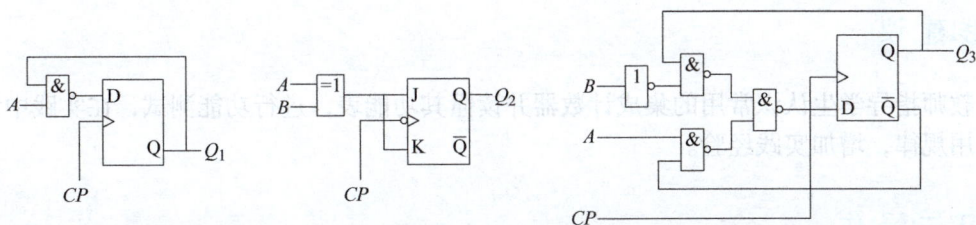

图 5-13　练习 1-6 图

1-7　分析图 5-14 所示电路的逻辑功能，画出电路的状态转换图。

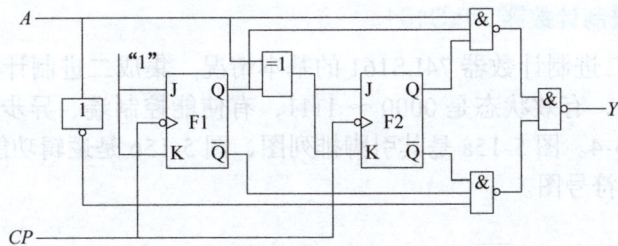

图 5-14　练习 1-7 图

2. 能力提高

2-1　请查找资料，至少找到两种二进制计数器的集成芯片和两种十进制计数器的集成芯片，并研究其逻辑特性，学会使用这几种集成计数器。

2-2　在 Proteus 中绘制十六进制计数器，并分析其构成加法计数器和减法计数器的条件。

任务 5.2　集成计数器的功能比较与测试

任务要求

请对同步集成二进制计数器 74LS161、74LS191、74LS160、74LS190 进行仿真测试。

知识目标：

1. 掌握各种集成计数器功能表的解读方法。
2. 了解各类集成计数器的基本功能和电气参数。
3. 掌握各种计数器特殊功能端的使用方法。
4. 掌握级联法、复位法、预置数法构成任意进制计数器的方法。

能力目标：

1. 能灵活使用集成计数器构成各种计数电路并能正确分析这类电路。
2. 能看懂集成计数器的功能表并能正确选用各类计数器。
3. 能正确绘制计数器的电路图并能进行仿真测试。
4. 能用集成计数器构成任意进制计数器。

实践建议

教师指导学生认识常用的集成计数器并读懂其功能表，进行功能测试，在实践中掌握其使用规律，增加实践经验。

知识与操作

5.2.1 集成二进制计数器

1. 同步集成二进制计数器 74LS161

（1）同步集成二进制计数器 74LS161 的基本情况　集成二进制计数器 74LS161 是一个模为 16 的计数器，有效状态是 0000 ～ 1111，有使能控制端、异步清零、同步预置数端，功能描述见表 5-4。图 5-15a 是其引脚排列图，图 5-15b 是逻辑功能示意图，图 5-15c 是 Proteus 中的逻辑符号图。

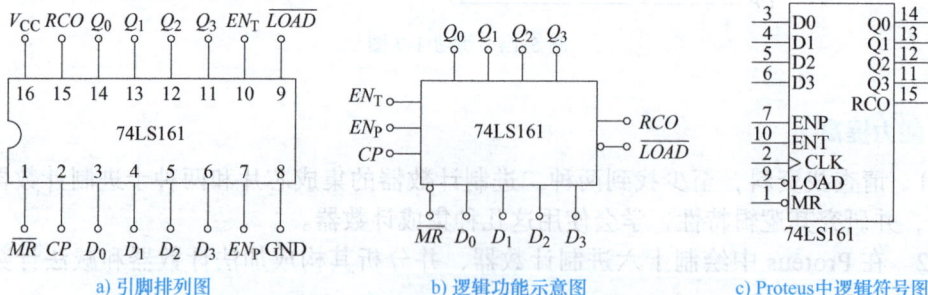

a) 引脚排列图　　　　b) 逻辑功能示意图　　　　c) Proteus中逻辑符号图

图 5-15　集成二进制计数器 74LS161

表 5-4　74LS161 的功能表

输入									输出			
$\overline{MR}$	$\overline{LD}$	EN_P	EN_T	CP	D_3	D_2	D_1	D_0	Q_3	Q_2	Q_1	Q_0
0	×	×	×	×	×	×	×	×	0	0	0	0
1	0	×	×	↑	D_3	D_2	D_1	D_0	D_3	D_2	D_1	D_0
1	1	0	1	×	×	×	×	×	保持			
1	1	×	0	×	×	×	×	×	保持			
1	1	1	1	↑	×	×	×	×	计数			

图 5-15 和表 5-4 中引脚逻辑功能定义如下。

1）CP（CLK）：计数器的时钟脉冲输入端，上升沿有效。

2）$\overline{MR}$：异步清零端（或称 $\overline{CR}$），低电平有效，当 $\overline{MR}$ =0 时，输出端 $Q_0 \sim Q_3$ 立即清零。

3）$\overline{LOAD}$（以下简写 $\overline{LD}$）：同步预置数端，低电平有效，当 $\overline{LOAD}$ =0（此时保证 $\overline{MR}$ =1）时，如果遇到 CP 的上升沿，预先给 $D_0 \sim D_3$ 数据输入端设置的数据被置入计数器的 4 个触发器中，使之输出 $Q_0 \sim Q_3$ 为 $D_0 \sim D_3$。

4）EN_P 和 EN_T：计数器的使能控制端，高电平有效，当 $EN_P = EN_T = 1$ 时，计数器正常计数，当 $EN_P EN_T = 0$ 时，计数器不计数，处于保持状态。

5）$Q_0 \sim Q_3$：数据输出端，是内部 4 个触发器的 Q 输出端。

6）RCO（简写 CO）：进位输出端，$RCO = Q_0 Q_1 Q_2 Q_3 EN_T$，可见，当 $Q_0 = Q_1 = Q_2 = Q_3 = EN_T = 1$ 时，$RCO = 1$，其他情况下 $RCO = 0$。正常计数时，计数值到 1111 时，进位输出端为 1。

综上可知：

1）当清零端 $\overline{MR} = 0$ 时，计数器输出 Q_3、Q_2、Q_1、Q_0 立即为全 "0"，实现异步复位功能。

2）当 $\overline{MR} = 1$ 且 $\overline{LD} = 0$ 时，在 CP 信号上升沿作用后，74LS161 输出端 $Q_3 Q_2 Q_1 Q_0 = D_3 D_2 D_1 D_0$，实现同步置数功能。

3）当 $\overline{MR} = \overline{LD} = EN_P = EN_T = 1$ 时，CP 脉冲上升沿作用后，计数器加 1 计数。

74LS161 还有一个进位输出端 RCO，其逻辑关系是 $RCO = Q_0 Q_1 Q_2 Q_3 EN_T$。合理应用计数器的清零功能和置数功能，一片 74LS161 可以组成 16 以内的任意进制计数器。

图 5-16 是 74LS161 的一个工作时序示例图，可以帮助理解 74LS161 的逻辑功能。图中显示，工作一开始，$\overline{MR}$ 变成 0，将输出 $Q_3 \sim Q_0$ 异步清零，之后 $\overline{CR}$ 变成 1 而 $\overline{LD}$ 变成 0，此时的 $D_3 D_2 D_1 D_0 = 1100$，遇到 CP 上升沿后，$Q_3 Q_2 Q_1 Q_0 = D_3 D_2 D_1 D_0 = 1100$，在这个上升沿之后，$EN_P$ 和 EN_T 也变成 1，计数器进入正常的计数过程，每次遇到一个 CP 上升沿，$Q_3 \sim Q_0$ 构成的二进制数依次加 1，一直到 $Q_3 \sim Q_0$ 为 1111（**注意：**此时 $RCO = 1$），然后 $Q_3 \sim Q_0$ 为 0000，随之 CP 上升沿的到来，继续依次加 1。如果这个工作状态延续下去，将会从 0000 一直变化到 1111 再次回到 0000 不断重复，但是图中在 $Q_3 \sim Q_0$ 为 0010（即 2）之后，EN_P 和 EN_T 发生了变化，二者相与为 0，计数器进入保持状态，输出端保持不变，不再随着 CP 上升沿的到来而加 1。

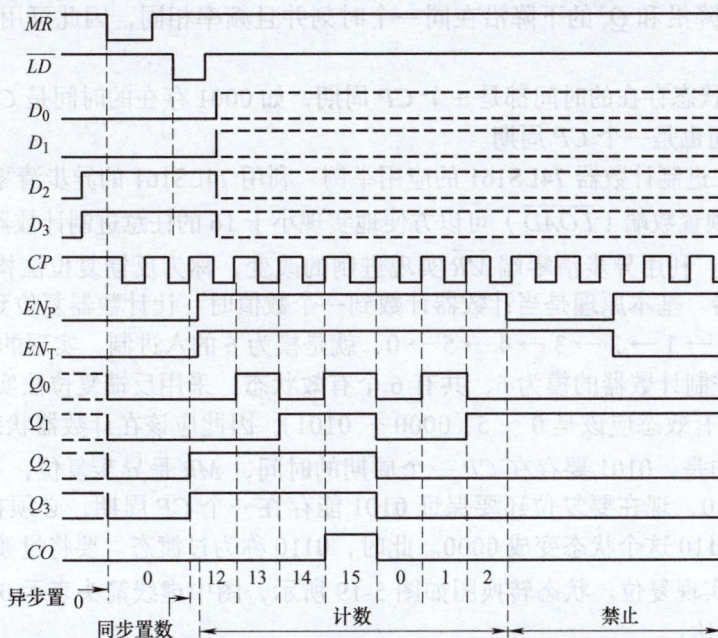

图 5-16　74LS161 工作时序示例图

（2）集成二进制计数器 74LS161 的功能仿真　图 5-17 是 74LS161 的功能仿真图，此电路中 $\overline{MR}$ 和 $\overline{LD}$ 都接高电平，处于无效状态，EN_P 和 EN_T 也连接到高电平，电路正常计数，所以电路在 CP 脉冲的作用下不断地重复从 0000～1111 的计数，当输出为 1111 时，RCO=1。请改变 $\overline{MR}$ 和 $\overline{LD}$ 及 EN_P 和 EN_T 的逻辑值，观察电路工作状态。

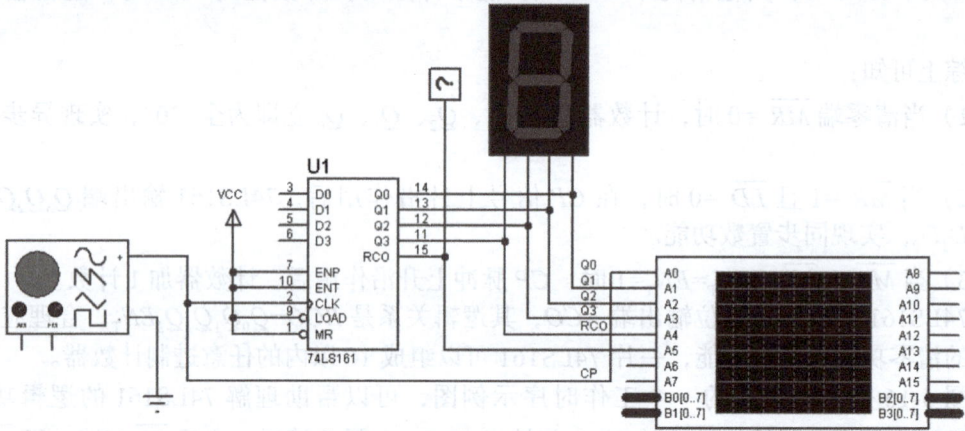

图 5-17　集成二进制计数器 74LS161 的基本功能仿真图

将 CP 和 74LS161 的 $Q_0 \sim Q_3$、RCO 接到逻辑分析仪中，可以得到图 5-18 所示的波形图，由图可知：

1）Q_0 是 CP 的二分频信号，Q_1 是 Q_0 的二分频，推之可得，每个输出都是前一个输出的二分频。

2）Q_0、Q_1、Q_2、Q_3 依次是 CP 信号的二、四、八、十六分频。

3）RCO 在 $Q_3Q_2Q_1Q_0$=1111 时为 1，其周期与 Q_3 相同，也是 CP 的十六分频，但是其占空比是 1/16，而 Q_3 的占空比是 50%。

4）RCO 下降沿和 Q_3 的下降沿在同一个时刻并且频率相同，因此可用 Q_3 代替 RCO，充当进位信号。

5）每一个状态存在的时间都是一个 CP 周期，如 0001 存在的时间是 CP 的一个周期，1111 存在的时间也是一个 CP 周期。

（3）集成二进制计数器 74LS161 的应用举例　利用 74LS161 的异步清零端（$\overline{MR}$）和同步预置数端（$\overline{LOAD}$）可以方便地实现小于 16 的任意进制计数器。

1）复位法。利用异步清零端 $\overline{MR}$ 实现进制的改变，称为反馈复位法构成任意进制计数器。基本原理是当计数器计数到一个数值时，让计数器复位到 0，从而改变计数的模，如 0 → 1 → 2 → 3 → 4 → 5 → 0，就是模为 6 的六进制，实现的方法如下。

分析：六进制计数器的模为 6，共有 6 个有效状态，采用反馈复位法实现时，计数值从 0 开始，6 个有效态应该是 0～5（0000～0101），因此应该在计数器状态 0101 之后清零。需要注意的是，0101 要存在 CP 一个周期的时间，$\overline{MR}$ 是异步复位，本来 0101 的下一个状态是 0110，现在要复位还要保证 0101 能存在一个 CP 周期，必须在 0101 之后复位，所以要将 0110 这个状态变成 0000。此时，0110 称为过渡态。要将过渡态译码，变成 0，送给 $\overline{MR}$，实现复位。状态转换图如图 5-19 所示，图中虚线箭头表示 0110 是过渡态。$\overline{MR}$ 可用下式表达：

$$\overline{MR} = \overline{m_6} = \overline{\overline{Q_3}Q_2Q_1\overline{Q_0}}$$

（5-1）

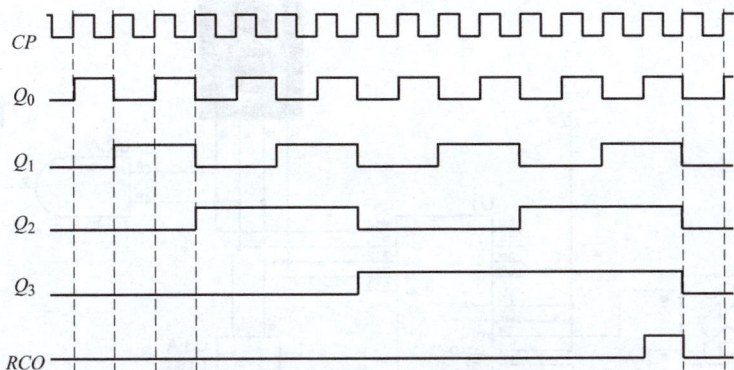

a) 74LS161的工作时序图

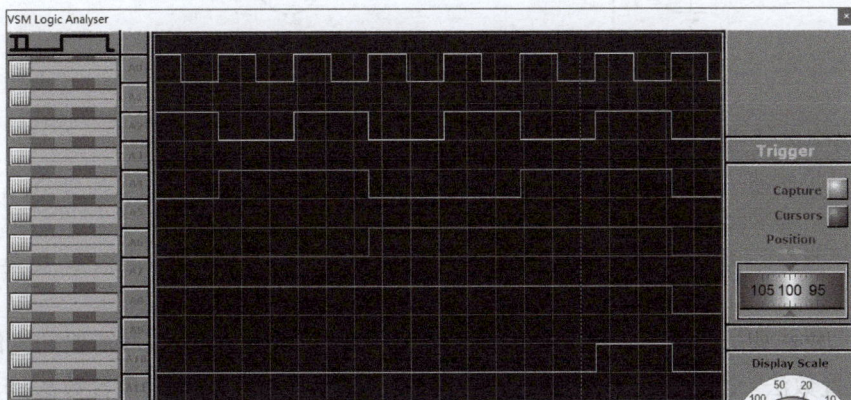

b) 74LS161在虚拟逻辑分析仪上显示的波形

图 5-18　74LS161 的工作波形图

通过观察图 5-19，可以将式（5-1）简化成 $\overline{CR} = \overline{Q_2 Q_1}$，所以可以绘出图 5-20 所示意图。

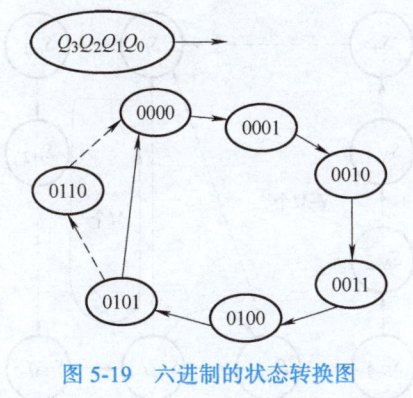

图 5-19　六进制的状态转换图

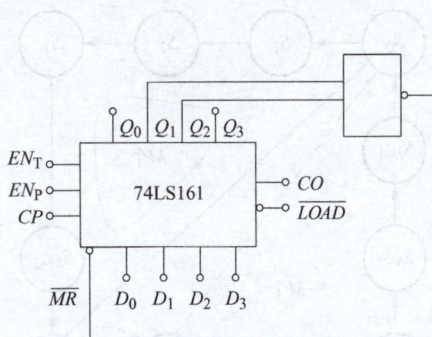

图 5-20　复位法构成的六进制计数器

对这个电路进行仿真，如图 5-21 所示，图中与非门将过渡态变换成逻辑 0 反馈给复位端，使电路在 0110 时复位回到 0000，图中与门将 $Q_2 Q_0$ 相与，显然在 0101 时与门输出 1，这是六进制计数器的进位端，$RCO = Q_2 Q_0$。

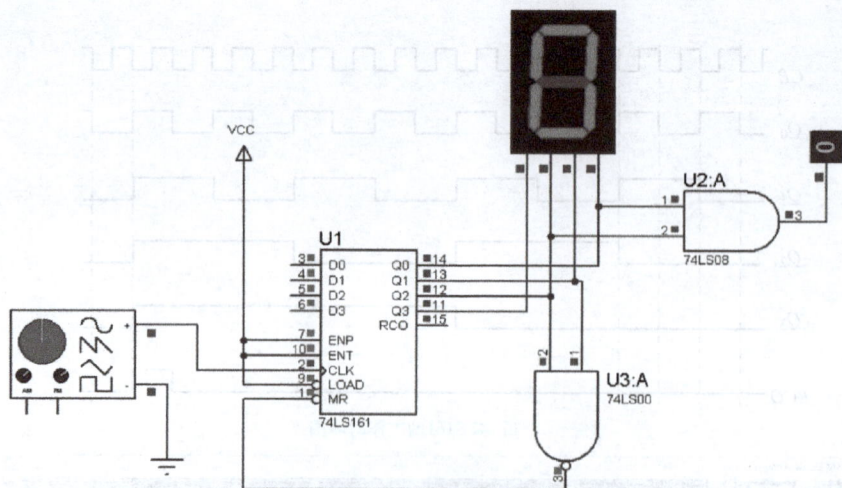

图 5-21 用复位法实现六进制的仿真电路

复位法构成任意进制计数器的总结：

① 用复位法将 N 进制的计数器改成 M（$M<N$）进制，有效状态是 $S_0 \sim S_{M-1}$，去掉了 $N-M$ 个状态，如图 5-22 所示。

② 如果复位端是异步的，需要过渡态，状态 M 就是过渡态，将状态 M 变换出复位端需要的复位信号（如 74161 的复位端是低电平，就要变换出 0 给复位端）。

③ 如果复位端是同步的，不需要过渡态，将状态 S_{M-1} 变换出复位端需要的复位信号。

2）预置数法。利用同步预置数端 $\overline{LOAD}$ 实现进制的改变，称为预置数法构成任意进制计数器。此法适用于有预置数功能的集成计数器。

基本原理是计数器从某个预置状态 S_i（一般选 S_0）开始计数，计满 M 个状态后产生置数信号，使计数器恢复到预置初态 S_i。图 5-23 所示是将 N 进制计数器用预置数法构成 M 进制计数器的状态转换示意图。如果是异步预置数计数器，需要有过渡态，利用 S_{i+M}（或 S_M）状态进行译码产生置数信号；如果是同步预置数计数器，不需要用过渡态，利用 S_{i+M-1}（或 S_{M-1}）状态进行译码产生置数信号。

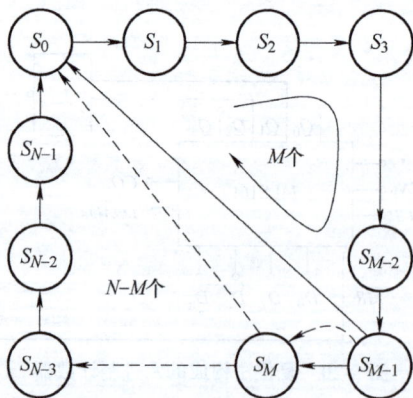

图 5-22 复位法构成任意进制计数器的状态转换图

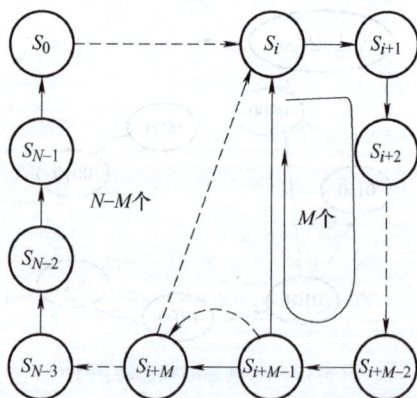

图 5-23 预置数法构成任意进制计数器的状态转换图

如实现状态为 $1 \rightarrow 2 \rightarrow 3 \rightarrow 4 \rightarrow 5 \rightarrow 6 \rightarrow 1$ 的六进制，起始的状态不是 0，而是 1，实现的方法如下：

① 先绘制出状态转换图，如图 5-24 所示。

② 确定是否需要过渡态。因为 74161 的预置数端是同步控制端，所以不需要过渡态。这是因为当计数器处于最后一个状态 0110 时，将这个状态变换出一个低电平 0 给 $\overline{LOAD}$，此时并不会立即使计数器置数，而是要等待 CP 的上升沿，这样，0110 这个状态能够稳定存在一个 CP 周期的时间，是一个有效的状态。所以，$\overline{LOAD}$ 的表达式是 $\overline{LOAD} = \overline{\overline{Q_3}Q_2Q_1\overline{Q_0}} = \overline{m_6}$，观察一下状态转换图可以得到 $\overline{LOAD}$ 的简化式：$\overline{LOAD} = \overline{Q_2Q_1}$。

③ 确定预置数输入端 $D_3 \sim D_0$ 的逻辑值。请注意图 5-24 循环中加粗的箭头，箭头起点是循环中的最后一个状态 0110，箭头指向的终点是循环的第一个状态 0001，它就是 $D_3 \sim D_0$ 的逻辑值，即从 0110 跳到了 0001，箭头指向的终点就是要预置的数据。

④ 确定电路的其他输入并绘出电路图。如图 5-25 所示，异步清零端 $\overline{MR}$ 无效，接高电平。计数器的使能端 EN_P 和 EN_T 高电平有效，接成高电平。$\overline{LOAD}$ 最后一个状态的译码值是 0。预置数输入端 $D_3 D_2 D_1 D_0 = 0001$。该电路的仿真电路如图 5-26 所示。

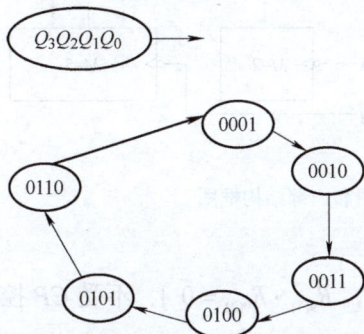

图 5-24　六进制的状态转换图

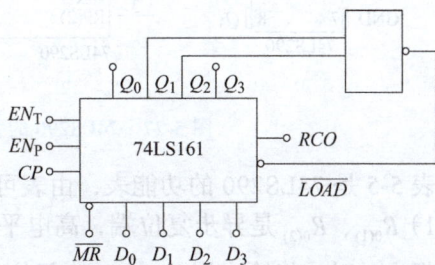

图 5-25　预置数法构成的六进制计数器

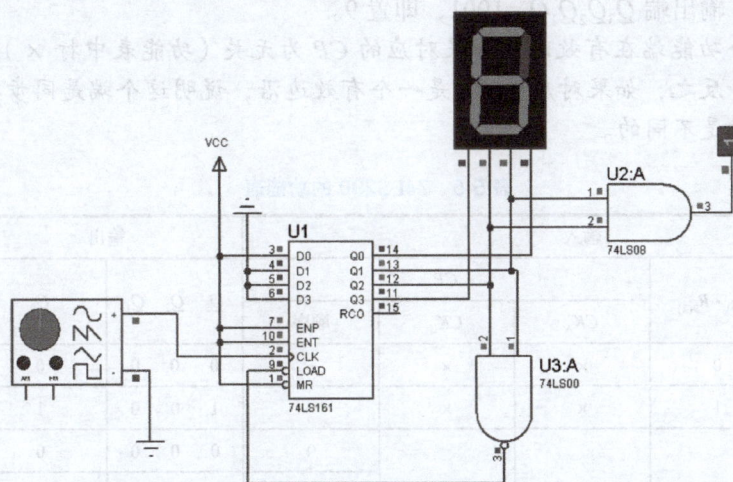

图 5-26　74LS161 采用预置数法实现六进制的仿真电路

在仿真电路中，将 $\overline{LOAD}$ 求反，得到的是六进制的进位信号。当电路输出为 0110 时，进位标志变成 1，预示下一个 CP 脉冲上升沿要向高位进位，并且由于 $\overline{LOAD}$ 是同步预置数端，在 0110 之后的 CP 上升沿，将 $D_3 \sim D_0$ 上的 0001 置入计数器，使之输出 $Q_3 \sim Q_0$ 成为 0001。

需要说明的，用预置数法实现 M 进制的方法很多，其第一个状态可以是 0，也可以是 1，或是其他的状态，如果以 3 作为第一个状态实现六进制，那么有效的状态是 3、4、5、6、7、8，在 8 之后又回到 3，这时，$D_3 \sim D_0$ 就应该是 0011。从这个角度看，采用预置数法实现任意进制要比采用复位法灵活，复位法可以认为是预置数法的一个特例。

2. 异步集成二进制计数器 74LS290

74LS290 是一个异步集成二进制计数器，可以方便地实现二进制、五进制、十进制，因此又称为二 - 五 - 十进制计数器，其引脚图如图 5-27a 所示，示意图如图 5-27b 所示，图 5-27c 是其内部结构框图，内部有两个计数器，其中一个是二进制的，输出只有一个 Q_0，另一个为五进制的，输出是 $Q_3Q_2Q_1$。

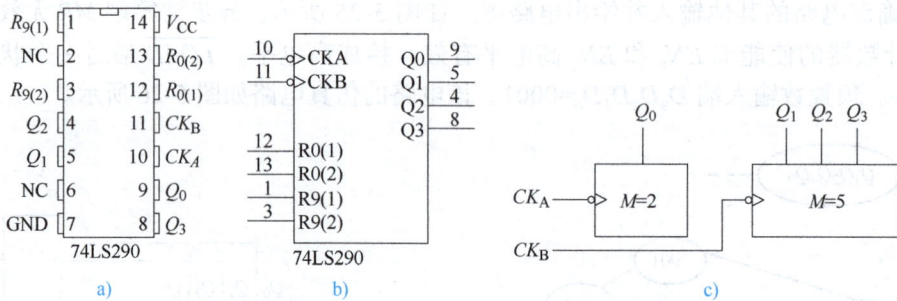

图 5-27 74LS290 的引脚图、示意图和内部结构框图

表 5-5 是 74LS290 的功能表，由表可知：

1）$R_{0(1)}$、$R_{0(2)}$ 是异步复位端，高电平有效 [此时，$R_{9(1)} \cdot R_{9(2)} = 0$]，不受 CP 控制，两个端都为 1 时，将输出端 $Q_3Q_2Q_1Q_0$ 复位。

2）$R_{9(1)}$、$R_{9(2)}$ 是异步置 9 端，高电平有效 [此时，$R_{0(1)} \cdot R_{0(2)} = \times$]，不受 CP 控制，两个端都为 1 时，输出端 $Q_3Q_2Q_1Q_0 = 1001$，即置 9。

注意： 一个功能端在有效时，如果对应的 CP 为无关（功能表中打 ×），说明这个端是异步功能端，反之，如果对应的 CP 是一个有效边沿，说明这个端是同步功能端。同步和异步在使用时是不同的。

表 5-5　74LS290 的功能表

输入					输出		功能
$R_{0(1)} \cdot R_{0(2)}$	$R_{9(1)} \cdot R_{9(2)}$	CP			$Q_3 \quad Q_2 \quad Q_1$	Q_0	
		CK_A	CK_B	顺序			
1	0	×	×	—	0　0　0	0	异步置 0
×	1	×	×	—	1　0　0	1	异步置 9
0	0	↓	↓	0	0　0　0	0	二～五进制计数
				1	0　0　1	0	
				2	0　1　0		
				3	0　1　1		
				4	1　0　0		
				5	0　0　0		

3）CK_A 和 CK_B 都是时钟脉冲输入端，从图 5-27c 中可以看出，这是送到不同计数器上的脉冲，结合功能表可以分析出来，CK_A 是下降沿有效，当外来时钟脉冲从 CK_A 引入时，用 Q_0 作为输出，实现的是二进制（见图 5-28a）。当外来时钟脉冲从 CK_B 引入时，用 $Q_3Q_2Q_1$ 作为输出，实现的是五进制（见图 5-28b）。当时钟脉冲从 CK_A 引入，并将 Q_0 和 CK_B 相连接，用 $Q_3Q_2Q_1Q_0$ 作为输出，实现的是十进制（见图 5-28c）。

所以，该计数器有 3 种工作状态：清零、置 9、计数。

74LS290 在实现二进制计数器时，只有一个触发器工作，这时触发器连接成二分频电路，会随着 CP 的周期，出现 0 和 1 的交替，见表 5-6。在实现五进制时，后边的 3 个触发器构成了五进制，其状态转换情况见表 5-7。实现十进制时，是将二进制与五进制连接起来（级联），实现 2×5 进制，其状态转换情况见表 5-8。

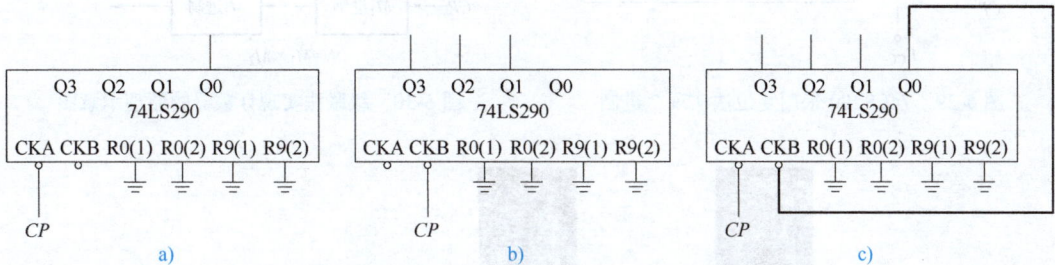

图 5-28　74LS290 实现二进制、五进制、十进制的连接方法

表 5-6　74LS290 实现二进制

计数顺序	计数器状态
CK_A	Q_0
0	0
1	1
2	0

表 5-7　74LS290 实现五进制

计数顺序	计数器状态		
CK_B	Q_3	Q_2	Q_1
0	0	0	0
1	0	0	1
2	0	1	0
3	0	1	1
4	1	0	0
5	0	0	0

表 5-8　74LS290 实现十进制

计数顺序	计数器状态			
	Q_3	Q_2	Q_1	Q_0
0	0	0	0	0
1	0	0	0	1
2	0	0	1	0
3	0	0	1	1
4	0	1	0	0
5	0	1	0	1
6	0	1	1	0
7	0	1	1	1
8	1	0	0	0
9	1	0	0	1
10	0	0	0	0

利用 74LS290 的复位法和异步置 9 法可以实现 10 以内的任意进制计数器，图 5-29 是用 74LS290 实现的 7 进制，基本思路：先构成 8421BCD 码十进制计数器，再用复位法令 $R_{0(2)}=Q_2Q_1Q_0$，当计数器出现 0111 状态时，$R_{0(1)}R_{0(2)}=11$，计数器迅速复位到 0000 状态，然后又开始从 0000 状态计数，从而实现 0000 ~ 0110 七进制计数。

通过 74LS290 实现十进制可以看到，二进制和五进制级联后可实现（2×5）进制，这种扩展计数长度的方法称为级联法，将一个 M_1 进制和一个 M_2 进制的计数器级联，可以实现 $M_1 \times M_2$ 进制计数器，基本原理如图 5-30 所示。例如，一个十进制和一个六进制级联，可以实现六十进制计数器，请参考图 5-31a 进行分析，在 Proteus 中没有提供 74LS290 的仿真模型，所以不能仿真测试，可以用功能相同的 74LS196 代替 74LS290 进行测试，如图 5-31b 所示。图中使用总线进行连接，使得电路图比较整洁，但是需要认真标注线路标签才能清楚线路的连接。

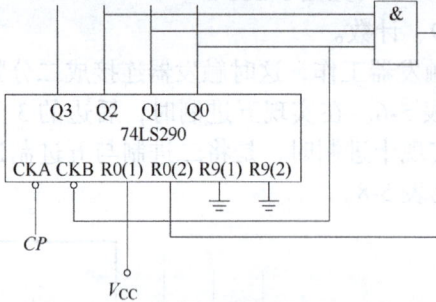

图 5-29　74LS290 采用复位法实现 7 进制

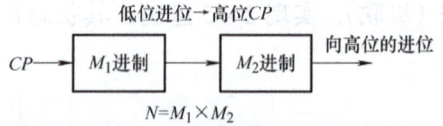

图 5-30　级联法实现计数器的原理示意图

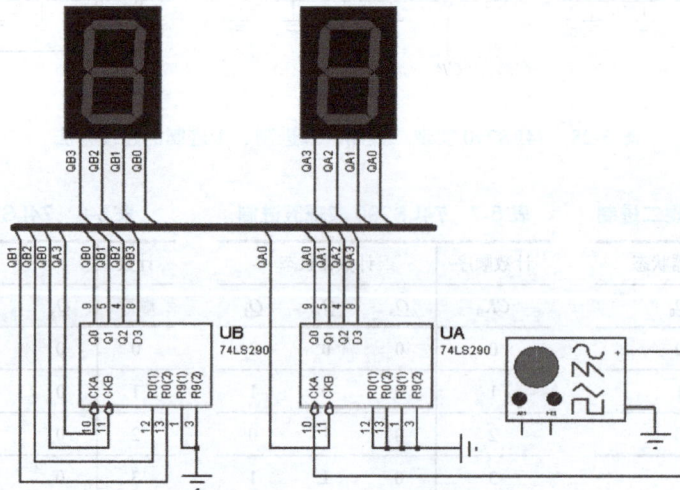

a) 用74LS290实现六十进制的仿真电路

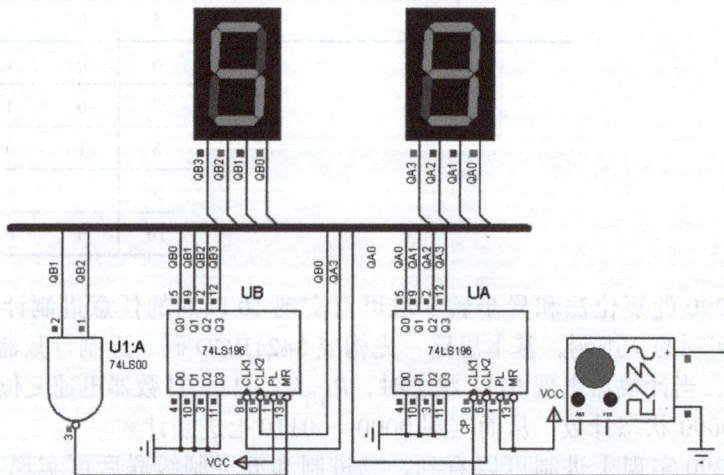

b) 用74LS196实现六十进制的仿真电路

图 5-31　级联法实现六十进制计数器

5.2.2　集成十进制计数器

除了可以使用 74LS290 实现十进制计数器外，还有很多十进制集成计数器，如 74LS160、CD4518 等。

图 5-32 是集成十进制计数器 74LS160，它是一个模为 10 的计数器，有效状态是 0000 ～ 1001，具有控制端、异步清零端和同步预置数端，具体功能描述见表 5-9。图 5-32a 是其引脚排列图，图 5-32b 是逻辑功能示意图，图 5-32c 是 Proteus 中的逻辑图。

表 5-9　74LS160 的功能表

输入									输出			
$\overline{MR}$	$\overline{LD}$	EN_P	EN_T	CP	D_3	D_2	D_1	D_0	Q_3	Q_2	Q_1	Q_0
0	×	×	×	×	×	×	×	×	0	0	0	0
1	0	×	×	↑	D_3	D_2	D_1	D_0	D_3	D_2	D_1	D_0
1	1	0	1	×	×	×	×	×	保持			
1	1	×	0	×	×	×	×	×	保持			
1	1	1	1	↑	×	×	×	×	计数			

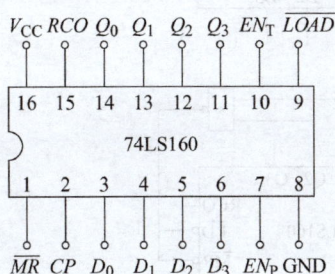

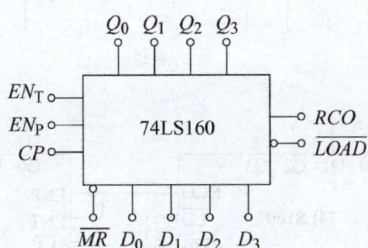

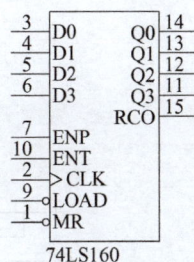

a) 引脚排列图　　　　　b) 逻辑功能示意图　　　　c) Proteus中逻辑图

图 5-32　集成十进制计数器 74LS160

图 5-32 和表 5-9 中引脚功能说明如下。

1）CP/CLK：计数器时钟脉冲输入端，上升沿有效。

2）$\overline{MR}$：异步清零端，0 有效，当 $\overline{MR}$ =0 时，无论 CP 及其他引脚是什么状态，输出端 Q_0 ～ Q_3 都立即清零。

3）$\overline{LOAD}$（简写 $\overline{LD}$）：同步预置数端，低电平有效，当 $\overline{LD}$ =0（此时保证 $\overline{MR}$ =1）时，如果遇到 CP 的上升沿，预先给 D_0 ～ D_3 数据输入端设置的数据被置入计数器的 4 个触发器中，使输出 Q_3 ～ Q_0 为 D_3 ～ D_0。

4）EN_P 和 EN_T：计数器的使能端，高电平有效，当 EN_P 和 EN_T 都是 1 时，计数器正常计数；当 $EN_P \cdot EN_T$=0 时，计数器不计数，处于保持状态。

5）Q_0 ～ Q_3：数据输出端，是内部 4 个触发器的 Q 输出端。

6）RCO：进位输出端，当 $Q_0Q_1Q_2Q_3$=1001，EN_T=1 时，RCO=1；其他情况下 RCO=0，即正常计数时，计数值到 1001 时，进位输出端为 1。

可见，74LS160 和 74LS161 从外观到功能都是一样的，区别是计数模值不同。它们的使用方法也是相同的，利用 74LS160 可以实现 10 以内的任意进制计数器，异步复位法、预置数法同样适用。在此，可以用两个 74LS160 进行级联实现 M 进制（M>10）。**注意：** 74LS161 也可以使用级联法实现模值大于 16 的计数器。

图 5-33 是用 74LS160 采用级联法实现六十进制计数器，基本思路：先用一个 74LS160 采用复位法实现六进制，其有效状态是 $0 \rightarrow 1 \rightarrow 2 \rightarrow 3 \rightarrow 4 \rightarrow 5$，再用一个 74LS160 实现十进制，然后将两个计数器进行级联，实现 6×10 进制，使其有效状态是 $0 \rightarrow 1 \rightarrow 2 \rightarrow 3 \rightarrow \cdots \rightarrow 58 \rightarrow 59$。**注意：** 此时，将十进制作为低位（个位），将六进制作为高位（十位）比较符合我们的习惯，反之也可以实现六十进制，但是其计数的规律不符合我们的日常习惯。级联时，要由低位向高位进位。

实现级联的方法有两种：同步法和异步法。同步法是指两个集成块使用相同的时钟，此时，低位芯片控制高位芯片的使能端实现进位计数。异步法是两个集成块采用不同的时钟，低位的进位可以作为高位的时钟使用。图 5-33a 是采用异步法级联，图 5-33b 是采用同步法级联，都实现了六十进制计数器。

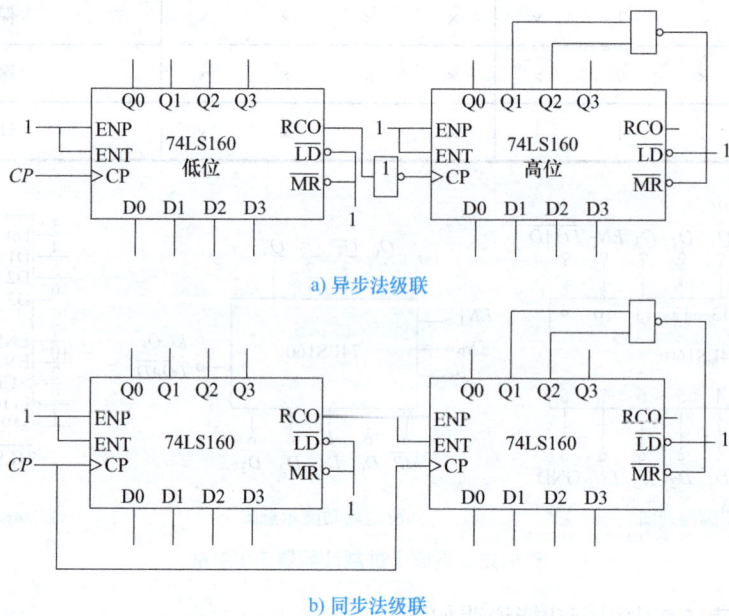

a) 异步法级联

b) 同步法级联

图 5-33 74LS160 实现六十进制计数器

图 5-34 是采用异步法实现六十进制的仿真电路。仿真时，计数器的初始状态可能不是 0，这是因为电路没有设置初始化部分，通电的瞬间初态不一定是 0，但是当电路进入稳定工作以后，就会正常工作了。因此，很多电路都需要启动之后有个延时才可以稳定下来正常工作。请认真分析并测试图 5-34 所示电路，并仿照图 5-33 设计出同步法的仿真电路进行测试。

图 5-35 是个位的 74LS160 的时钟脉冲 CP、Q_0 的输出（用 Q_{10} 表示）、向十位的进位 $\overline{RCO}$（用 CP_C 表示）、十位的 74LS160 的输出 Q_0（用 Q_{20} 表示）4 个信号的波形。从图 5-35 所示的波形图中可以得出以下结论：

1）74LS160 的时钟脉冲是上升沿有效。因为 Q_{10} 的状态跳变都是发生在 CP 的上升沿，Q_{20} 的状态跳变都是发生在 CP_C 的上升沿。

2）低位向高位的进位 RCO 需要求反变成 $\overline{RCO}$，进位的时机才正确。当低位计数到 9 时，低位的 $RCO=1$，在 RCO 上产生了一个上升沿，但此时还不到进位的时机，需要再过一个 CP 的周期，低位计数从 9 变成 0 时，才可以向高位进位，而此时 RCO 上正好产生了一个下降沿。因此，需要用非门将 RCO 求反，把这个下降沿变成上升沿（即 CP_C 信号）。

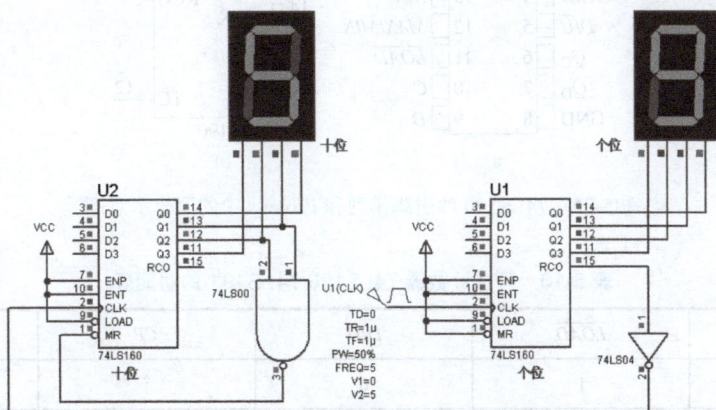

图 5-34 用 74LS160 实现六十进制计数器仿真图

3）低位的 Q_3 可以充当向高位进位的信号。进位信号是 CP 的 10 分频，低位的 Q_3 也是 CP 的 10 分频，二者的频率及下降沿的时机是相同，因此这个电路的 CP_C 可以用低位的 Q_3 求反获得，即 $CP_C = \overline{Q_3}$。

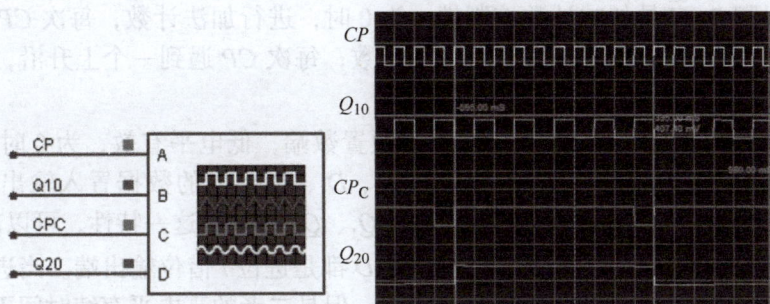

图 5-35 异步法级联后 CP 和 $\overline{RCO}$ 的波形

5.2.3 可逆集成计数器

可以同时进行正向和反向计数的计数器称为可逆计数器，常用的有 74LS190、74LS191、74LS192、74LS193 等。

1. 可逆计数器 74LS190/74LS191

图 5-36a 是 74190/74191 的引脚排列图，图 5-36b 是 Proteus 中的逻辑示意图，表 5-10 是其功能表，可以看出，部分引脚的名称在两个图中是不同，同一个引脚在不同的材料或书籍中标注的名称可能不同，但是其功能是一样的，请读者在查阅资料时注意这一点，用引脚的编号来确定一个引脚及其功能。引脚的名称可能不同，但一般起名都是遵循"见名知义"的原则。

1）4 号引脚 $\overline{CTEN}$（也称为 $\overline{E}$ 端）是计数器工作使能端，低电平有效，为 0 时电路工作，进入计数状态；为 1 时，电路不计数，输出端保持不变。

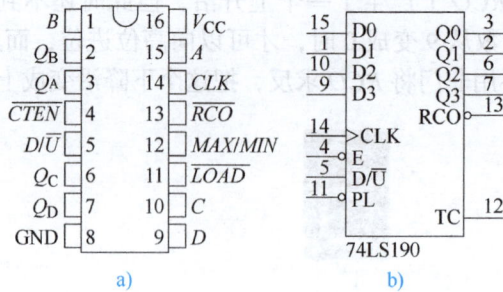

a)   b)

图 5-36 74LS190 的引脚排列和 Proteus 中的逻辑示意图

表 5-10 可逆计数器 74LS190/74LS191 的功能表

$\overline{CTEN}$	$\overline{LOAD}$	$D/\overline{U}$	CP	工作状态
0	1	0	↑	加法计数
0	1	1	↑	减法计数
×	0	×	×	异步预置数
1	1	×	×	保持

通过读表和图可以得到以下结论：

2）5 号引脚 $D/\overline{U}$ 是加减计数控制端，为 0 时，进行加法计数，每次 CP 遇到一个上升沿，输出端数据加 1；为 1 时，进行减法计数，每次 CP 遇到一个上升沿，输出端数据减 1。

3）11 号引脚 $\overline{LOAD}$（亦称 $\overline{PL}$）是异步预置数端，低电平有效，为 0 时，立即将 9、10、1、15 号引脚 D、C、B、A（也称 D_3、D_2、D_1、D_0）上的数据置入输出端 7、6、2、3 号引脚 Q_D、Q_C、Q_B、Q_A 上（也称 Q_3、Q_2、Q_1、Q_0），利用这一特性，可以改变进制。

4）13 号引脚 $\overline{RCO}$ 和 12 号引脚 $MAX/MIND$ 都是进位 / 借位输出端。当进行加法计数时，是进位端，当进行减法计数时，是借位端。但是二者的高电平存续时间不同，请仔细看图 5-37 的波形。

5）14 号引脚 CLK 是时钟输入端 CP，上升沿有效。

6）74LS190 是十进制计数器，输出的是 8421BCD 码，74LS191 是十六进制计数器，输出的是四位二进制数。二者其他功能相同。

图 5-37 是 74LS190 的工作波形图，可以清楚地看出 MAX/MIN 端和 $\overline{RCO}$ 端的功能，总体上，二者都可以称为进位端（加法计数时）和借位端（减法计数时），但是有以下区别：

1）在加法计数时，输出端 $Q_DQ_CQ_BQ_A=1001$（输出 9）时，MAX/MIN 变为 1，表示达到计数最大值，下一个 CP 上升沿时，MAX/MIN 跳变产生下降沿，向高位进位。在输出端 $Q_DQ_CQ_BQ_A=1001$（输出 9）时的 CP 后半周期，$\overline{RCO}$ 由 1 跳变为 0，表示即将进位，下一个 CP 上升沿时，$\overline{RCO}$ 跳变产生上升沿，向高位进位。在进位的同时，该计数器的计数值从 9 变为 0。可见，MAX 和 $\overline{RCO}$ 都表示进位，但进位时一个提供下降沿，另一个提供上升沿，可以灵活地使用这两个边沿向高位进位。

2）在减法计数时，当输出端 $Q_DQ_CQ_BQ_A$=0000（输出 0）时，MAX/MIN 跳变为 1，表明达到计数最小值，下一个 CP 上升沿时，MAX/MIN 跳变产生下降沿，开始借位。在输出端 $Q_DQ_CQ_BQ_A$=0000 的后半周期，$\overline{RCO}$ 由 1 跳变为 0，表示即将借位，下一个 CP 上升沿时，$\overline{RCO}$ 跳变产生上升沿，开始借位。在借位的同时，该计数器的计数值从 0 变为 9。可见，MAX/MIN 和 $\overline{RCO}$ 都表示借位，但借位时一个提供下降沿，另一个提供上升沿，可以灵活地使用这两个边沿向高位借位。

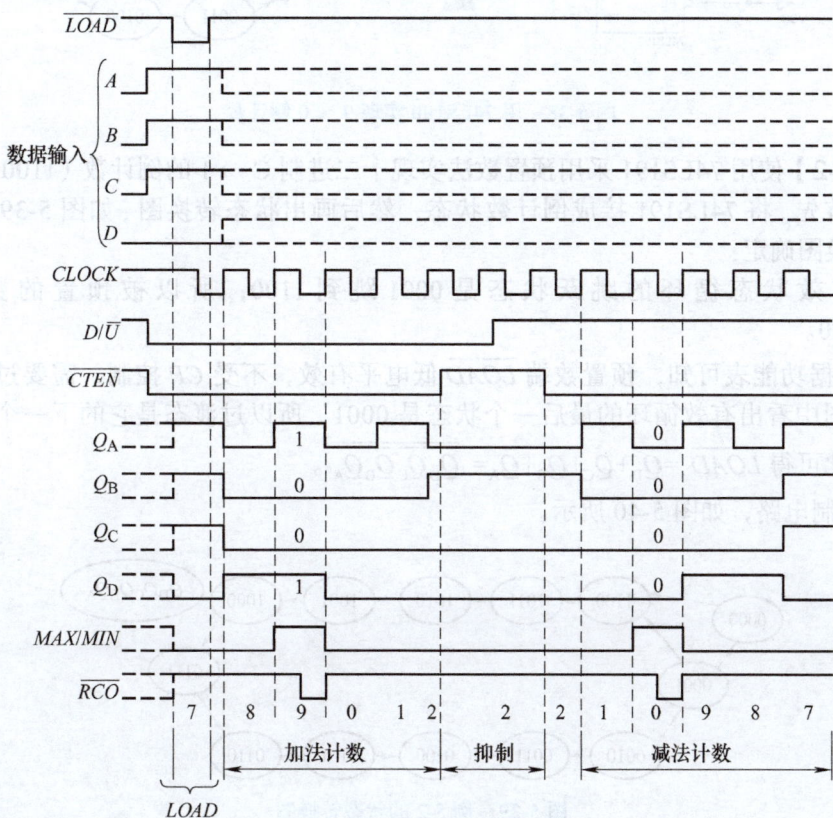

图 5-37　74LS190 工作波形图

2. 可逆计数器的应用实例

【**例 5-1**】请用 74LS190 实现 9 ～ 0 的倒计数电路。

解：用 74LS190 实现 9 ～ 0 倒计数的电路连接，需要进行以下设置：

1）$\overline{E}$ =0，使 74LS190 正常计数。

2）$D/\overline{U}$ =1，使 74LS190 做减法计数。

3）$\overline{LOAD}$ =1，不使用预置数，实现的计数是 9 ～ 0。

连接电路如图 5-38a 所示，状态转换图如图 5-38b 所示。

在图 5-38 中，MAX/MIN 端在输出端 $Q_DQ_CQ_BQ_A$=0000 时，变为 1，$\overline{RCO}$ 在 $Q_DQ_CQ_BQ_A$=0000 的后半个周期中为 0。级联时，这两个都可作为向高位的借位。如果将 74LS190 换成 74LS191，这个电路可以实现从 1111 → 0000 的倒计数。

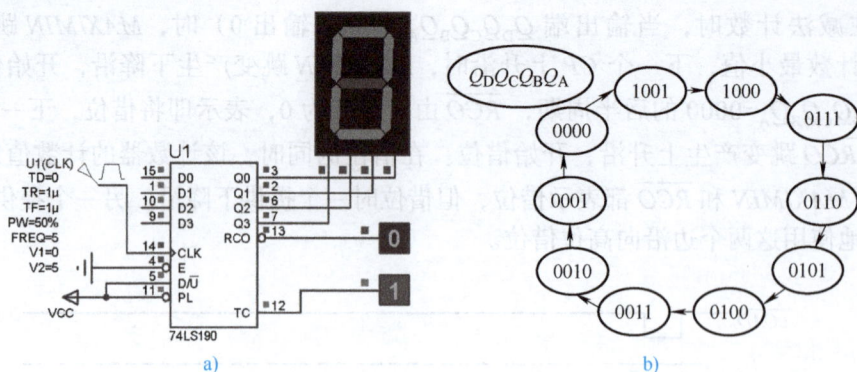

图 5-38　用 74LS190 实现 9 ～ 0 倒计数

【例 5-2】使用 74LS191 采用预置数法实现十二进制 C → 1 的倒计数（1100 → 0001）。

解：首先，将 74LS191 接成倒计数状态，然后画出状态转换图，如图 5-39 所示，根据状态转换图确定：

1）有效状态循环的跳跃状态是 0001 跳到 1100，所以被预置的数据应为 $DCBA$=1100。

2）根据功能表可知，预置数端 $\overline{LOAD}$ 低电平有效，不受 CP 控制，需要过渡态，在状态转换图中看出有效循环的最后一个状态是 0001，所以过渡态是它的下一个自然状态 0000，由此可得 $\overline{LOAD}$ $=Q_D+Q_C+Q_B+Q_A=\overline{\overline{Q_DQ_CQ_BQ_A}}$。

3）绘制电路，如图 5-40 所示。

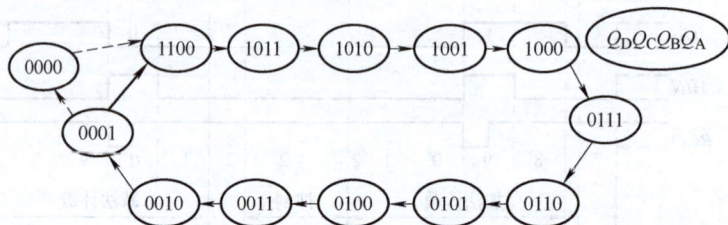

图 5-39　例 5-2 的状态转换图

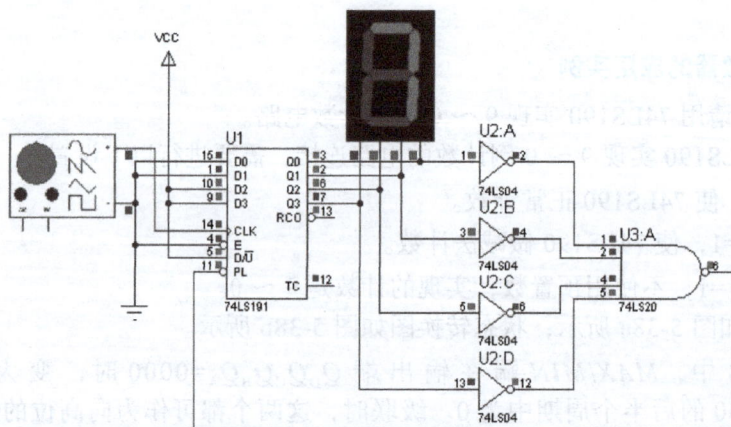

图 5-40　用 74LS191 实现倒计数仿真图

5.2.4　构成任意进制计数器的方法

构成任意进制计数器的方法有反馈复位法、预置数法、级联法，这 3 种方法在前面的内容中均已涉及，本部分对 3 种方法进行归纳整理。

1. 反馈复位法

反馈复位法适用于有复位端的计数器，使用时，注意复位端的有效电平是高电平"1"还是低电平"0"，注意复位端是异步的还是同步的，如果是异步的，需要有过渡态，如果是同步的，则不需要增加过渡态。

【例 5-3】请根据集成四位同步二进制计数器 74LS163 的功能表（见表 5-11）和引脚排列图及逻辑符号（和 74LS161 相同），采用反馈复位法设计十进制计数器。

表 5-11　74LS163 功能表

输入									输出			
$\overline{MR}$	$\overline{LD}$	EN_P	EN_T	CP	D_3	D_2	D_1	D_0	Q_3	Q_2	Q_1	Q_0
0	×	×	×	↑	×	×	×	×	0	0	0	0
1	0	×	×	↑	D_3	D_2	D_1	D_0	D_3	D_2	D_1	D_0
1	1	0	1	×	×	×	×	×		保持		
1	1	×	0	×	×	×	×	×		保持		
1	1	1	1	↑	×	×	×	×		计数		

解： 1）绘制状态转换图。从 74LS163 的功能表看出，复位端 $\overline{MR}$ 是低电平有效，受 CP 控制，属于同步复位端，在 $\overline{CR}$ =0 之后遇到 CP 的上升沿才会让计数器复位，在使用复位法构成计数器时不需要过渡态。它的状态转换图如图 5-41 所示。

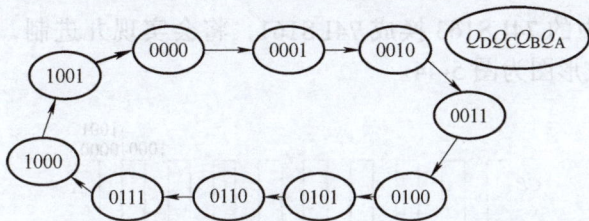

图 5-41　由 74LS163 构成十进制的状态转换图

2）写出复位端表达式。当输出端 $Q_DQ_CQ_BQ_A$=1001 时，需要将这个状态译码产生复位信号 0 给 $\overline{MR}$，此时计数器不会立即复位，需要等待下一个 CP 上升沿的到来，所以 1001 这个状态能够稳定存在一个 CP 周期的期间，是有效态。在 1001 状态之后到来的第一个 CP 上升沿使计数器复位，进入 0000 状态，这样整个循环就是图 5-41 所示的。所以复位端的表达式是：$\overline{MR} = \overline{Q_DQ_A}$。

3）绘制电路图。用 74LS163 采用反馈复位法构成十进制的仿真电路如图 5-42 所示，请在 Proteus 中进行仿真。

注意： 如果使用 74LS161，$\overline{MR}$ 是异步端，只要 $\overline{MR}$ 为 0，立即使计数器复位，1001 这个状态就不会存在一个 CP 周期的时间，成为一个瞬间过渡状态，其有效状态就是 0000→1000，比图 5-41 少一个状态，成为九进制计数器。

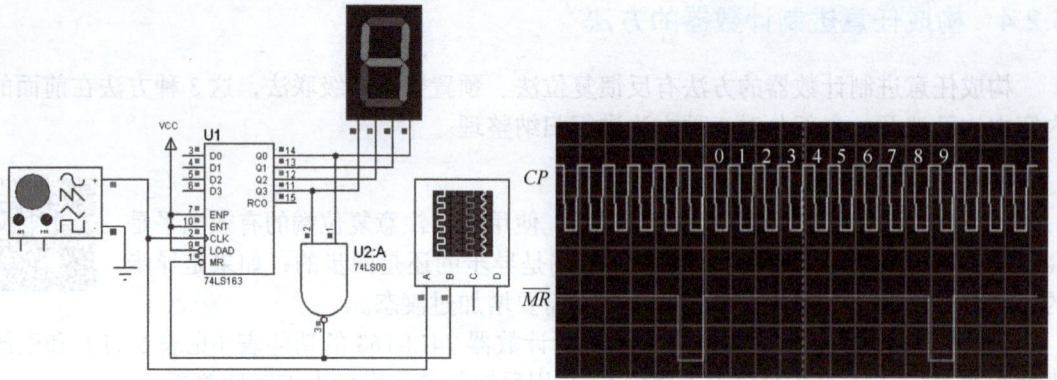

图 5-42　用 74LS163 采用反馈复位法构成十进制计数器仿真图

在这里，我们关心 $\overline{MR}$ 的波形，其波形图如图 5-43 所示，当计数器输出状态为 1001 时，$\overline{MR}=0$，在下一个 CP 上升沿，计数器被复位，之后 $\overline{MR}$ 再次成为 1。

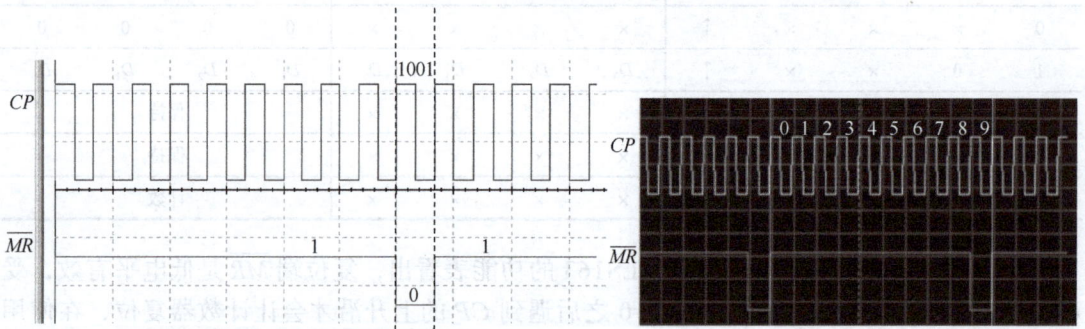

图 5-43　CP 和 $\overline{MR}$ 的波形仿真图

如果将图 5-42 中的 74LS163 换成 74LS161，将会实现九进制，有效状态是 0 ～ 8，1001 是过渡态，其波形图为图 5-44。

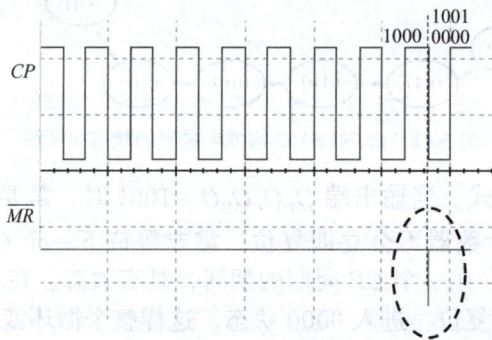

图 5-44　集成二进制计数器 74LS161 的 CP 和 $\overline{MR}$ 的波形仿真图

从波形可见，过渡态（1001）一出现，异步复位端会使计数器立即复位（0000），复位端立即跳变为高电平"1"，因此在图中看到 $\overline{MR}$ 只是出现了一个负脉冲，存在的时间是一个瞬间，这也证明过渡态 1001 存在的时间也是一个瞬间，不能成为存在 CP 一个周期的稳定状态，在这个 CP 周期中，稳定存在的是 0000 状态。

为了防止因为 $\overline{MR}=0$ 的时间过短而造成复位不完全，在实践中经常用触发器来展宽复位信号，使计数器中所有的触发器都能安全复位。其电路和波形图如图 5-45 所示，图中用异步复位的 74LS161 作为计数器，用 D 触发器来展宽 $\overline{MR}$ 的负脉冲时间，从波形图可见，$\overline{MR}$ 的低电平时间被展宽达到一个 CP_2 脉冲周期。CP_2 是 D 触发器的脉冲信号，其频率远高于计数器的频率，不可与计数器使用同一个脉冲 CP，因为在 74LS161 出现过渡态时，要经过与非门变换出"0"作为复位信号，此时，使之出现过渡态的上升沿已经成为过去式，对于 D 触发器来说，复位信号"0"传输到 D 触发器输入端时，这个上升沿已经消失了，必须等待下一个上升沿才能将复位信号通过 D 触发器反馈到 $\overline{MR}$ 端，将过渡态转变成有效态。采用高频率的 CP_2 作为 D 触发器的脉冲信号，可以快速地采样到复位信号并展宽到 CP_2 的一个周期。**注意：** CP_2 的频率要高，但是周期要大于 74LS161 的传输时间，保证 74LS161 完成复位动作。

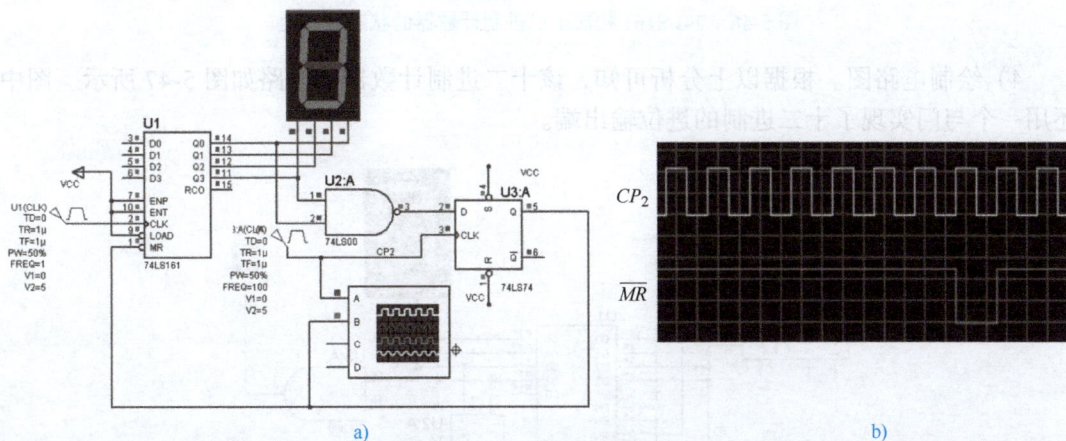

图 5-45　经过改进的反馈复位仿真电路及波形仿真图

2. 预置数法

预置数法适用于集成计数器上有预置控制端的情况，采用这种方法构成计数器更方便、灵活，使计数器的有效状态可以从 0 开始，也可以从其他任何一个能实现的状态开始，如构成十二进制计数器，可以采用 $0 \to 1 \to 2 \to \cdots \to 11$ 这 12 个状态，也可以采用 $1 \to 2 \to \cdots \to 11 \to 12$ 这 12 个状态，还可以使用 2 或 3 或其他状态作为第一个状态开始循环。

使用预置数法时，要注意预置数端的有效电平是"1"还是"0"，预置数端是否受到 CP 的控制，如果是异步端（不受 CP 控制），需要过渡态，如果是同步端（受到 CP 控制），则不需要过渡态。

【例 5-4】请使用 74LS161 采用预置数法构成十二进制计数器，要求使用 $1 \to 2 \to \cdots \to 11 \to 12$ 作为有效态，74LS161 的功能表见表 5-4。

解： 1）绘制状态转换图。74LS161 的预置数端是 0 有效，受到 CP 控制，因此不需要过渡态，十二进制计数器的状态转换图如图 5-46 所示。

2）确定预置数输入端信号。图 5-46 中状态从 $0001 \to 1100$ 都是连续状态，从 $1100 \to 0001$ 产生状态的跳变，这两个跳变状态之间的箭头（称为跳变箭头）指向的状态便是要预置的数据，因此 $DCBA=0001$。

3）确定预置数控制端的表达式。跳变箭头尾部的状态 1100 就是需要译码产生 0 送给

$\overline{LOAD}$ 的状态，因此：$\overline{LOAD} = \overline{Q_D Q_C}$。

74LS161 和 74LS163 的预置数端是同步功能端，不用过渡态，如果实践中用到了异步功能端，则要有过渡态，过渡态是跳变箭头尾部状态的下一个自然状态（不改变进制时会进入的下一个状态）。

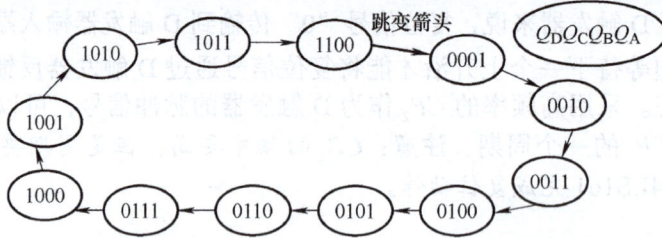

图 5-46　74LS161 构成十二进制计数器的状态转换图

4）绘制电路图。根据以上分析可知，该十二进制计数器的电路如图 5-47 所示。图中还用一个与门实现了十二进制的进位输出端。

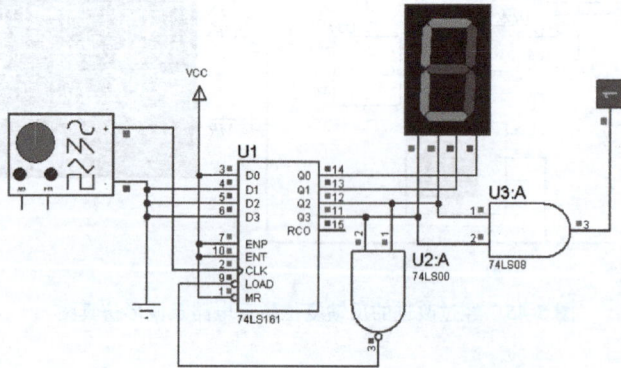

图 5-47　74LS161 预置法构成十二进制计数器

将图中的 74LS161 换成 74LS163 会得到相同的功能，读者可以自行仿真并认真分析一下。此电路中的结果是以十六进制显示的，请参考 BCD 码加法的结果调整方法，将此电路中的显示转变成十进制形式。

将图 5-42 中电路修改一下，将反馈复位信号连接到预置数端，将复位端接 1，同时 DCBA 为 0000，也可以得到 0～9 为有效状态的十进制计数器，如图 5-48 所示。

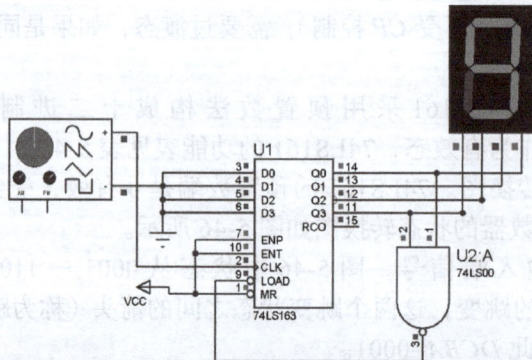

图 5-48　74LS163 预置法构成十进制计数器

3. 级联法

当将 N 进制计数器扩展到大于 N 进制时，须采用级联法。级联法在应用中有两种实现方法：同步法和异步法。这在前面的内容已经涉及，不再赘述。

【例 5-5】请用集成十进制计数器 74LS162（功能表见表 5-12）实现六十进制计数器，有效状态是 0 ~ 59。

表 5-12　74LS162 的功能表

输入									输出			
$\overline{MR}$	$\overline{LD}$	EN_P	EN_T	CP	D_3	D_2	D_1	D_0	Q_3	Q_2	Q_1	Q_0
0	×	×	×	↑	×	×	×	×	0	0	0	0
1	0	×	×	↑	D_3	D_2	D_1	D_0	D_3	D_2	D_1	D_0
1	1	0	1	×	×	×	×	×	保持			
1	1	×	0	×	×	×	×	×	保持			
1	1	1	1	↑	×	×	×	×	计数			

分析：74LS162 和 74LS163 的功能表是相同的，但 74LS162 是十进制计数器，74LS163 是十六进制计数器。现用 74LS162 实现六十进制，显然，单独的复位法和预置数法是完不成的，至少需要两个 74LS162 级联完成。在 10 以内两个数相乘，积为 60 的只有 6×10，所以，应该让一个 74LS162 实现六进制，一个实现十进制，然后将两个进行级联。级联时，将十进制计数器作个位，六进制计数器作十位，这样计数的结果是 8421BCD 码，方便显示和使用，如果个位和十位换过来，也可以实现六十进制，但是编码不是 8421BCD 码，使用起来不够方便。由于 Proteus 中只提供了 IEC 的逻辑符号，没有提供 74LS162 的 ANSI 逻辑图，此处用逻辑功能相同的 CC40162 代替 74LS162，用异步法级联实现六十进制计数器仿真，如图 5-49 所示。

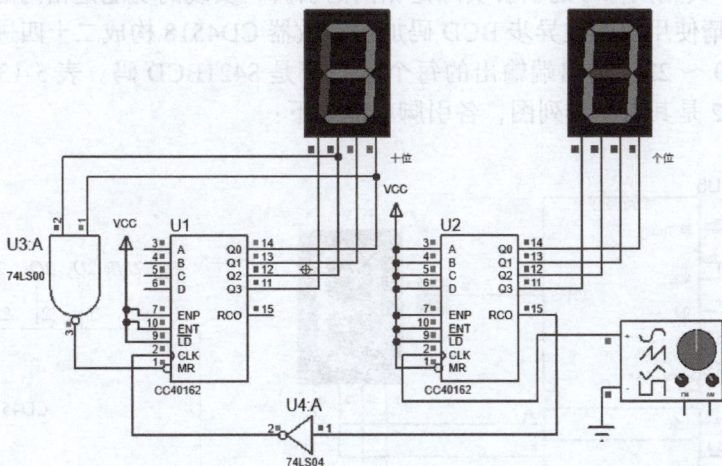

图 5-49　用 CC40162 代替 74LS162 采用异步法构成六十进制计数器仿真图

该电路中 U1 是十位，U2 是个位，个位是十进制，向十位进位，十位是采用复位法构成六进制，因此组合的有效状态从 00000000 ~ 01011001。个位向十位的进位信号求反，是因为个位从 1001 翻转成 0000 时，个位的进位信号产生下降沿，而十位需要的是上升沿，因此需要一个反相器，将 *RCO* 的下降沿变成上升沿。

如采用同步法级联，须将两个计数器的时钟端连接同一个 *CP*，个位的 *RCO* 控制十位的使能端 EN_P 或 EN_T，如图 5-50 所示。这个电路有个缺点，在计数到 59 时，本该显示 00，实际上显示 60，之后显示 01，进入正常。这是因为 74LS162 或 40162 的预置数端和复位端都是同步端，受到 *CP* 控制的原因。因此，使用同步法级联构成计数器最好选用预置数端或复位端是异步的芯片。

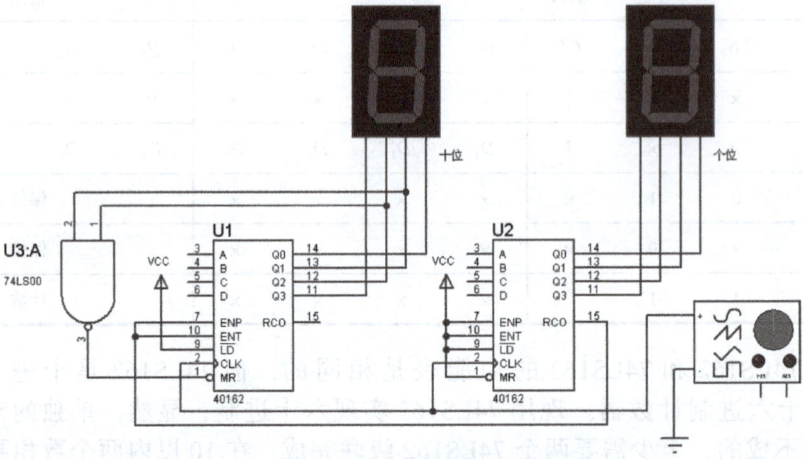

图 5-50 用 40162 采用同步法构成六十进制计数器仿真图

说明： IEC 是国际电工委员会（International Electro technical Commission）的简称，由其制定的标准称为 IEC 标准；ANSI 是美国国家标准学会（America National Standards Institute）的简称，由其制定的标准是 ANSI 标准。

使用 IEC 符号的 74LS162 的功能测试仿真图如图 5-51 所示。由图可见，虽然符号的形式及引脚的标注名称不同，但是同一个标号的引脚功能是相同的，只是一个芯片的不同表示形式而已，其相同标号的引脚实际是相同的引脚，实现的功能是相同的。

【例 5-6】 请使用双四位异步 BCD 码加法计数器 CD4518 构成二十四进制计数器，要求有效状态为 0～23，输出端输出的每个状态都是 8421BCD 码。表 5-13 是 CD4518 的功能表，图 5-52 是其引脚排列图，各引脚功能如下：

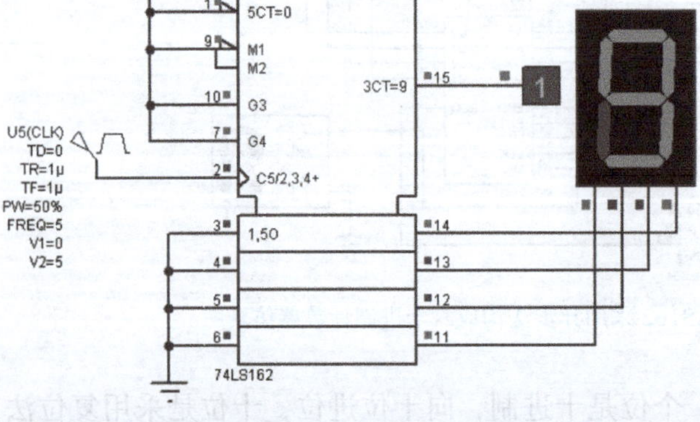

图 5-51 使用 IEC 符号的 74LS162 功能测试仿真图

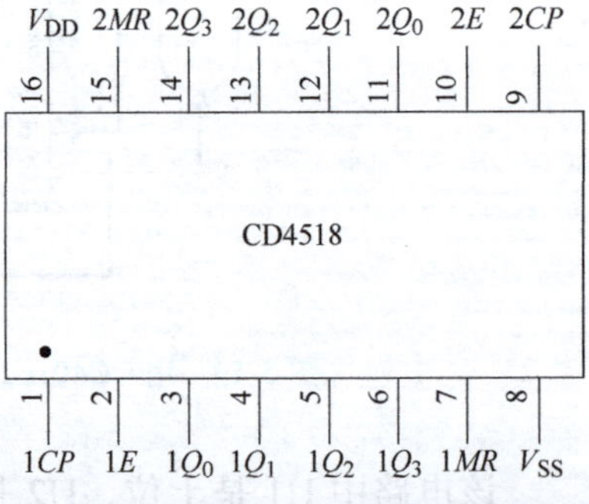

图 5-52 CD4518 引脚排列图

表 5-13　CD4518 功能表

功能	输入			输出			
	MR	*CP/CLK*	*E*	Q_3	Q_2	Q_1	Q_0
异步清零	1	×	×	0	0	0	0
计数	0	↑	1	BCD 码加法计数			
保持	0	×	0	保持			
计数	0	0	↓	BCD 码加法计数			
保持	0	1	×	保持			

注：1. *MR*：异步清零端（复位端），高电平有效。
　　2. *E*、*CP*：计数器工作状态控制与时钟脉冲输入端。
　　3. Q_3、Q_2、Q_1、Q_0：计数器四位数据输出端。

分析： CD4518 是一个双四位异步 BCD 码加法计数器，即内部有两个十进制计数器，每个计数器都有异步清零端 *MR*，两个 *CP* 输入端，*CP* 是上升沿有效，*E* 是下降沿有效。本问题中要求二十四进制计数器输出的状态都是 8421BCD 码，所以，不能用类似 4×6、3×8 的级联方式构建电路。为此，可将两个十进制计数器级联成一百进制计数器，然后将其看成整体再使用复位法将个位和十位同时复位得到二十四进制，这是级联法和复位法的联合使用。

1）绘制状态转换图，如图 5-53 所示。

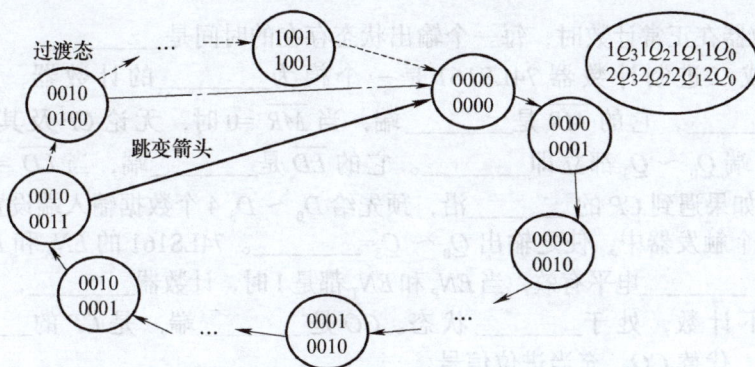

图 5-53　由 CD4518 构成二十四进制的状态转换图

2）写出复位信号表达式。由于 *MR* 是异步复位端，需要过渡态，00100100(24) 是过渡态，所以：$MR = 1Q_1 \cdot 2Q_2$。

3）绘制电路。二十四进制电路仿真图如图 5-54 所示。

图中，U1：A 是十位部分，U1：B 是个位部分，将个位的 $2Q_3$ 当作进位信号给十位的 *E* 端，在个位为 9 时，$2Q_3 = 1$，当个位变成 0 时，$2Q_3 = 0$，由此在 $2Q_3$ 上产生了一个下降沿，此时也正是个位需要向十位进位的时机，因此可以将它作为十位的时钟脉冲，这也决定了电路中采用下降沿触发，由此个位部分的脉冲也选用了下降沿，$1CLK$ 和 $2CLK$ 接地。十位 0010 和个位 0100 构成过渡态，将这个状态的特征 $1Q_1=1$、$2Q_2=1$ 相与产生 1，反馈给异步复位端 MR 作为复位信号，当个位和十位同时得到复位信号时，两部分同时复位，从 00100100(24) 跳变为 00000000(00)，需注意的是，00100100 是过渡态，不能稳定地存在，真正的有效态是 00～23。这种做法保证了每个状态都是 8421BCD 码。

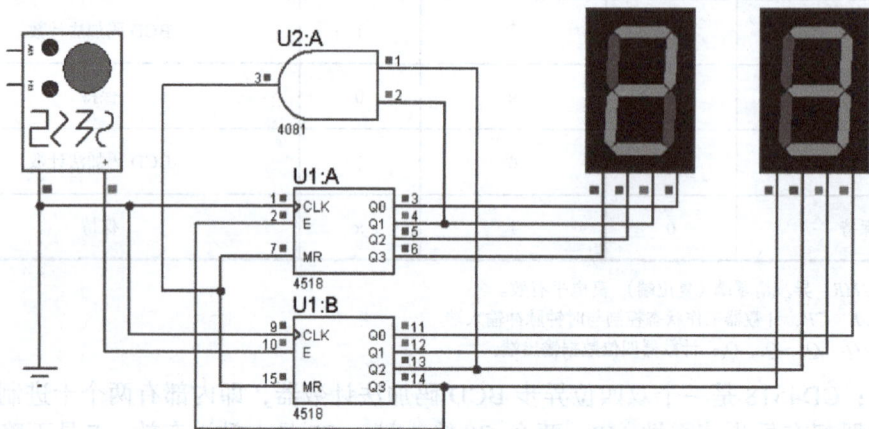

图 5-54 用 CD4518 实现二十四进制计数器

巩固与提高

1. 知识巩固

1-1 计数器在正常计数时，每一个输出状态存在的时间是_____。

1-2 集成二进制计数器 74LS161 是一个模为_____的计数器，有效状态是 _____～_____，它的 $\overline{MR}$ 是_____端，当 $\overline{MR}=0$ 时，无论 CP 及其他引脚是什么状态，输出端 $Q_0～Q_3$ 都立即_____。它的 $\overline{LD}$ 是_____端，当 $\overline{LD}=0$（此时保证 $\overline{MR}=1$）时，如果遇到 CP 的_____沿，预先给 $D_0～D_3$ 4 个数据输入端设置的数据被置入计数器的 4 个触发器中，使之输出 $Q_0～Q_3$=_____。74LS161 的 EN_P 和 EN_T 是计数器的_____端，_____电平有效，当 EN_P 和 EN_T 都是 1 时，计数器_____，当 $EN_P \cdot EN_T=0$ 时，计数器不计数，处于_____状态。CO 是_____端，是 CP 的_____分频，可以用_____代替 CO，充当进位信号。

1-3 利用计数器的清零端实现进制的改变，称为_____法构成任意进制计数器，这种方法构成的计数器的第一个状态是_____。如果复位端是异步的，那么_____（需要 / 不需要）过渡态，如果复位端是同步的，则_____（需要 / 不需要）过渡态。

1-4 利用计数器的预置数端实现进制的改变，称为_____法构成任意进制计数器。异步预置数计数器_____（需要 / 不需要）过渡态，同步预置数计数器_____（需要 / 不需要）过渡态。这种方法构成的计数器的第一个状态_____（一定 / 不一定）是 0。

1-5 计数器的一个功能端有效时，如果对应的 CP 为无关（或功能表中打 × ），说明这个端是_____步功能端；反之，若对应的 CP 是一个有效边沿，说明这个端是_____步功能端。

1-6　将一个 M 进制和一个 N 进制的计数器级联，可以实现_____进制计数器。实现级联的方法有两种：_____法和_____法。_____法是指两个集成块使用相同的时钟，此时，低位芯片控制高位芯片的使能端，实现进位计数；_____法是两个集成块采用不同的时钟，低位的进位可以作为高位的时钟来使用。

1-7　观察 74LS290 的功能表可以得出：当外来时钟脉冲从 CP_0 引入时，用 Q_0 作为输出，实现的是_____进制；当外来时钟脉冲从 CP_1 引入时，用 $Q_3Q_2Q_1$ 作为输出，实现的是_____进制；当时钟脉冲从 CP_0 引入，并将 Q_0 和 CP_1 相连接，用 $Q_3Q_2Q_1Q_0$ 作为输出，实现的是_____进制。

1-8　分析图 5-55 所示的电路，画出电路的状态转换图，说出这是几进制的计数器。

说明：芯片 T4161 的外部引线排列和功能表与 74LS161 相同，C 是进位端。

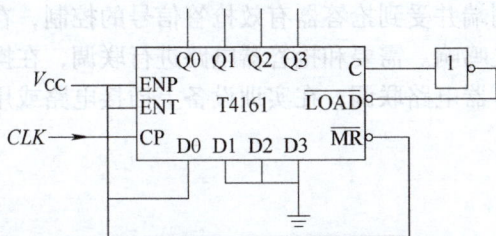

图 5-55　练习 1-8 图

1-9　请分别用 74LS161、74LS160、74LS290 构成七进制计数器。要求采用反馈复位法和预置数法（如果可以）来实现，并总结构成任意进制计数器的方法和步骤。

1-10　请用两片同步十进制计数器 74LS160 接成五十进制同步计数器，并在 Proteus 中进行仿真测试。

1-11　总结级联法构成计数器的方法步骤，并完成六十进制和十二进制计数器的设计。

2. 能力提高

2-1　认真比较 74LS160、74LS162、74LS163 的功能并总结其复位端和预置数端的功能特点。

2-2　查阅资料，掌握 3 ~ 4 种可逆计数器的使用。

2-3　总结构成任意进制计数器的方法，并用 CD4518 设计六十进制计数器和二十四进制计数器，在 Proteus 软件中进行仿真，如有条件，用万能板焊接出电路。

任务 5.3　计时和显示电路的设计及与抢答器仿真联调

任务要求

请用所学的计数器知识，为项目 4 中的抢答器设计一款 100 秒计时器，当抢答成功时，计数器开始计时，当计时到 100s 时，声音电路发出提示声音。将计时、显示、声响电路与项目 4 的抢答器组合到一起，经过调试，实现正常使用。

知识目标：

1.掌握反馈复位法、预置数法、级联法构成计数器的方法。

2.掌握计数器输出显示的方法。

能力目标：

1.能用集成计数器扩展计数器的模值，并能正确处理进位、借位信号。

2.能设计电路的 PCB 并能正确制作、测试电路。

实训建议

根据前面两个任务中学习的集成计数器知识及构成任意计数器的方法，自主选择集成计数器并通过小组协作设计出一百进制计数器（可设计成加法计数器或减法计数器），并进行仿真测试，然后设计显示电路。设计中，要考虑该电路和智力竞赛抢答器的配合使用，需要有计数工作控制端并受到抢答器有效抢答信号的控制，在计数器计时完成时，给声响电路一个信号，使之鸣响。需要和抢答器电路进行联调，在操作上可以先将计时显示电路调试成功后再和抢答器电路联调，在实训设备上插接电路或用万能板焊接电路，实现抢答器的完整功能。

知识与操作

5.3.1　百进制计数器的设计与仿真

百进制计数器的设计方案有很多，用学习过的 74LS160、74LS161、74LS162、74LS163、74LS290、CD4518 等计数器都可以实现。图 5-56a 是用 CD4518 实现一百进制计数器的参考电路。电路采用了下降沿触发计数，个位计数器的最高位 $2Q_3$（引脚 14）作为给十位计数器的进位信号，连接到 $1E$ 上。个位的计数脉冲 $2E$ 来自信号发生器，两个计数器的 CLK 都接地，这是采用下降沿触发的连接方式。

也可以设计成百进制的倒计时电路，如采用 74LS190、74LS191 等可逆计数器设计。

考虑到和抢答器的匹配工作，还要对这个计数器进行完善。以项目 4 中抢答器的参考电路为例，对计时显示电路进行完善，可以参考此处的设计思路和方法，根据自己的抢答器电路完善设计。在图 5-56a 所示电路中，用开关模拟来自抢答器的控制信号，当开关打开时，计数器进入复位状态，不计数；当开关闭合时，计数器进入计数状态，开始计数。因此，当抢答器上出现有效抢答信号时，需要送过来一个 0 给 U6：B 的 MR，使电路开始计时，或是单独增加这一个控制端，给主持人或工作人员用，当参赛队员开始答题时，按下计时按键，答题结束时，复位计时按键，准备下一次抢答。如果从有效抢答就自动开始计时，可以将抢答器电路的 4 个触发器的 $\overline{Q}$ 接入一个四输入端的与门，如图 5-56b 所示，与门的输出就是抢答器送来的启动计时电路的信号（可以采用图 4-63 所示抢答器电路中 U3：A 与门的输出）。

当参赛队员在计时结束而没有回答完问题时，电路给出超时报警提示，图 5-57 所示电路就是增加了声响控制电路，当十位和个位都是 1001 时，将 $1Q_0$、$1Q_3$、$2Q_0$、$2Q_3$ 4 个信号（引脚 3、6、11、14）送入一个与门，使之输出 1，启动声响电路。由于这部分电路的加入，需要对图 4-63 所示抢答器电路的声响控制部分做适当的调整。

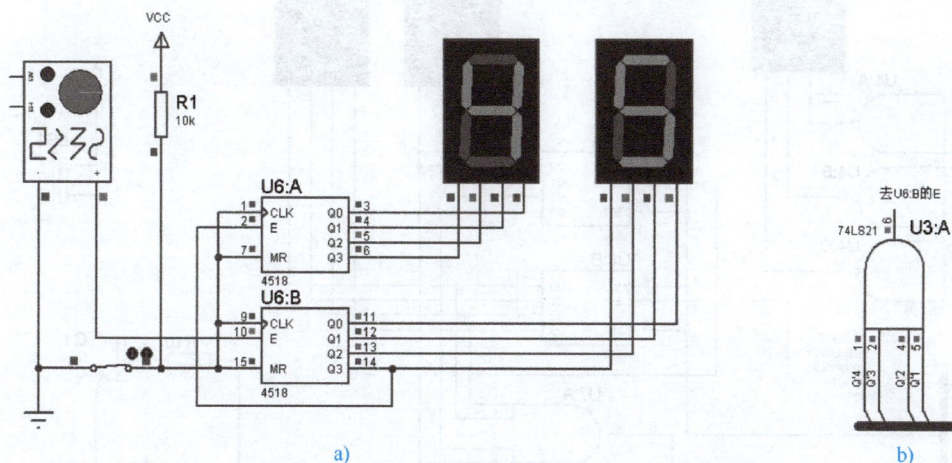

a)   b)

图 5-56 用 CD4518 构成一百进制计数器（增加复位控制端）仿真图

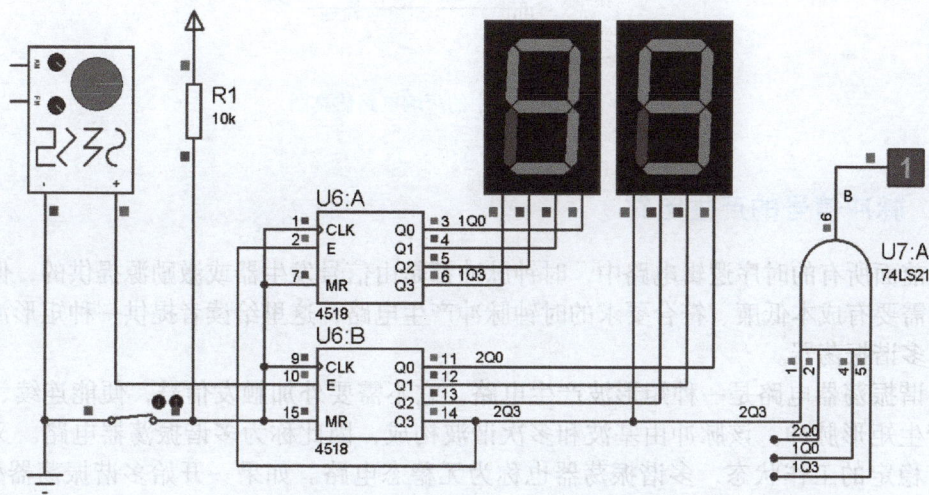

图 5-57 增加声响控制的计时电路仿真图

图 5-58 是项目 4 中抢答器电路的声响电路，其中，U5：A 输出 $A=1$ 时，表示有人抢答了，启动声响电路。现在要让图 5-57 中的 U7：A 输出 $B=1$ 时也启动声响电路，需要将 A、B 信号相或，再送给 U3：B 与门。

经过计时控制电路和声响控制电路的补充，整个电路就完善了，可以进行电路联调。

思考：声响控制信号用 C 表示，$C=A+B$，可以变成 $C=\overline{\overline{A}\,\overline{B}}$，观察图 4-63 所示电路可知：$\overline{A}$ 可以由 U3：A 输出获得，$\overline{B}$ 可以将 U7：A 换成与非门获得，同时将 U9：A 换成与非门即可将这部分电路进行简化。整个电路可以少用一个集成芯片。

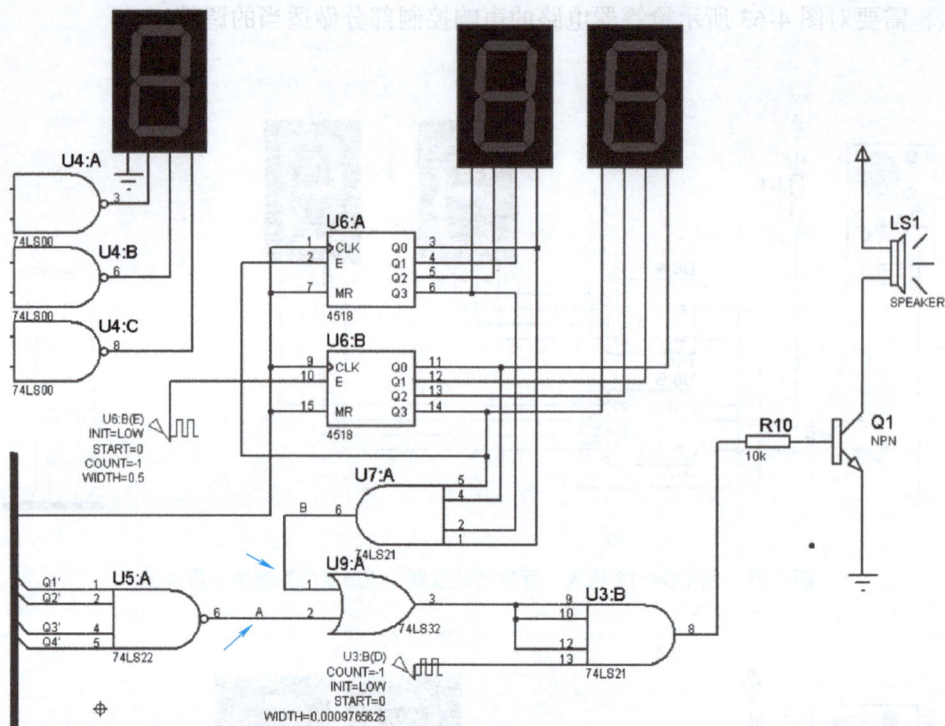

图 5-58　项目 4 中的声响电路仿真图

5.3.2　脉冲信号的产生电路

在前面所有的时序逻辑电路中，时钟脉冲都是由信号发生器或激励源提供的，但实际电路中需要有成本低廉、符合要求的时钟脉冲产生电路，这里给读者提供一种矩形波脉冲电路：多谐振荡器。

多谐振荡器电路是一种矩形波产生电路，它不需要外加触发信号，便能连续、周期性地产生矩形脉冲。该脉冲由基波和多次谐波构成，因此称为多谐振荡器电路。又因为其没有稳定的工作状态，多谐振荡器也称为无稳态电路。如果一开始多谐振荡器处于 0 状态，那么它在 0 状态停留一段时间后将自动转入 1 状态，在 1 状态停留一段时间后又将自动转入 0 状态，如此周而复始输出矩形波，常用作脉冲信号源及时序电路中的时钟信号。

CD4060 由一个振荡器和 14 级二进制串行计数器组成，振荡器的结构可以是 RC 或晶体振荡器电路，第 12 号引脚 $RESET$ 为高电平时，计数器清零且振荡器使用无效。CD4060 电源电压（V_{DD}）为 3 ～ 15V，输入电压（V_{IN}）为 0 ～ V_{DD}。CD4060 芯片特性如下：

1）电压范围宽，可以工作在 3 ～ 15V，输入阻抗高，驱动能力差。

2）输入电压小于 $V_{DD}/2$ 时，为 0，大于 $V_{DD}/2$ 时，为 1。

3）输出逻辑 1 的电压是 V_{DD}；输出逻辑 0 是 0V。

4）驱动能力较差，输出端最多只能带一个 TTL 负载。

5）如果加上拉电阻，其阻值大于 100kΩ。

6）CD4060 的计数器可以得到 14 位二进制串行计数。

图 5-59a 是 CD4060 的引脚图，其中，9、10、11 引脚外接电阻、电容、石英晶体振荡器，12 是电路复位端，1～7、13～15 是分频器的输出端，如 3 号引脚 Q_{14} 是输入脉冲信号的 14 分频，如果采用 32768Hz 的脉冲输入，从 Q_{14} 输出的信号频率是 $32768/2^{14}Hz=2Hz$。

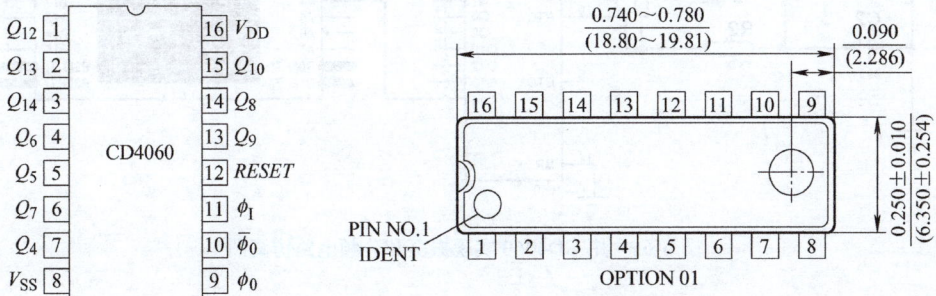

图 5-59　CD4060 的引脚排列及外观

图 5-60a 是用 CD4060 构成振荡器并进行分频的电路连接，图 5-60b 是带有晶体振荡器的连接方式，一般情况下选用这种方式。在 Proteus 软件中晶体振荡器元件的获取方法是：在"Pick Devices"窗口的搜索关键字框中输入"CRYSTAL"进行搜索或在"Miscellaneous"库中，结果栏中找到"CRYSTAL"，双击即可加入电路的器件库。

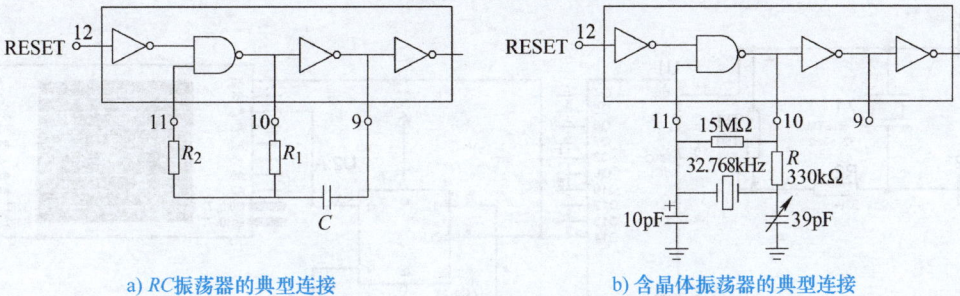

a）RC 振荡器的典型连接　　　　b）含晶体振荡器的典型连接

图 5-60　CD4060 实现振荡器的典型连接

图 5-61 是用 CD4060 实现的振荡和分频在 Proteus 中的仿真电路，读者可自行仿真。图 5-62 是虚拟数字分析仪输出的波形，其中，A_0 波形是晶体振荡器产生的 32768Hz 的矩形波（频率高，导致波形分辨不出来，需要拉伸横轴查看）；A_1 是 32768Hz 的 2^4 分频 2048Hz；A_2 是 32768Hz 的 2^5 分频 1024Hz；A_3 是 32768Hz 的 2^6 分频 512Hz；A_4 是 32768Hz 的 2^{14} 分频 2Hz。

第 3 号脚输出的是 2Hz，如果要得到标准 1Hz 的信号，可以用 D 触发器构成二分频电路进行分频，如图 5-63a 所示。图 5-63b 是输出波形，可以看出，D 触发器的输出 Q 的波形是 CD4060 的 3 号引脚波形的二分频，即 1Hz 脉冲信号。

6) CD4060 10:1 数器可以得到 14 位二进制输出方波。

图 5-59。是 CD4060 的引脚图。其中，9、10、11 引脚为接石英晶体、电阻、电容的电源输入端，12 引脚称复位端，1~7、13~15 是分别的输出端、第 1 引脚为 Q6、输入源方式的 14 级，可得到 14 级的分频，加在 Q2 输出端的为单稳32768Hz。

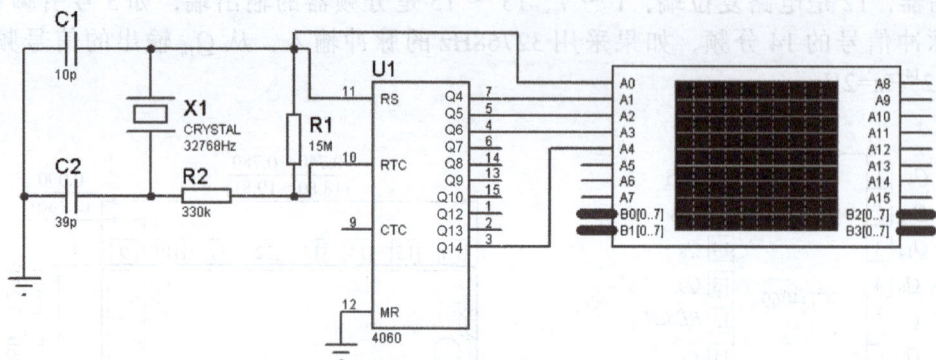

图 5-61　用 CD4060 实现振荡和分频电路仿真图

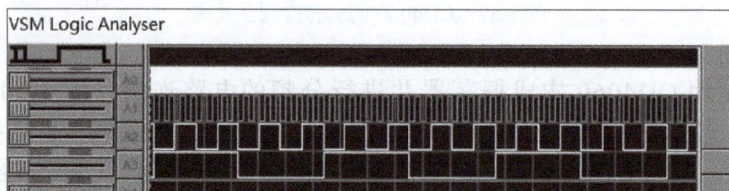

图 5-62　用 CD4060 实现振荡和分频电路的波形图

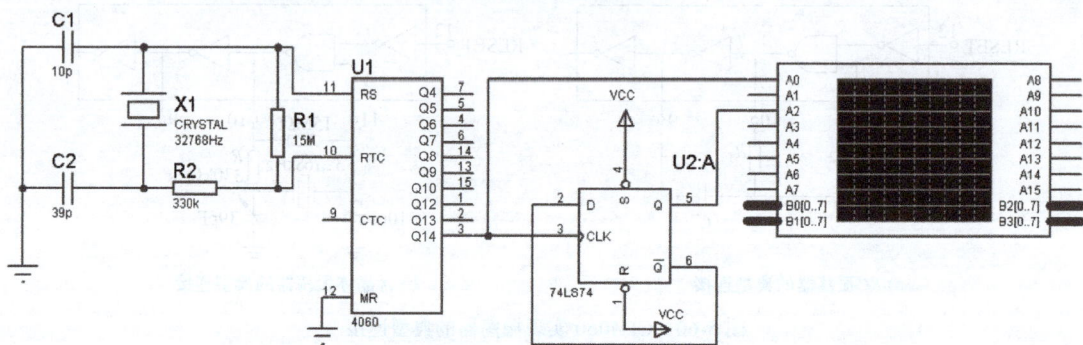

a) 仿真电路图

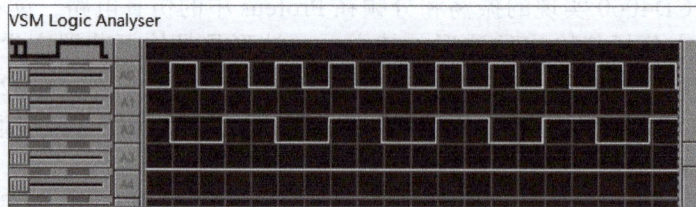

b) 输出波形

图 5-63　对 CD4060 的 3 号引脚输出信号二分频

在抢答器的声响电路中，还需要 500Hz 左右的振荡脉冲，可以从图 5-62 电路 CD4060 的 4 号引脚获得。如果电路中需要 1kHz 左右的脉冲信号，可以从 5 号引脚获得 1024Hz。所以 CD4060 可以提供多种频率的信号。

5.3.3　100 秒计时显示电路与抢答器的联调

完成抢答器的设计（含声响电路和数码显示电路）、脉冲信号产生电路及答题计时电路，就可以将这三部分整合，形成一个完整的电路，进行电路联调。图 5-64 所示是完整的电路原理图，它不是简单地将三部分拼接到一个图中，而是进行了信号的匹配。主要有以下四点：

1）将 CD4060 的 4 号引脚输出的 512Hz 信号送到声响电路 U3：B 与门（如有必要，也可以将 5 号引脚 1024Hz 的信号送给 U3：B）。

2）将 CD4060 的 3 号引脚 2Hz 信号送给 74LS74 D 触发器构成的二分频电路的 CP 端，从而获得 1Hz 信号，并将 1Hz 信号送到答题计时电路 U6：B（CD4518）的 10 号引脚作为百进制计数器的 CP。

3）将抢答器部分 U5：A 与非门的输出 A（声响电路控制信号，该端为 1 时，表示有队员抢答，启动声响电路，在工作人员将电路复位后停止发声）和答题计时电路的 U7：A 信号 B（计时完成，启动声音电路）送入或门 U9：A，U9：A 的输出作为声响电路的启动信号。

4）抢答成功后自动启动计时电路开始计数，当计数到 99 时，启动声响电路发声，也可以单独设置一个计时启动开关，在答题开始后工作人员按下启动开关计时。

说明：1）在电路中加入晶体振荡器和 CD4060 后，计算机的计算量会很大，仿真的速度非常低。为了解决这个问题，可以用 *DCLOCK* 信号源代替晶体振荡器和 CD4060 构成的脉冲电路，验证主电路的功能。

2）图 5-64 所示电路在有参赛队抢答后，蜂鸣器会一直鸣响，请思考解决方案。此处，提出一个人工处理的简化方案，如图 5-65 所示。将工作人员控制的 S1 自动复位按钮换成单刀单掷开关 SW1，SW1 弹起状态为等待抢答状态，SW1 按下为答题状态；将计时电路的启动信号 U6：B 的 MR 信号改为 SW1 的右端信号（即 JK 触发器的复位信号）。当 SW1 断开时，JK 触发器没有复位，可以抢答，计时电路复位，不计时；当 SW1 闭合时，JK 触发器处于复位状态，不能抢答，计时电路启动，开始计时。比赛现场，抢答器初态为 SW1 断开状态，抢答开始后，有人按下抢答按钮，启动声响电路并显示队号，当主持人确认抢答队号后，按下 SW1，U5：A 输出 1（声响电路的启动信号跳回高电平），熄声，参赛队开始答题，同时计时电路开始计时。如在 100s 内答题完毕，主持人断开 SW1，即可进入下一题的抢答状态，同时计时器清零。如 100s 内没有完成答题，到 99s 时，给声响电路提供声响启动信号，蜂鸣器鸣叫，主持人断开 SW1 开关，进入下一题的抢答状态。

在 Proteus 软件仿真之后，建议在实训设备上制作出完整电路，或采用万能板进行电路焊接。在焊接的过程中，可以按照电路单元进行，每进行完一部分的焊接，都进行功能和电气特性的测试，及早发现问题、解决问题。

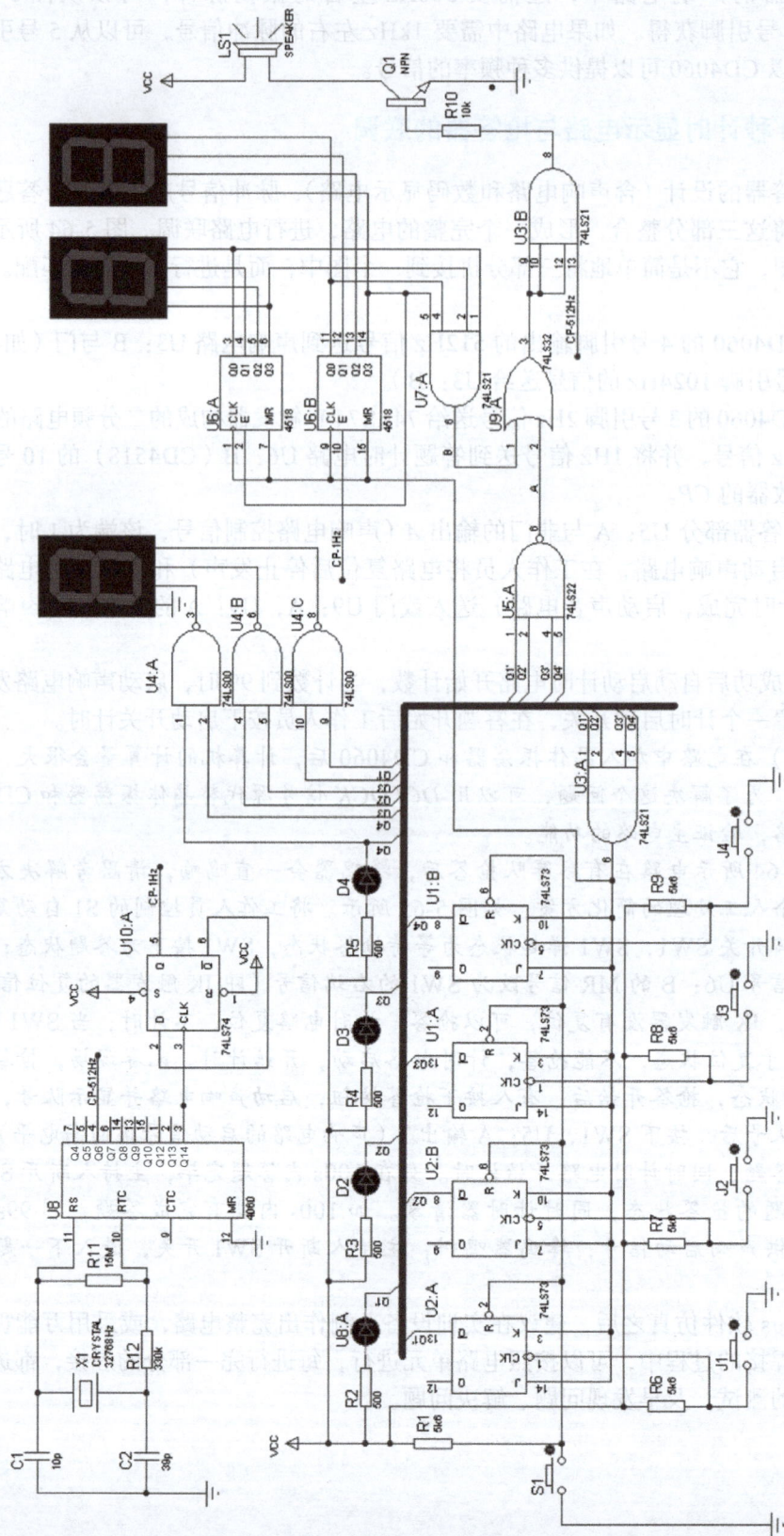

图 5-64 抢答器完整仿真电路

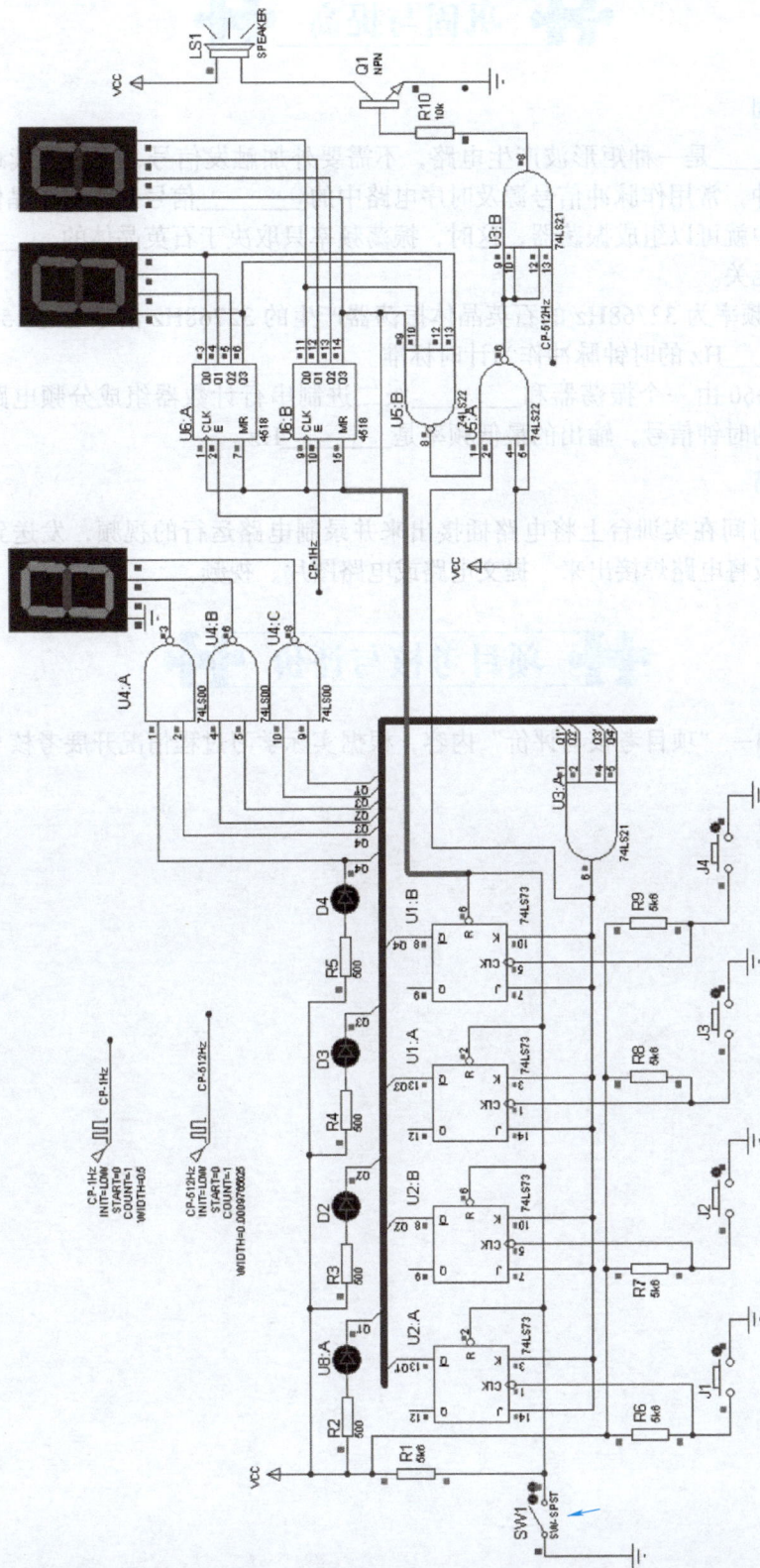

图 5-65 改进的抢答器仿真电路图

巩固与提高

1. 知识巩固

1-1 _____是一种矩形波产生电路，不需要外加触发信号，便能连续地、周期性地产生矩形脉冲，常用作脉冲信号源及时序电路中的_____信号。将石英晶体串接在多谐振荡器回路中就可以组成振荡器，这时，振荡频率只取决于石英晶体的_____，而与电路其他参数无关。

1-2 振荡频率为 32768Hz 的石英晶体振荡器产生的 32768Hz 信号经过 15 次二分频，即可得到_____Hz 的时钟脉冲作为计时标准。

1-3 CD4060 由一个振荡器和_____级二进制串行计数器组成分频电路，如果输入 32.768kHz 的时钟信号，输出的最低频率是_____Hz。

2. 能力提高

利用业余时间在实训台上将电路插接出来并录制电路运行的视频，发送到教师邮箱中，或用万能板将电路焊接出来，提交电路或电路图片、视频。

项目考核与评价

请参考项目一"项目考核与评价"内容，根据实际学习过程情况开展考核与评价。

项目 6

多功能数字钟电路的设计与制作

项目要求

请应用所学习的数字电子技术知识设计并制作一个多功能数字钟电路。要求：

1）数字钟能完成时、分、秒的准确计时并能清晰地显示。

2）数字钟具有整点报时功能和快速校时功能。在整点的前 10s 开始"四低（500Hz 左右）一高（1kHz 左右）"五声鸣笛，每次鸣笛 1s 间隔 1s。

3）电路板不大于 150mm×270mm，线路排列规律清晰，元器件布局合理，便于检测维修。

4）实训报告内容完整，包括设计内容、原理表述、框图、原理图、电路板的制作过程和电路调试内容、对设计的改进意见和可选方案、实训收获与不足等。文字简练流畅，书写、作图规范。

项目目标

项目分两个任务实施，通过本项目的实施，达到如下目标。

知识目标：

1. 掌握电路设计的基本方法和步骤，理解电路功能框图的功能。

2. 掌握元器件选择的方法，明白元器件的封装含义。

3. 掌握单元电路的设计方法，包括组合逻辑电路设计和时序逻辑电路设计。

4. 掌握用 Proteus 绘制单元电路和总电路的方法。

5. 掌握电路元器件清单的生成方法。

6. 掌握使用电路制作工具和耗材焊接、检查、调试电路的方法。

能力目标：

1. 能进行电路功能分析和绘制功能框图。

2. 能综合应用学习的知识进行电路设计。

3. 能合理设计电路布局并能正确制作电路。

4. 能利用常规仪器仪表进行电路的检测和调试。

5. 能利用电路制作工具和耗材制作电路并调试。

素质目标：

1. 建立电路设计的分电路－总电路思维方式，具备电路系统设计和规划的素质。

2. 锻炼技术工作中的专注力，磨炼发现问题、解决问题、克服困难的毅力和决心。

3. 提高团队协作、交流沟通能力。

4. 锻炼科学思维能力和精益求精的工匠精神。

任务 6.1　数字钟电路的原理设计

任务要求

分析项目设计要求，设计出电路的功能单元并设计电路框图。各小组进行交流和展示，相互借鉴并协商，设计出最优化的电路框图。设计电路的脉冲信号电路、时钟的计时电路等，并以总电路和子电路的形式设计出原理图。

知识目标：

1. 掌握单元电路的设计方法，包括组合逻辑电路设计和时序逻辑电路设计。

2. 掌握用 Proteus 绘制单元电路和总电路的方法。

3. 掌握 CD4060 分频电路的使用方法。

4. 掌握六十进制、二十四进制电路的设计方法。

能力目标：

1. 能正确划分电路的功能单元。

2. 能正确画出电路框图并能清楚解释各部分的功能。

3. 掌握电路功能框图的绘制方法。

4. 能综合应用所学知识进行单元电路的设计。

5. 能在 Proteus 中绘制多页或层级电路。

实践建议

学生分组进行电路设计的信息收集，制定计划，团队协作完成电路功能划分和框图设计。教师组织学生以小组为单位进行展示和交流。

在教师指导下，以单元电路为工作单元，学生以小组为团队，进行电路设计并绘制电路图，教师组织学生交流展示。

知识与操作

6.1.1　多功能数字钟的功能分析与框图设计

1. 电路功能分析

根据多功能数字钟的功能分析设计需求，主要分成以下五个功能模块。

1）数字钟计时电路，包括时、分、秒三部分。

2）时间显示电路，包括显示驱动部分和显示器部分。

3）整点报时电路，包括整点的逻辑判断和声响电路。

4）快速校时电路。

5）整个电路脉冲产生和分频电路。

以上五项属于数字钟的基本功能，可以根据自己的要求和想法增加功能，如秒表功能、闹钟功能、音乐发声等。本项目按照基本功能设计。

2. 多功能数字钟功能框图

功能框图是一种用方框、菱形框、圆框、线段和箭头等表示电路各组成部分之间相互关系的电路图。其中，每个框表示一个单元电路，线段和箭头表示单元电路之间的关系和电路中信号的走向。框图对分析具体电路起指导作用。从总体上认识和了解复杂的整体电路时，解读框图是很有必要的。

电气设备中任何复杂的电路都可以用相互关联的框图形象地表述出来。电路框图主要有信号流程框图、电路组成原理框图、各种集成电路内部功能单元框图、各单元电路的具体电路框图等。

信号流程具有一定的逻辑性，在画信号流程框图时，只要将信号流经的各功能单元电路用框图表示，再将这些框图按一定的逻辑顺序排列起来即可。

在画电路组成原理框图时，要将各功能单元电路都用小方框表示，但不涉及各功能电路的内部结构，如果某功能单元电路结构比较复杂，可画出一个或多个分支框图，同时注意各框图必须按照信号流程的顺序进行排列。

在画集成电路内部功能单元框图时，应注意三条原则：一是按信号走向的顺序排列各内部单元电路；二是让所有功能引脚都与内部电路连接起来；三是标明电源脚和接地脚。各单元电路的具体电路是指各功能单元电路的具体组成电路，其画法与前三种框图画法相似，也应根据信号的流向，不过有时还需画出关键性的具体分立元件。

电路框图是电气设备的核心和灵魂，根据这个"框架"去分析设备原理图，框出它的各单元电路，了解各单元电路在原理图中的位置、相互关系及功能，就能很好地把握整机电路的工作原理图。多功能数字钟电路的整体框图如图 6-1 所示。

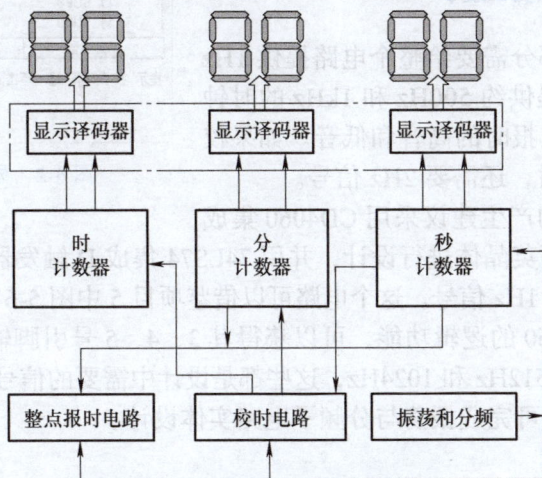

图 6-1　多功能数字钟电路整体框图

3. Proteus 电路多页设计

从多功能数字钟电路的整体框图设计可见，整个多功能数字钟电路比较复杂，在使用 Proteus 软件设计过程中可以采用多页设计。

Proteus 软件中的编辑区相当于电路设计图样，又称为设计页，一般不太大的电路设计可在一个设计页中完成，但若电路较大或有特殊设计要求时，就需要多个设计页来完成。设计页简称页，故称这种电路设计为多页设计。

多页设计分为两种类型：多页平行设计和层次电路设计。多页平行设计是将整个电路设计分成几个部分，分别设计在各自的页上，各页之间通过网络名称连接并保存在同一个设计文件中。各页在设计中的地位平等，所以称这种多页设计为多页平行设计。多页平行设计多用于较大和较复杂的电路设计中。层次电路设计是多页设计中的一种类型，层次设计中的页可以包括一层或多层的下层页。层次电路设计中有两种模块，即子电路和模块元件。它们以实体形式出现在电路中，它们的内部电路为它们所在页的下一层页电路。一般可将电路中功能相对独立的部分设计成子电路或模块元件。层次电路设计中的模块元件可封装到一个元件存入元件库中，只要设置了它的封装，即可应用于电路设计和 PCB 设计。若模块元件内部电路的元件均为仿真原型，并形成仿真模型存入库中，则可应用于各种电路设计、仿真和 PCB 设计中。

Proteus 中增加子电路方法。在建立一个空白电路图样后，单击工具按钮可进入子电路模式，单击 "default" 按钮，在图样上单击鼠标左键按钮，即可增加一个子电路。

1）页间切换方法 1：操作菜单 "Design"，选择 "Previous Sheet" 或 "Next Sheet" 命令；或直接按快捷键 <Page Up> 或 <Page Down>。

2）页间切换方法 2：操作菜单 "Design"，选择 "Goto Sheet"（跳到…页）命令，弹出 "Goto Sheet" 对话框后选择相应页即可进入。

在多功能数字钟电路设计中，按照整体框图的设计思路在顶层页进行整机电路设计，下一层共分成 9 个子电路进行设计，层次结构如图 6-2 所示。整体设计思路采用从顶层到底层的设计流程展开。

6.1.2 振荡与分频电路设计

振荡与分频电路部分需要给整个电路提供 1Hz 的时钟用于秒计时，提供约 500Hz 和 1kHz 的时钟脉冲信号分别用于整点报时的高音和低音。如果校时采用 2Hz 的高速校时，还需要 2Hz 信号。

图 6-2　数字钟电路多页设计

该部分时钟信号的产生建议采用 CD4060 集成分频器和 32768Hz 的石英晶体进行设计，并用 74LS74 集成 D 触发器对 2Hz 信号进行二分频，以获得 1Hz 信号。这个电路可以借鉴项目 5 中图 5-61 和图 5-63 所示电路。根据 CD4060 的逻辑功能，可以获得其 3、4、5 号引脚输出的时钟信号频率分别是 2Hz、512Hz 和 1024Hz，这些都是设计中需要的信号。

按照以下操作步骤可完成振荡与分频子电路实体设计。

1. 绘图

先在 Proteus 软件中按照图 6-3 绘制出电路图，此处加了频率计测试其输出信号的频率。需要注意的是，Proteus 为提高计算机仿真速度，并没有真正仿真晶体振荡器的工作，而是需要设置 CD4060 的输入频率进行分频仿真。设置方法：在 CD4060 上右击，选择 "Edit Propties"，进入图 6-4 所示对话框，在 " Oscillator Frequency " 文本框中输入仿真频率即可。

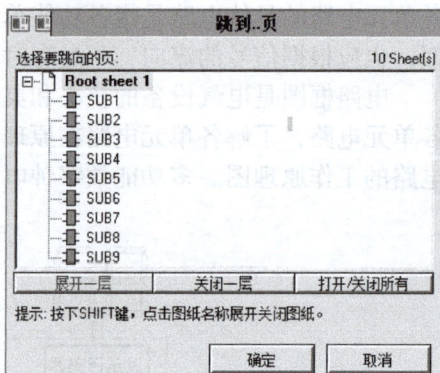

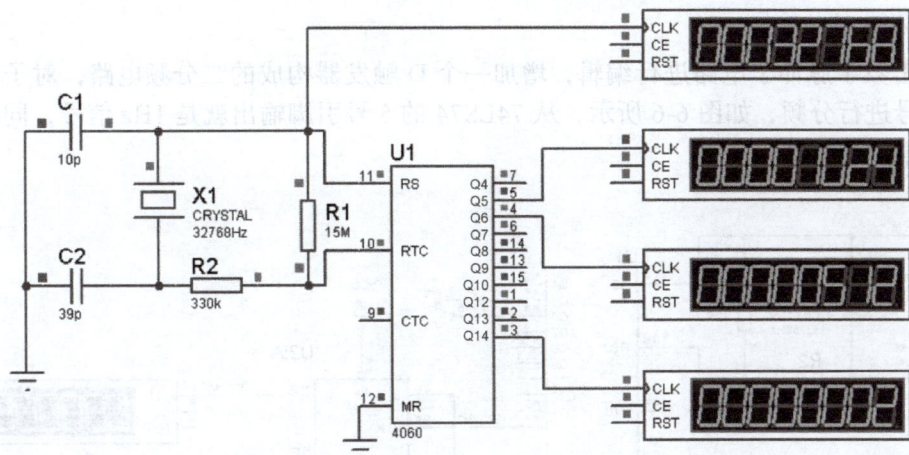

图 6-3　用 CD4060 和晶体振荡器产生脉冲电路

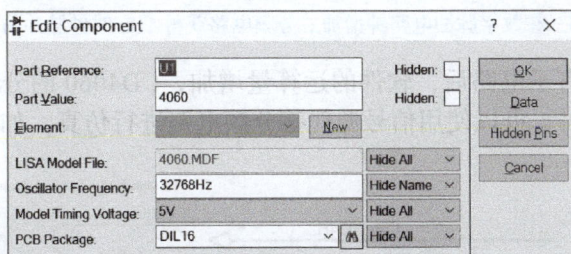

图 6-4　设置 CD4060 的仿真频率

2. 建立子电路

将电路命名（如命名为"数字脉冲电路"）保存后，建立一个新电路文档，并保存（如命名为"整机电路"）。单击工具按钮▤可进入"子电路"设计，在对象选择器中显示"子电路"设计的端口类型。如图 6-5a 所示，默认子电路名称为"SUB1"，可以更改子电路名称。在编辑区空白处单击，移动光标拖出适当大小的方框，添加输出端口 CP-1024Hz、CP-512Hz、CP-2Hz、CP-1Hz，如图 6-5b 所示。单击"设计"菜单，选择"跳到…页"命令，可查看子电路的层次结构如图 6-5c 所示。进入子电路内电路设计页，内电路设计方法与通常的设计电路一样。可将图 6-3 所示"数字脉冲电路"直接复制到子电路中。

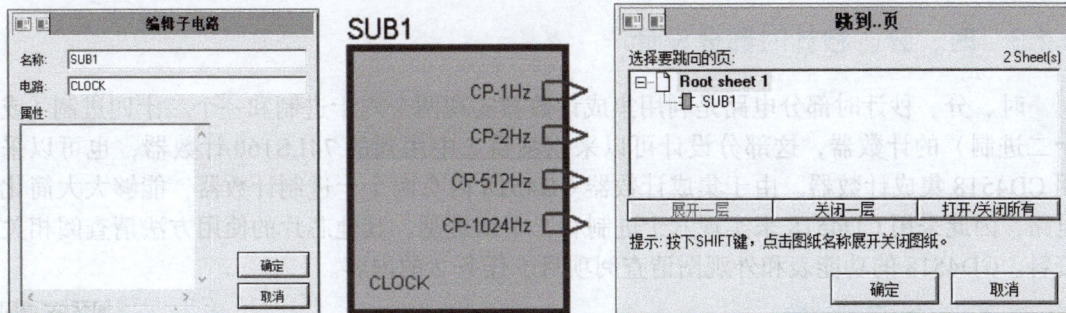

a) 编辑子电路　　　　　　　　b) 子电路　　　　　　c) 子电路层次结构

图 6-5　子电路的操作方法

3. 获得 1Hz 信号

双击数字脉冲子电路进行编辑，增加一个 D 触发器构成的二分频电路，对子电路的 2Hz 信号进行分频，如图 6-6 所示，从 74LS74 的 5 号引脚输出就是 1Hz 信号，同时给有用输出端添加标签。

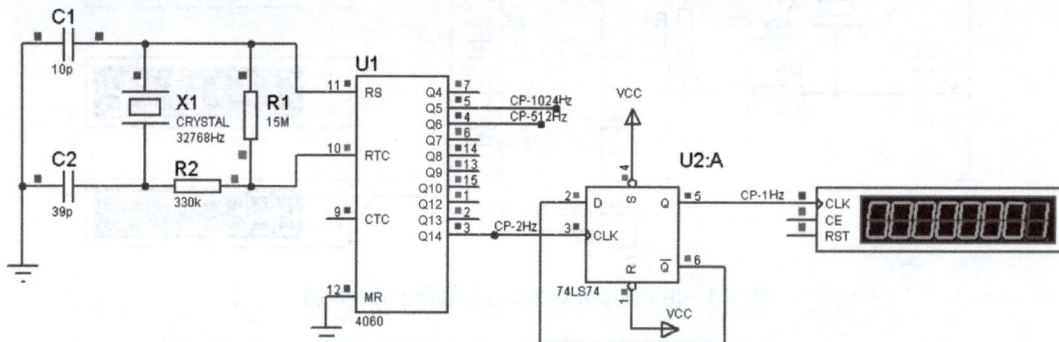

图 6-6 在数字脉冲电路钟增加二分频电路获得 1Hz 时钟脉冲仿真图

需要说明的是，有子电路后，软件的运算量增加，CD4060 的分频仿真占用计算机的运算量很大，在仿真时，可以使用信号源代替分频电路进行仿真，如图 6-7 所示。

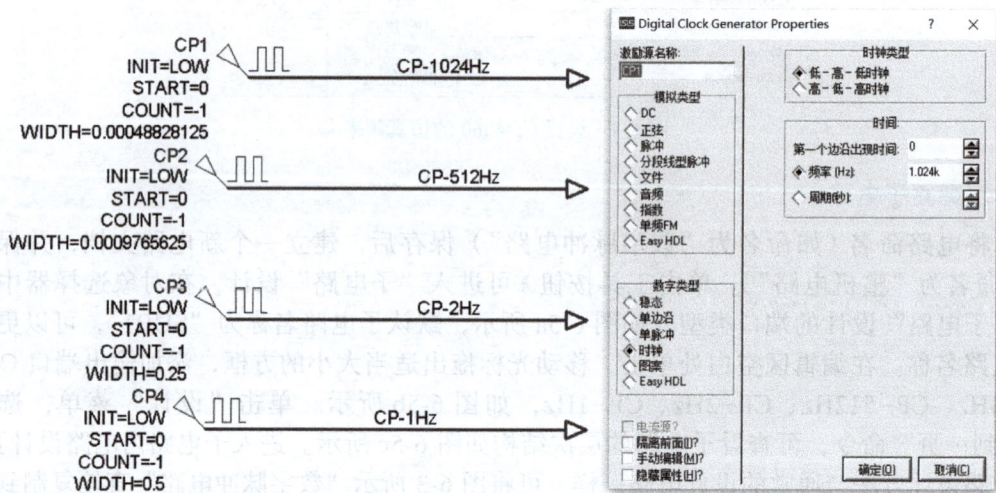

图 6-7 用信号源代替分频电路

6.1.3 时、分、秒计时部分设计

时、分、秒计时部分电路是利用集成计数器实现两个六十进制和一个二十四进制（或十二进制）的计数器，这部分设计可以采用项目 5 中用到的 74LS160 计数器，也可以采用 CD4518 集成计数器。由于集成计数器 CD4518 内有两个十进制计数器，能够大大简化电路，因此采用 CD4518 来实现六十进制和二十四进制，其他芯片的使用方法请查阅相关资料。CD4518 的功能表和外观图请查阅项目 5 任务 2 的内容。

1. 实现六十进制计数

使用一片 CD4518 将其中的两个十进制级联成一百进制计数器，然后采用异步复位法改成六十进制，由于复位信号 MR 是高电平有效且是异步复位，所

以将 60 作为过渡态，变换出一个高电平 "1" 送给 *MR* 端。由于要将这个计数器作为秒计数和分计数的子电路，所以增加了输入端作为 *CP* 脉冲的输入端，将计数器的输出接到连接端口，以便在整个电路中连接显示部分，电路如图 6-8 所示。

2. 实现时、分、秒电路

在整机电路中建立子电路 SUB2、SUB3、SUB4，分别更改属性中"电路"为 SEC、MIN、HOU，分别代表秒、分、时计数电路，如图 6-9 所示。右键单击，使用"跳转到子图"命令转到子电路页面，将六十进制计数器的全部电路元器件分别复制到子电路 SUB2、SUB3 中。同样地，建立小时计时子电路，将 CD4518 构成的六十进

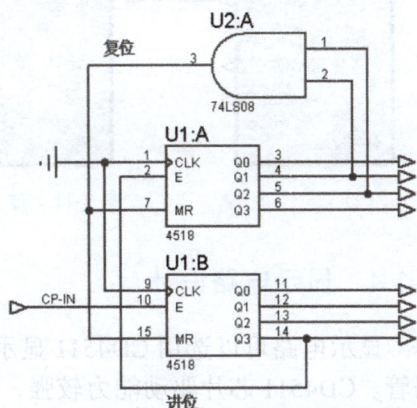

图 6-8 CD4518 实现六十进制计数器仿真电路

制计数器复制到 SUB4 中，改成二十四进制计数器，如图 6-10 所示。**注意：**每个端口都要赋予正确的线路标签。

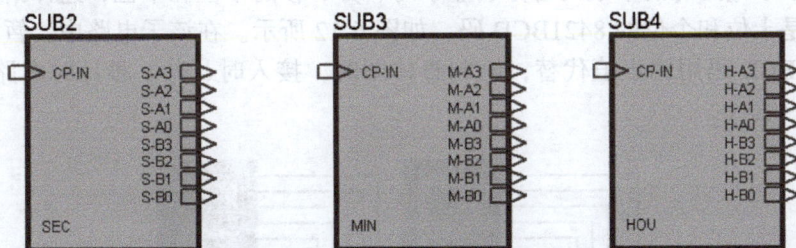

图 6-9 整机电路中建立秒、分、时的计时模块

3. 时、分、秒电路的连接

实现了时、分、秒电路后，需要解决三部分电路不同的计数脉冲。秒部分的计数脉冲是 1Hz，可以由 *CLOCK* 部分 CP-1Hz 信号直接获得；分钟部分的计数脉冲应该是秒部分计数到 59 之后又变成 00 时产生的进位信号，通过分析秒的计数输出信号，可以有下面两个方案实现秒向分的进位信号：①将秒子电路中的 *MR*（复位信号）引出来作为秒电路给分电路的进位信号。因为在复位时，*MR* 信号快速由 0 变 1 产生上升沿，然后计数器复位，*MR* 由 1 变成 0 产生下降沿，可以将这个下降沿给分电路作为计数脉冲。②将秒部分十位数的次高位作为秒电路给分电路的计数脉冲。因为在 50 ~ 59s 的计

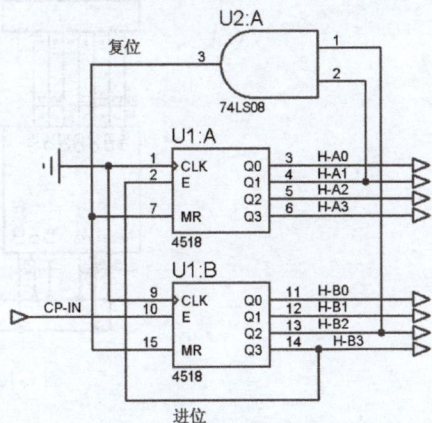

图 6-10 CD4518 实现二十四进制计数器

数时间里，秒电路的十位是 0101，当计数到 59 后，秒电路再来一个下降沿，秒电路变成 00，此时十位从 0101 变成 0000，在十位的次高位上产生一个下降沿，将这个下降沿作为秒给分电路的进位信号。

同理，小时电路的计数脉冲信号可以由分电路提供，方法同秒电路给分电路提供计数脉冲。这样连接后，电路如图 6-11 所示。

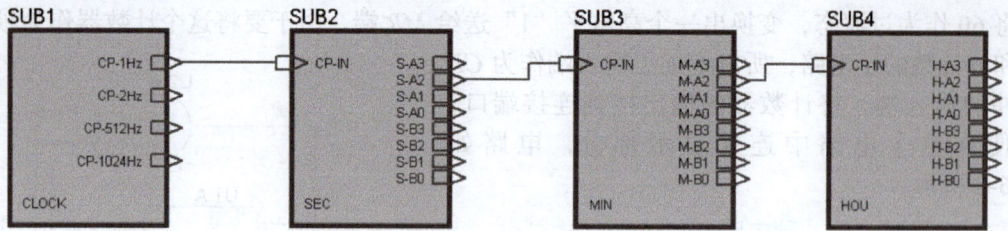

图 6-11　时、分、秒电路和 *CLOCK* 电路连接

6.1.4　显示电路设计

显示电路可以选用 CD4511 显示译码器驱动 6 个七段数码管构成，须选用共阴极数码管。CD4511 芯片驱动能力较强，使用时，最好在显示译码器的输出端和 LED 数码管之间串接 300Ω 左右的电阻限流。CD4511 的引脚引线图和功能表及各引脚的功能请参考2.2.1 节。

1. 设计显示驱动电路

每个显示子电路有两个数码管分别显示时、分、秒的十位和个位，这样给出 8 个输入端口，分别是十位和个位的 8421BCD 码，如图 6-12 所示。在该子电路中，暂时将十位和个位的 8421BCD 码用固定值代替，绘制整体图时，接入时、分、秒计时电路 4518 输出的 8421BCD 码。

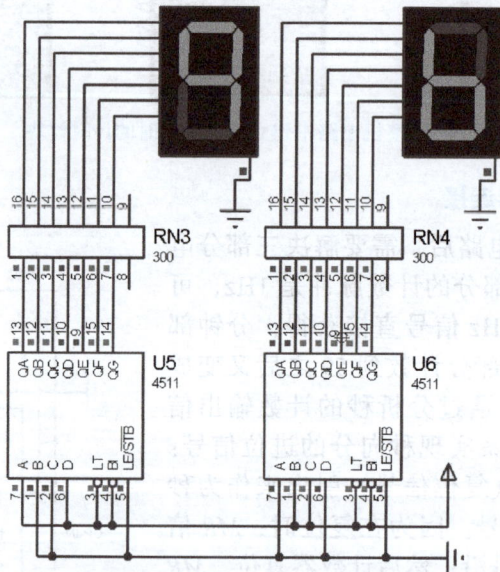

图 6-12　时分秒显示子电路仿真图

2. 显示驱动电路连入整机电路

时、分、秒显示子电路按照图 6-12 进行设计，设计完成后，需要在整机电路中将各个子电路进行连接。在整机电路中，时、分、秒分别对应一个显示子电路，命名为DISPLAY-SEC、DISPLAY-MIN、DISPLAY-HOU，如图 6-13 所示，由于连线较多，采用总线连接。

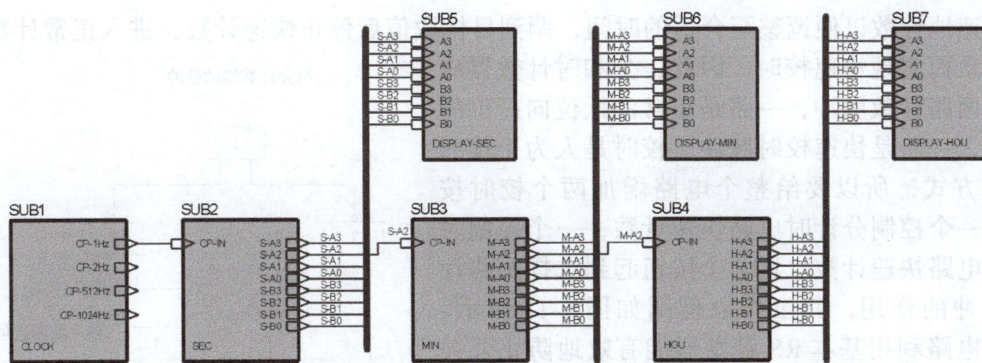

图 6-13　将显示子电路加入整机电路

　　此部分采用子电路设计绘图的难度比不采用子电路的难度没有太多的减少，因此设计中可以不采用子电路的方法，可以直接放置 CD4511 和数码管绘制电路。

　　设计中，可以采用 1Hz 的脉冲信号驱动 4 个 LED 构成两个冒号，放在时、分、秒显示数字中间。

　　将以上各子电路移动到一个图样中，可以形成图 6-14 所示电路。由于图中连线较多，不同子电路间采用网络标签的形式连接。

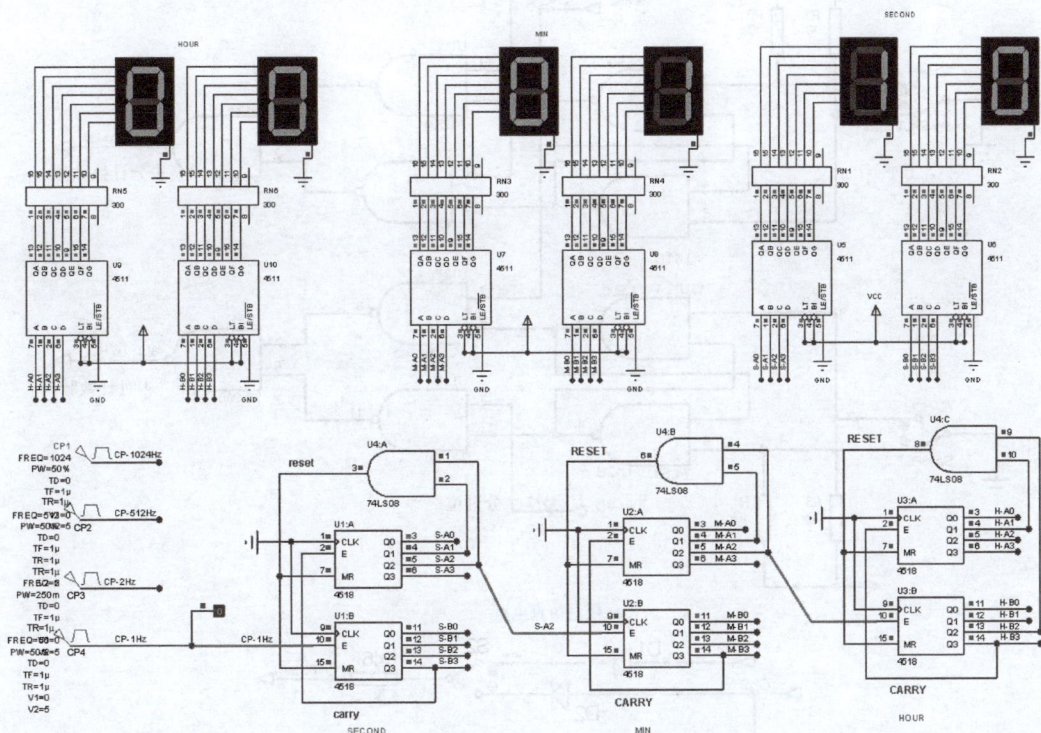

图 6-14　数字钟计时和显示电路的合成仿真图

6.1.5　校时电路设计

1. 校时电路的设计介绍

　　校时电路主要是用较高频率的脉冲信号（如 2Hz）触发分计数器和时计数器，使之能快速地计数以便调整至合适的时间，调到目标数值后停止快速计数，进入正常计数速度，从而实现快速校时。因此，分和时计数器应该有两路计数脉冲，一路是正常的低位向高位的进位，一路是快速校时脉冲。校时是人为干预的计数方式，所以要给整个电路增加两个校时按钮，一个控制分计时电路快速计数，一个控制时计时电路快速计数。这两个按钮起到选择两路计数脉冲的作用，其工作原理图如图 6-15 所示。这个电路利用基本 RS 触发器能有效地防止开关抖动产生的干扰脉冲。分校时电路和小时的校时电路是相同的，只是输入、输出的脉冲信号有所区别，电路如图 6-16a 所示，校时开关打到上边进入校时工作状态，校时开关打到下边进入正常计时状态。校时电路也可以使用图 6-16b 所示的简化电路。

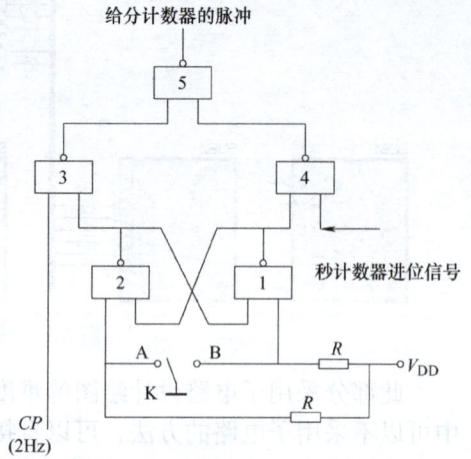

图 6-15 校时电路原理图

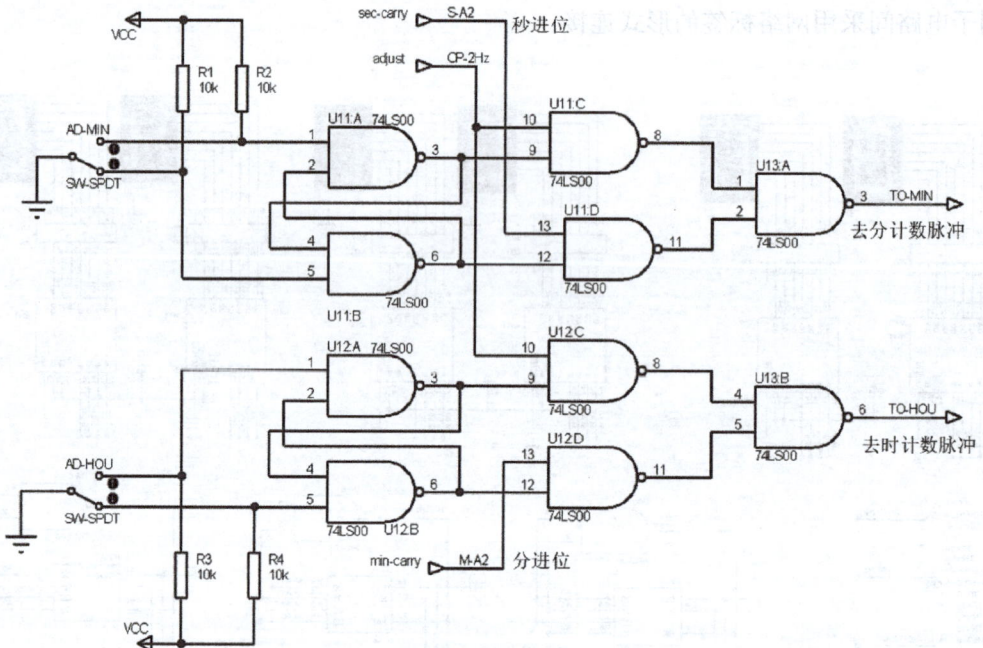

a) 校时仿真电路

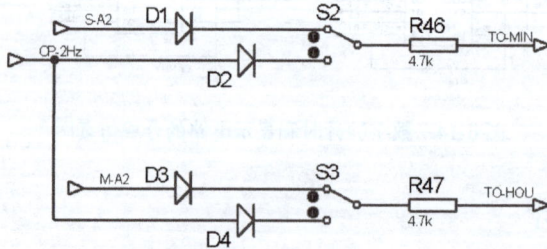

b) 简化的校时仿真电路

图 6-16 校时电路

2. 校时电路绘制于整机电路中

在绘制电路时，将校时开关绘在校时子电路中，在子电路中，用 HB/SC 端口连接。将校时电路作为子电路 ADJUST 绘制进整机电路如图 6-17 所示。

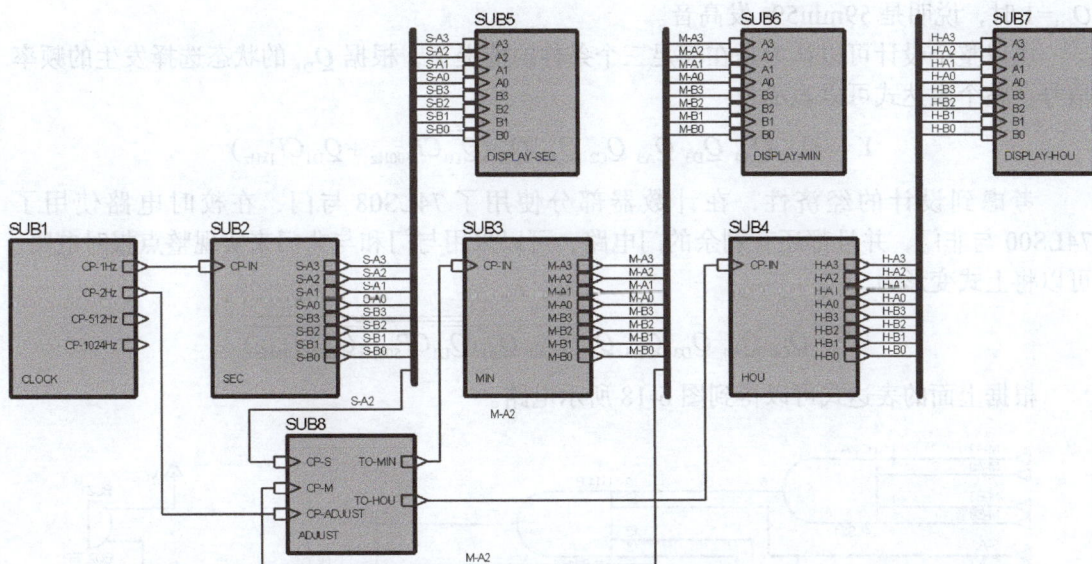

图 6-17　子电路 ADJUST 绘制进整机电路

6.1.6　整点报时电路设计

整点报时电路的设计主要是解决对整点的判断，本项目要求在 59min 的 51s、53s、55s、57s、59s 时开始为时 1s 的鸣笛，并且前四声是 500Hz 左右，最后一声是 1000Hz 左右的声音，在高音鸣笛完成后正好是整点。

为了书写方便，先对分、秒的十位、个位输出的 BCD 码的表示符号做出表 6-1 所示规定。

表 6-1　分和秒计时器输出的简化表示

计时器输出	电路图中的符号	简化的表示符号	报警时的代码
分计时输出十位 BCD 码	M−A3、M−A2、M−A1、M−A0	$Q_{D4}Q_{C4}Q_{B4}Q_{A4}$	0101
分计时输出个位 BCD 码	M−B3、M−B2、M−B1、M−B0	$Q_{D3}Q_{C3}Q_{B3}Q_{A3}$	1001
秒计时输出十位 BCD 码	S−A3、S−A2、S−A1、S−A0	$Q_{D2}Q_{C2}Q_{B2}Q_{A2}$	0101
秒计时输出个位 BCD 码	S−B3、S−B2、S−B1、S−B0	$Q_{D1}Q_{C1}Q_{B1}Q_{A1}$	0××1（低音） 1001（高音）

数字时钟需要在每次计时到 59min 时报警，此时，分的十位是 $Q_{D4}Q_{C4}Q_{B4}Q_{A4}$=0101，个位是 $Q_{D3}Q_{C3}Q_{B3}Q_{A3}$=1001；秒的十位是 $Q_{D2}Q_{C2}Q_{B2}Q_{A2}$=0101，个位是 $Q_{D1}Q_{C1}Q_{B1}Q_{A1}$ 为 0001、0011、0101、0111 时报 500Hz 左右声音，为 1001 时报 1kHz 左右声音。通过分析整点报时的分秒状态，即可以获得启动声响电路的条件。

从上面的状态可以看出，声响电路发声的前提是：

1）$Q_{D4}Q_{C4}Q_{B4}Q_{A4}=0101$，$Q_{D3}Q_{C3}Q_{B3}Q_{A3}=1001$，即 $Q_{C4}Q_{A4}Q_{D3}Q_{A3}=1$。

2）$Q_{D2}Q_{C2}Q_{B2}Q_{A2}=0101$ 即 $Q_{C2}Q_{A2}=1$。

3）$Q_{A1}=1$。

满足以上三个条件，当 $Q_{D1}=0$ 时，说明是 59min51s、53s、55s、57s 发低音；当 $Q_{D1}=1$ 时，说明是 59min59s 发高音。

所以整个设计可以认为是在满足三个条件的前提下，根据 Q_{D1} 的状态选择发生的频率信号。整个表达式可以表示为

$$Y = Q_{C4}\,Q_{A4}\,Q_{D3}\,Q_{A3}\,Q_{C2}\,Q_{A2}\,Q_{A1}(\overline{Q_{D1}}CP_{500\text{Hz}} + Q_{D1}CP_{1\text{kHz}})$$

考虑到设计的经济性，在计数器部分使用了 74LS08 与门，在校时电路使用了 74LS00 与非门，并且都还有剩余的门电路，可以采用与门和与非门来实现整点报时电路。可以将上式变形为

$$Y = Q_{C4}\,Q_{A4}\,Q_{D3}\,Q_{A3}\,Q_{C2}\,Q_{A2}\,Q_{A1}(\overline{\overline{\overline{Q_{D1}}CP_{500\text{Hz}}}\cdot\overline{Q_{D1}CP_{1\text{kHz}}}})$$

根据上面的表达式可以得到图 6-18 所示电路。

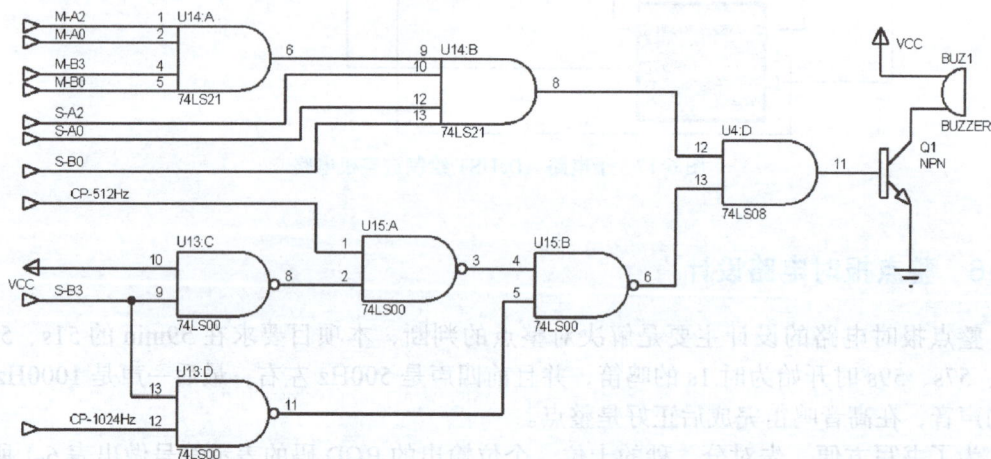

图 6-18　整点报时电路仿真图

为了简化电路，使用了 74LS21 二－4 与门和 74LS00 四－2 与非门来设计，利用在计数器部分 U4（74LS08）上空闲的一个与门。整点报时电路的输出控制一个蜂鸣器，电路中使用晶体管提高带负载能力。

图 6-19 是将整点报时电路接入整机电路的电路图。需要注意的是，在该电路仿真过程中，需要对蜂鸣器电压进行调试，选择合适的电压值（如 5V）才能发出声音。

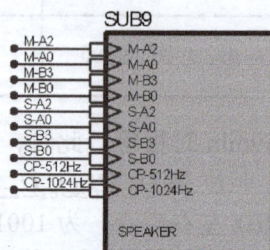

图 6-19　整点报时电路接入整机电路

　　至此，整个数字钟的全部功能都实现了，可以得到数字钟电路整体设计仿真图，如图 6-20 所示。电路中大量使用总线技术，可以使整个电路看起来更整洁、设计思路更清晰。各子电路的端口表示见表 6-2。

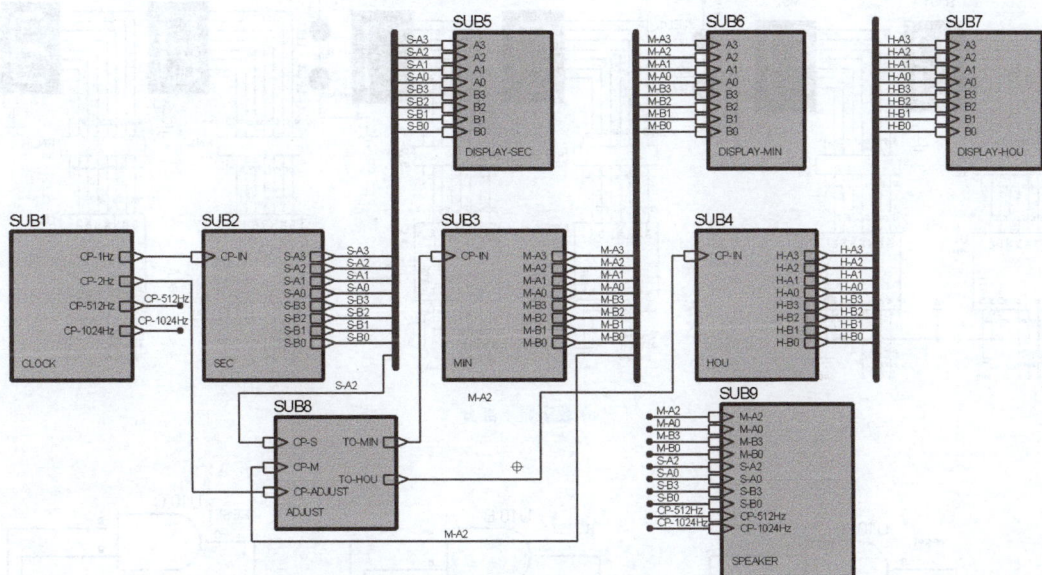

图 6-20　数字钟电路整体设计仿真图

表 6-2　数字钟整机电路各子电路端口信号的逻辑表示

各部分信号名称	信号的逻辑表示
1Hz、2Hz、512Hz、1024Hz 脉冲信号	CP-1Hz、CP-2Hz、CP-512Hz、CP-1024Hz
时计时输出十位 BCD 码	H-A3、H-A2、H-A1、H-A0
时计时输出个位 BCD 码	H-B3、H-B2、H-B1、H-B0
分计时输出十位 BCD 码	M-A3、M-A2、M-A1、M-A0
分计时输出个位 BCD 码	M-B3、M-B2、M-B1、M-B0
秒计时输出十位 BCD 码	S-A3、S-A2、S-A1、S-A0
秒计时输出个位 BCD 码	S-B3、S-B2、S-B1、S-B0
去往分计时、时计时电路的进位	TO-MIN、TO-HOU

　　需要说明的是，在 Proteus 软件中使用子电路设计完成后，仿真结果不够直观，在仿真过程中切换子电路容易造成卡顿。所以可以将各子电路的内部电路直接连接到一起构成整个电路，如图 6-21 所示。在该电路中，对集成芯片的标签序号进行了调整，此电路仿真过程中受计算机配置及性能的影响，运行速度低于实际电路的工作速度，实现不了实时仿真，可以通过加示波器等虚拟仪器对结果进行观察。由于 CD4060 分频计算量巨大，因此造成仿真速度慢，仿真时，CD4060 部分可以用信号源代替。电路中，在时与分，分与秒的显示数码管中间各加两个 LED 做成闪烁的冒号，频率可以采用 1Hz 或 2Hz。

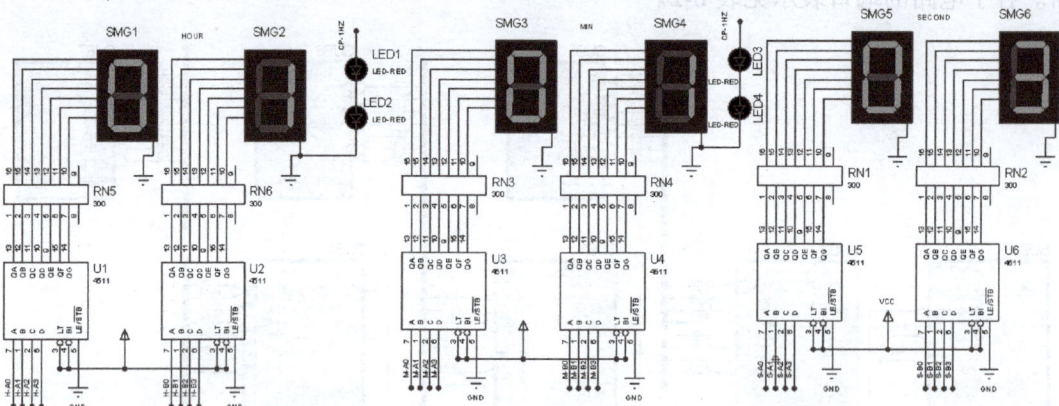

a) 数字显示部分

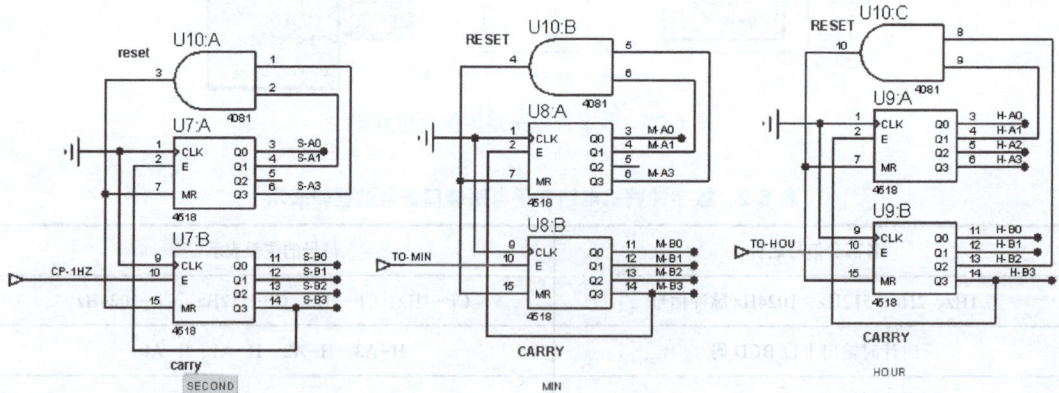

b) 校时部分(左RS校时；右简化校时)

图 6-21 数字钟总仿真电路

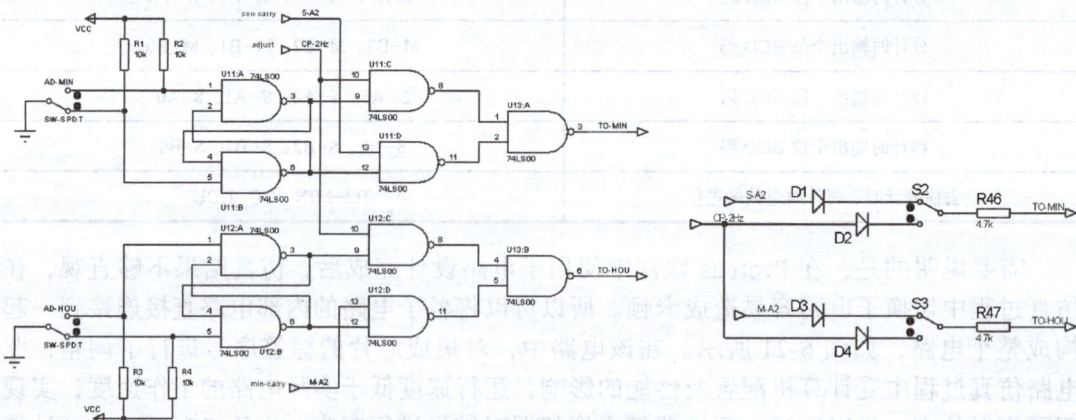

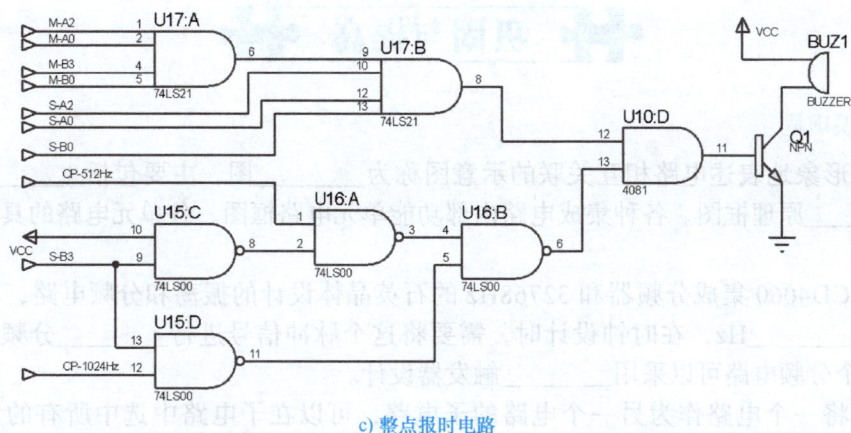

c) 整点报时电路

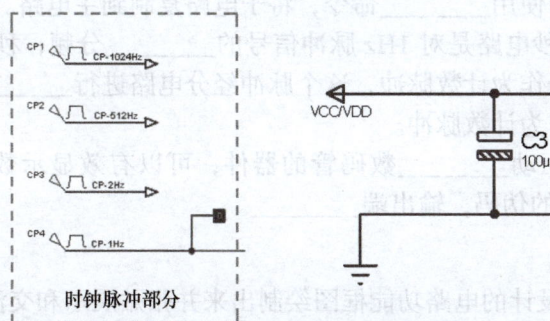

d) 脉冲部分和电源部分

图 6-21　数字钟总仿真电路（续）

图 6-21d 中的时钟脉冲部分在制作电路时用图 6-22 部分替换即可。

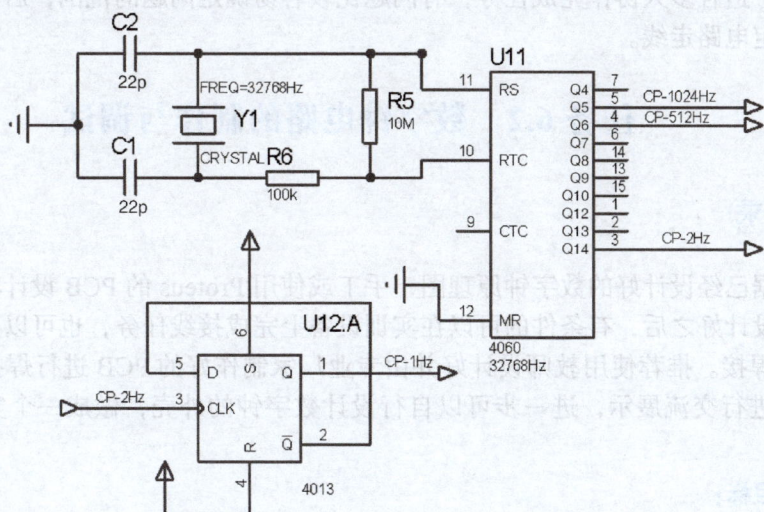

图 6-22　数字钟电路的时钟脉冲部分仿真图

巩固与提高

1. 知识巩固

1-1　形象地表述电路相互关联的示意图称为_____图，主要包括_____流程框图、_____原理框图、各种集成电路内部功能单元电路框图、各单元电路的具体电路框图等。

1-2　CD4060 集成分频器和 32768Hz 的石英晶体设计的振荡和分频电路，获得的最低频率是_____Hz，在时钟设计时，需要将这个脉冲信号进行_____分频获得 1Hz 信号，这个分频电路可以采用_____触发器设计。

1-3　将一个电路作为另一个电路的子电路，可以在子电路中选中所有的元器件使用_____命令，到主电路中使用_____命令，将子电路复制到主电路。

1-4　在数字钟电路中，秒电路是对 1Hz 脉冲信号的_____分频，秒部分的复位信号作为_____信号给分部分作为计数脉冲，这个脉冲经分电路进行_____分频后，作为_____信号给小时部分作为计数脉冲。

1-5　CD4511 集成块是驱动_____数码管的器件，可以有效显示数字_____~_____，输入 8421BCD 码的伪码，输出端_____。

2. 能力提高

2-1　各学习小组将各自设计的电路功能框图绘制出来并张贴展示和交流。

2-2　根据设计要求和图 6-1 所示数字钟电路整体框图分析各部分电路的输入、输出信号，做好各部分电路之间的信号传递。

2-3　请根据设计要求完成各部分的电路设计和整机电路设计并进行仿真。设计中，可以发挥自己的创造力，独立设计单元电路和总电路，设计可以采用子电路的形式也可以将各部分电路复制后连接成一个总电路。两种做法各有好处，用子电路使整个电路的设计思路清晰，适合多人协作完成任务，有问题比较容易确定问题的范围；后者在焊接电路时比较好确定电路走线。

任务 6.2　数字钟电路的制作与调试

任务要求

请根据已经设计好的数字钟原理图，手工或使用 Proteus 的 PCB 设计功能进行电路布线设计，设计好之后，有条件的可以在实训设备上完成接线任务，也可以采购面包板和元器件进行焊接。推荐使用教师设计好并由专业厂家制作好的 PCB 进行焊接调试电路。对电路作品进行交流展示，进一步可以自行设计数字钟的外壳，做成一个实用的多功能数字钟。

知识目标：

1. 进一步掌握使用万能表、频率计等常用电子仪表的知识。
2. 进一步掌握焊接工具的使用，提高电路焊接技术。
3. 掌握电路焊接、调试的一般知识。

4. 熟悉集成电路及其功能、使用方法等知识。

5. 掌握一般元器件的型号、参数识读的知识。

6. 掌握电路设计与制作的一般方法和步骤。

能力目标：

1. 能将原理图中集成芯片转换成实际电路的集成芯片。

2. 能熟练读取原理图中的元器件并转换成实际元器件。

3. 能顺利读取常用元器件的型号参数，掌握识读方法。

4. 能熟练运用焊接工具和耗材进行电路焊接。

5. 能使用常用的仪器仪表和电路检测方法调试、维修电路。

实践建议

在教师的指导下，根据自己设计的原理图整理元器件清单，准备耗材工具，购买电路板及元器件，并进行电路焊接、测试与维修。教师可以设计好 PCB 文件并由专业厂家生产 PCB，分发给学生进行焊接、调试。

知识与操作

6.2.1　列写元器件清单

在完成原理图设计、进行制作电路之前，要作出元器件清单，以便进行采购，如由于货源或价格、时间等问题的制约，不能购齐元器件，就要根据实际情况调整设计，替换比较容易获得且性价比符合要求的元器件，这个过程中也能优化设计，充分利用各个芯片中包含的电路单元，尽量少用元器件。

列写元器件清单的方法主要有：①手工列清单。设计人员根据原理图的设计逐项统计元器件的基本信息和数量；②用软件统计。在 Proteus 软件 7 版本中单击工具菜单，选择"材料清单"（BOM）命令，弹出"BOM"报表的 4 种输出格式，HTML（超文本格式）、ASCII（ASCII 码格式）、压缩 CSV 和非压缩 CSV（逗分格式）。保存报表时，4 种格式有对应的扩展名。如图 6-23 所示。单击选择相应的报表格式则生成相应格式的元器件清单报表，可进行存盘、打印等操作。在层次电路中，若某子页设置为非物理页，则该页元器件不输出到"BOM"。在 Proteus 软件 8 版本中，单击工具栏的 ⑤ 按钮，进入"BOM"报表的操作和 7 版本操作有所不同，但本质内容是相同的。用户还可设置报表内容及格式。

1. 超文本格式 HTML（Hyper Text Mark-up Language）

超文本格式有两种模板，即 DEFAULT.HTM 和 FANCY.HTM，对应生成 HTML 或 MHTML 超文本格式文档。系统默认的是 HTML 文档，其报表如图 6-24 所示，扩展名为 HTM。该文档包含分类、数量、元器件编号等信息。当模板设置为 FANCY.HTM 时，允许用户在报表中设置外观，如加入公司标志图片等。生成的报表扩展名为 HTM。该报表除加入用户设置的外观等外，其余基本同图 6-24 所示，故对它不做进一步的叙述。

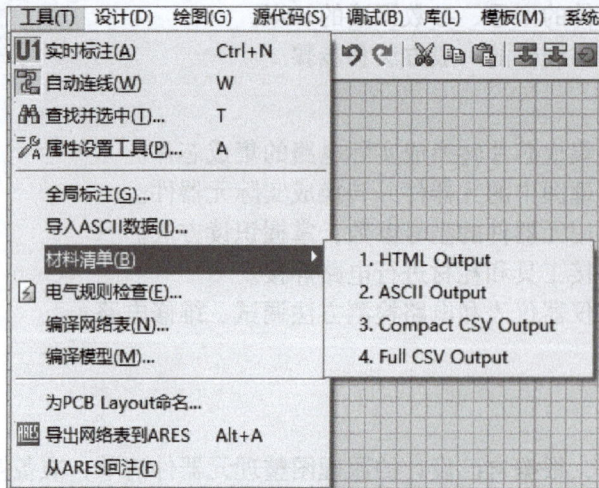

图 6-23　材料清单 BOM 表可选四种格式

图 6-24　HTML 格式元器件清单报表

2. ASCII 码格式

ASCII 码格式的 BOM 是简单的 ASCII 文本文件，以空格分隔列信息，如图 6-25 所示，这种文件易发送但不太美观。

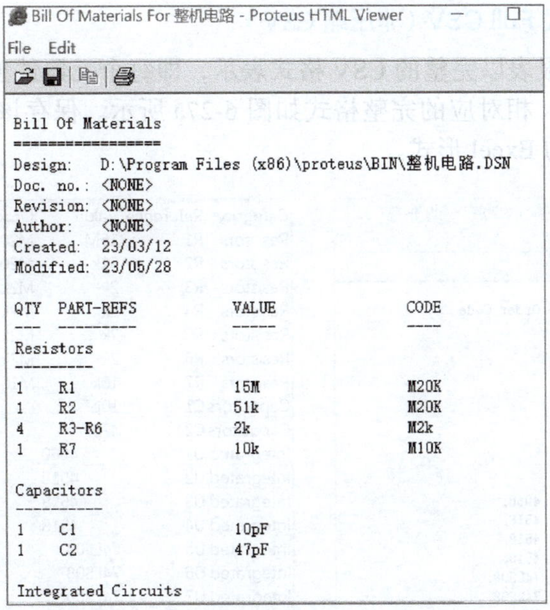

```
Bill Of Materials For 整机电路 - Proteus HTML Viewer
File  Edit

Bill Of Materials
=================

Design:    D:\Program Files (x86)\proteus\BIN\整机电路.DSN
Doc. no.:  <NONE>
Revision:  <NONE>
Author:    <NONE>
Created:   23/03/12
Modified:  23/05/28

QTY  PART-REFS          VALUE              CODE
---  ---------          -----              ----
Resistors
---------
1    R1                 15M                M20K
1    R2                 51k                M20K
4    R3-R6              2k                 M2k
1    R7                 10k                M10K

Capacitors
----------
1    C1                 10pF
1    C2                 47pF

Integrated Circuits
```

图 6-25　ASCII 码格式的元器件清单报表

3. 压缩的逗号分隔变量格式 CSV（Compact Comma-Separated Variable）

压缩的逗号分隔变量格式是一种流行的数据交换格式，如图 6-26a 所示。一般的 CVS 文件第一行是以逗号分隔的属性名（如 Category 分类、Reference 编号、Value 值等），其余是逗号分隔的清单信息（数量、编号、值等）、信息中含有逗号的，自动外加双引号。之所以叫压缩，是因为在清单中将相似的元器件组成组。单击图 6-26a 中的保存按钮，弹出存盘对话框，文件名自动为“Bill Of Materials For PCBLSD.CSV”，扩展名自动加为“CSV”。打开它时，为微软的 Excel 形式，如图 6-26b 所示。

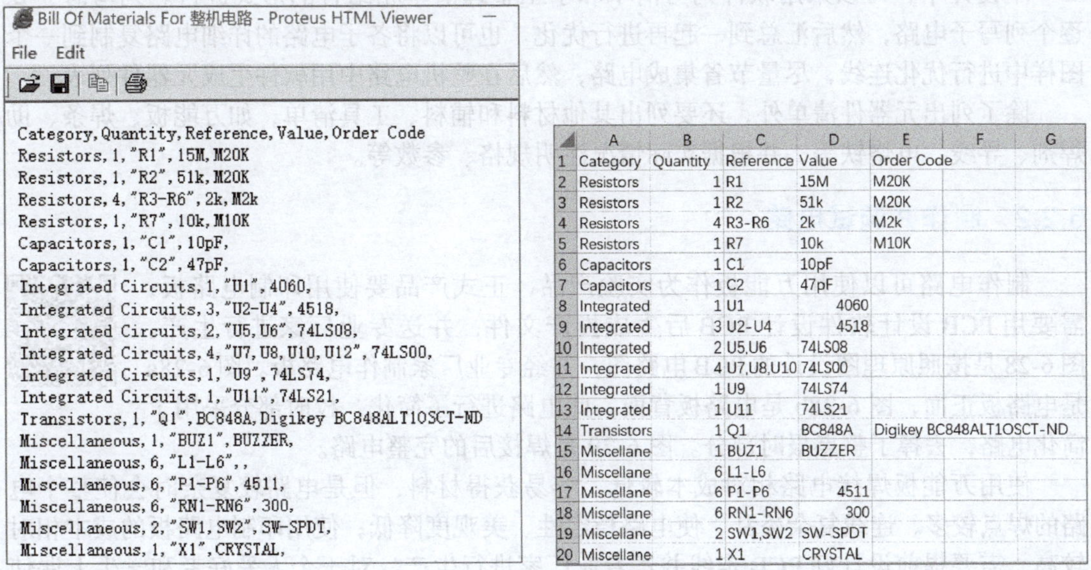

```
Bill Of Materials For 整机电路 - Proteus HTML Viewer
File  Edit

Category,Quantity,Reference,Value,Order Code
Resistors,1,"R1",15M,M20K
Resistors,1,"R2",51k,M20K
Resistors,4,"R3-R6",2k,M2k
Resistors,1,"R7",10k,M10K
Capacitors,1,"C1",10pF,
Capacitors,1,"C2",47pF,
Integrated Circuits,1,"U1",4060,
Integrated Circuits,3,"U2-U4",4518,
Integrated Circuits,2,"U5,U6",74LS08,
Integrated Circuits,4,"U7,U8,U10,U12",74LS00,
Integrated Circuits,1,"U9",74LS74,
Integrated Circuits,1,"U11",74LS21,
Transistors,1,"Q1",BC848A,Digikey BC848ALT1OSCT-ND
Miscellaneous,1,"BUZ1",BUZZER,
Miscellaneous,6,"L1-L6",,
Miscellaneous,6,"P1-P6",4511,
Miscellaneous,6,"RN1-RN6",300,
Miscellaneous,2,"SW1,SW2",SW-SPDT,
Miscellaneous,1,"X1",CRYSTAL,
```

	A	B	C	D	E	F	G
1	Category	Quantity	Reference	Value	Order Code		
2	Resistors	1	R1	15M	M20K		
3	Resistors	1	R2	51k	M20K		
4	Resistors	4	R3-R6	2k	M2k		
5	Resistors	1	R7	10k	M10K		
6	Capacitors	1	C1	10pF			
7	Capacitors	1	C2	47pF			
8	Integrated	1	U1	4060			
9	Integrated	3	U2-U4	4518			
10	Integrated	2	U5,U6	74LS08			
11	Integrated	4	U7,U8,U10	74LS00			
12	Integrated	1	U9	74LS74			
13	Integrated	1	U11	74LS21			
14	Transistors	1	Q1	BC848A	Digikey BC848ALT1OSCT-ND		
15	Miscellane	1	BUZ1	BUZZER			
16	Miscellane	6	L1-L6				
17	Miscellane	6	P1-P6	4511			
18	Miscellane	6	RN1-RN6	300			
19	Miscellane	2	SW1,SW2	SW-SPDT			
20	Miscellane	1	X1	CRYSTAL			

a)　　　　b)

图 6-26　压缩 CSV 格式的元器件清单及导出的表格

4. 完整的逗分格式 Full CSV（非压缩 CSV）

完整的逗分格式报表以完整的 CSV 格式表示，即每个元器件独占一行输出。与前面压缩格式（见图 6-26）相对应的完整格式如图 6-27a 所示。保存该 BOM 报表，再打开，呈图 6-27b 所示微软的 Excel 形式。

```
Bill Of Materials For 整机电路 - Proteus HTML Viewer

File   Edit

Category,Reference,Value,Order Code
Resistors,"R1",15M,M20K
Resistors,"R2",51k,M20K
Resistors,"R3",2k,M2k
Resistors,"R4",2k,M2k
Resistors,"R5",2k,M2k
Resistors,"R6",2k,M2k
Resistors,"R7",10k,M10K
Capacitors,"C1",10pF,
Capacitors,"C2",47pF,
Integrated Circuits,"U1",4060,
Integrated Circuits,"U2",4518,
Integrated Circuits,"U3",4518,
Integrated Circuits,"U4",4518,
Integrated Circuits,"U5",74LS08,
Integrated Circuits,"U6",74LS08,
Integrated Circuits,"U7",74LS00,
Integrated Circuits,"U8",74LS00,
Integrated Circuits,"U10",74LS00,
Integrated Circuits,"U12",74LS00,
Integrated Circuits,"U9",74LS74,
Integrated Circuits,"U11",74LS21,
Transistors,"Q1",BC848A,Digikey BC848ALT1OSCT-ND
Miscellaneous,"BUZ1",BUZZER,
Miscellaneous,"L1",,
```

a)

Category	Reference	Value	Order Code
Resistors	R1	15M	M20K
Resistors	R2	51k	M20K
Resistors	R3	2k	M2k
Resistors	R4	2k	M2k
Resistors	R5	2k	M2k
Resistors	R6	2k	M2k
Resistors	R7	10k	M10K
Capacitors	C1	10pF	
Capacitors	C2	47pF	
Integrated	U1	4060	
Integrated	U2	4518	
Integrated	U3	4518	
Integrated	U4	4518	
Integrated	U5	74LS08	
Integrated	U6	74LS08	
Integrated	U7	74LS00	
Integrated	U8	74LS00	
Integrated	U10	74LS00	
Integrated	U12	74LS00	
Integrated	U9	74LS74	
Integrated	U11	74LS21	
Transistors	Q1	BC848A	Digikey BC848ALT1OSCT-ND
Miscellane	BUZ1	BUZZER	

b)

图 6-27　非压缩 CSV 格式的元器件清单及导出表格

按照图 6-23 选择各种报表格式，对数字钟电路的设计文件整机电路 .DSN，将生成相应类型的报表。

本设计中，可以采用软件列写清单和手工整理清单相结合的形式进行。列写时，要逐个列写子电路，然后汇总到一起再进行优化。也可以将各子电路的详细电路复制到一个图样中进行优化连线，尽量节省集成电路，然后在整机电路中用软件生成元器件列表。

除了列出元器件清单外，还要列出其他材料和辅料、工具清单，如万能板、焊条、助焊剂、导线、电烙铁等，并根据实际情况注明规格、参数等。

6.2.2　制作并调试电路

制作电路可以使用万能板作为实验产品，正式产品要使用印制电路板，需要用 PCB 设计软件设计 PCB 后生成投产文件，并送专业厂家进行生产。图 6-28 是按照原理图设计的 PCB 电路图，并经专业厂家制作电路板。图 6-28a 是电路板正面，图 6-28b 是电路板背面。此电路进行了简化，校时部分采用了简化电路，去掉了整点报时部分。图 6-29 是焊接后的完整电路。

使用万能板焊接电路相对成本较低，容易获得材料，但是电路较复杂时会使整个电路的焊点较多、连线复杂凌乱，使电路稳定性、美观度降低；使用印制电路板的成本相对较高，需要提前设计好 PCB 走线并送专业厂家进行生产，对于个人爱好者和学生上课使用不太方便，但是在 PCB 上焊接元器件要比万能板简单，而且焊接质量及美观度都要好，电路的稳定性也高。

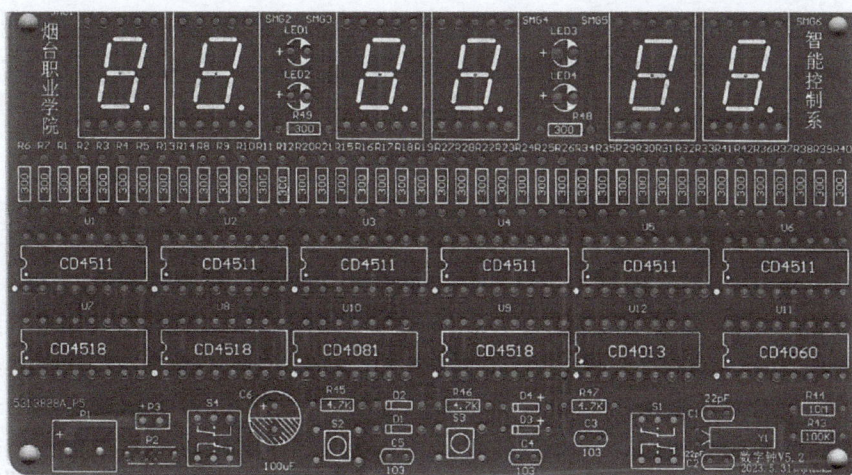

a) 数字钟电路板正面

b) 数字钟电路板背面

图 6-28　数字钟印制电路板

图 6-29　焊接调试工作正常的数字钟电路

由于元器件参数的分散性及装配工艺的影响，使得安装完毕的电子电路不能达到设计要求的性能指标，需要通过测试和调整来发现、纠正、弥补，使其达到预期的功能和技术指标，这就是电子电路的调试。

1. 检查电路接线

电路安装完毕，不要急于通电，先认真检查电路接线是否正确，包括错线、少线和多线，多线一般是因接线时看错引脚，或在改接线时忘记去掉原来的旧线造成的，而查线时又不易被发现，调试中往往会给人造成错觉，以为是元器件故障造成的。为了避免做出错误判断，通常采用两种查线方法：一种是按照设计的电路图检查安装的线路，把电路图上的连线按一定顺序在安装好的线路中逐一核对检查，这种方法比较容易找出错线和少线；另一种是按照实际线路对照电路原理图，把每个元器件引脚连线的去向依次查清，检查每个去处在电路图上是否都存在，这种方法不但可以查出错线和少线，还很容易查到是否多线。无论采用什么方法查线，一定要在电路图上把查过的线做出标记，并且检查每个元器件引脚的使用端数是否与图样相符。查线时，最好用指针式万用表的"$R \times 1$"挡，或用数字式万用表的蜂鸣器来测量，而且尽可能直接测量元器件引脚，这样可以同时发现接触不良的地方。通过直观检查也可以发现电源、地线、信号线、元器件引脚之间有无短路；连接处有无接触不良；二极管、晶体管、电解电容等引脚有无错接等明显错误。

2. 调试仪器设备

1）数字式万用表或指针式万用表：可以很方便地测量交、直流电压，交、直流电流，电阻及晶体管 β 值等。特别是数字式万用表，具有精度高、输入阻抗高、对负载影响小等优点。

2）示波器：可以测量直流电位，正弦波、三角波和脉冲等波形的各种参数。用双踪示波器还可同时观察两个波形的相位关系，这在数字系统中是比较重要的。因示波器灵敏度高、交流阻抗高，故对负载影响小。调试中所用示波器频带一定要大于被测信号的频率。但对高阻抗电路，示波器的负载效应也不可忽视。

3）信号发生器：因为经常要在加信号的情况下进行测试，在调试和故障诊断时最好备有信号发生器。它是一种多功能的宽频带函数发生器，可产生正弦波、三角波、方波及对称性可调的三角波和方波。必要时，可用元器件制作简单的信号源，例如，单脉冲发生器、正弦波或方波等信号发生器。

3. 调试方法

调试包括测试和调整两个方面。测试是在安装后对电路的参数及工作状态进行测量，调整是指在测试的基础上对电路的参数进行修正，使之满足设计要求。为了使调试顺利进行，设计的电路图上应当标出各点的电位值，相应的波形图及其他数据。调试方法有两种。一种是采用边安装边调试的方法。也就是把复杂的电路按原理框图上的功能分块进行安装和调试，在分块调试的基础上逐步扩大安装和调试的范围，最后完成整机调试。对于新设计的电路，一般采用这种方法，以便及时发现问题并加以解决。另一种方法是整个电路安装完毕，进行一次性调试。这种方法一般适用于定型产品和需要相互配合才能运行的产品。

如果电路中包括模拟电路、数字电路和微机系统，一般不允许直接连用。因为不但它们的输出电压和波形各异，而且对输入信号的要求也各不相同。如果盲目地连接在一起，可能会使电路出现不应有的故障，甚至造成元器件大量损坏。因此，一般情况下要求把这三部分分开，按设计指标对各部分分别加以调试，再经过信号及电平转换电路后进行整机联调。

4. 调试步骤

1）通电观察：把经过准确测量的电源电压加入电路（先关断电源开关，待接通连线后再打开电源开关）。电源通电后，不要急于测量数据和观察结果，首先要观察有无异常现象，包括有无冒烟，是否闻到异常气味，手摸元器件是否发烫，电源是否有短路现象等。如果出现异常，应该立即关断电源，待排除故障后方可重新通电。然后再测量各元器件引脚电源的电压，而不只是测量各路总电源电压，以保证元器件能正常工作。

2）分块调试：把电路按功能分成不同的部分，把每部分看作一个模块进行调试。在分块调试的过程中逐渐扩大调试范围，最后实现整机调试。比较理想的调试顺序是按照信号的流向进行，这样可以把前面调试过的输出信号作为后一级的输入信号，为最后的联调创造条件。分块调试包括静态和动态调试。静态调试一般是指在没有外加信号的条件下测试电路各点的电位，如模拟电路的静态工作点，数字电路各输入端和输出端的高、低电平值及逻辑关系等。通过静态测试可以及时发现已经损坏和处于临界状态的元器件。动态调试可以利用前级输出信号作为本功能块的输入信号，也可以利用自身信号检查功能块的各种指标是否满足设计要求，包括信号幅值、波形形状、相位关系、频率、放大倍数等。对于信号产生电路一般只看动态指标。把静态和动态测试的结果与设计的指标加以比较，经深入分析后对电路的参数提出合理的修正。

3）整机联调：在分块调试的过程中，因逐步扩大调试范围，实际上已经完成了某些局部联调工作。下面先要做好各功能块之间接口电路的调试工作，再把全部电路连通，就可以实现整机联调。整机联调只须观察动态结果，就是把各种测量仪器及系统本身显示部分提供的信息与设计指标逐一对比，找出问题，然后进一步修改电路参数，直到完全符合设计要求为止。调试过程中，不能凭感觉和印象，要始终借助仪器观察。使用示波器时，最好把示波器的信号输入方式置于"DC"档，它是直流耦合方式，可同时观察测试信号的交、直流成分。被测信号的频率应处在示波器能够稳定显示的范围内，如果频率太低，观察不到稳定波形时，应该改变电路参数后再测量。

5. 注意事项

1）调试前，先要熟悉各种仪器的使用方法，并仔细检查，避免由于仪器使用不当或出现故障做出错误判断。

2）测量用的仪器的地线和被测电路的地线连在一起，只有使仪器和电路之间建立一个公共参考点，测量的结果才是正确的。

3）调试过程中，发现元器件或接线有问题需要更换或修改时，应该先关断电源，待更换完毕经认真检查后才可重新通电。

4）调试过程中不但要认真观察和测量，还要善于记录，包括记录观察的现象、测量的数据、波形及相位关系，必要时，在记录中要附加说明，尤其是那些和设计不符的现象，更是记录的重点。依据记录的数据才能把实际观察到的现象和理论预计的结果加以定量比较，从中发现电路设计和安装上的问题，加以改进，以进一步完善设计方案。

安装和调试自始至终要有严谨的科学作风，不能采取侥幸心理。出现故障时，要认真查找故障原因，仔细做出判断，切不可一遇故障解决不了就拆掉线路重新安装。因为重新安装的线路仍然存在各种问题，且原理上的问题不是重新安装就能解决的。

巩固与提高

1. 知识巩固

1-1　在完成原理图设计之后、进行制作电路之前，要做出_____，以便进行采购。

1-2　在 Proteus 软件中，使用_____菜单中的_____命令，会列出元器件清单。

2. 能力提高

以小组为单位进行电路制作、调试并进行交流和展示，最好能录制作品的视频，详细进行操作和解说。每人完成一份项目报告。

项目考核与评价

请参考项目一"项目考核与评价"内容，根据实际学习过程情况开展考核与评价。

项目 7

用 555 定时器设计电子门铃

请用 555 定时器设计一个电子门铃，要求有访客按下门外按钮 S 时，电子门铃以 1kHz 左右的频率响铃 5s。响铃的声调、响铃的时间可以根据用户需要调整。门铃的电源 5V 左右，可以用电池供电，也可用 5V 直流电源供电。

项目分两个任务实施，通过本项目的实施，达到如下目标。

知识目标：

1. 熟知脉冲波形的参数，理解其含义。
2. 掌握 555 定时器的工作原理、引脚含义和使用方法。
3. 掌握施密特触发器、多谐振荡器、单稳态触发器的基本参数及其计算方法。
4. 掌握施密特触发器、多谐振荡器、单稳态触发器电路的基本构成和连接方法。
5. 掌握虚拟仿真仪器的使用方法。
6. 掌握波形产生电路及 CD4060 芯片的使用方法。

能力目标：

1. 会使用施密特触发器、多谐振荡器、单稳态触发器构成功能电路。
2. 能根据波形电路计算、调整其参数。
3. 熟练掌握 Proteus 绘制原理图的方法并能进行仿真。
4. 会使用 Proteus 的虚拟仪器仪表和测试工具、图表工具，并能进行波形分析。
5. 能灵活选用波形生成和整形电路进行电路设计。
6. 会使用面包板、集成电路、分立元器件搭建中规模逻辑电路。

素质目标：

1. 继续提升数字化逻辑思维，培养严谨的科学精神和缜密的逻辑分析能力。
2. 提高对逻辑时钟节拍的认识，提升对逻辑电路节拍逻辑的认识，增强逻辑与时序的认识，提高逻辑问题的分析与处理能力。
3. 提升对新知识、新技能的探索精神和求知欲，增强自学能力及独立思考判断能力。
4. 培养电路安全操作意识和电子生产的效益意识。

5. 培养不断探究，不怕失败，挑战困难，精益求精的工匠精神和永攀科学高峰的勇气。

任务 7.1　认识 555 定时器并构成三种典型脉冲电路

任务要求

通过研讨分析 555 定时器的内部结构、外部引脚、功能说明文档，深入理解 555 定时器的工作特性和使用方法，并使用 555 定时器构成施密特触发器、多谐振荡器、单稳态触发器三种典型的脉冲电路，为后面任务的设计与实施做准备。

知识目标：

1. 熟知脉冲波形的参数，理解其含义。
2. 掌握 555 定时器的工作原理、引脚含义和使用方法。
3. 了解 555 定时器的电气参数。
4. 掌握三种典型脉冲电路的特点、结构及参数。
5. 学习并掌握虚拟仪器的使用方法和波形分析方法。

能力目标：

1. 能读懂 555 定时器的功能说明文档。
2. 能用 555 定时器绘制三种典型脉冲电路。
3. 能熟练计算三种典型脉冲电路的参数，并调整参数。
4. 能正确使用三种典型脉冲电路，并进行功能仿真。
5. 能正确使用虚拟示波器、逻辑分析仪、图表分析工具等虚拟仪器。

实践建议

引导学生查阅 555 定时器的线上资料，集体研读功能说明文档，理解 555 定时器的功能和使用方法。指导学生构建施密特触发器、多谐振荡器、单稳态触发器，并在典型的应用场景中进行功能测试。

知识与操作

7.1.1　脉冲波形的基本参数和脉冲电路的类型

在数字系统中，只要存在时序电路部分，就一定有脉冲信号，因此，时钟脉冲信号的使用频率非常高。在项目 4 到项目 6 中已经多次使用时钟脉冲信号，本任务将继续深化对脉冲信号和脉冲电路的认识。

脉冲信号是指一种持续时间极短的电压或电流波形。从广义上讲，凡不具有连续正弦形状的波形，几乎都可以称为脉冲信号。相对于零电平或某一基准电平，幅值为正的脉冲称为正脉冲；反之，则称为负脉冲。

理想的矩形脉冲突变部分是瞬时的，但实际上，脉冲电压从零值跃升到最大值，或从最大值降到零值，都要经历一定的时间，如图 7-1 所示。

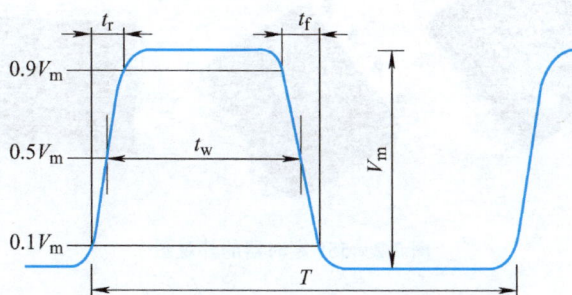

图 7-1　非理想矩形脉冲波形及主要参数示意图

一个脉冲波形的基本参数有以下几种。

1）脉冲幅度 V_m：表示一个脉冲电压波从底部到顶部之间的数值大小。

2）脉冲上升时间 t_r：表示脉冲从 $0.1V_m$ 上升至 $0.9V_m$ 所经历的时间。

3）脉冲下降时间 t_f：表示脉冲从 $0.9V_m$ 下降至 $0.1V_m$ 所经历的时间。

4）脉冲宽度 t_w：脉冲的持续时间。通常取脉冲前、后沿 $0.5V_m$ 的时间间隔作为脉冲宽度。

5）脉冲周期 T：一个周期性的脉冲序列，两相邻脉冲重复出现的时间间隔称为脉冲周期 T，其倒数为脉冲频率 f，即 $f = 1/T$。

6）占空比 q：脉冲宽度与脉冲周期之比称为占空比 $q = t_w / T$。占空比 $q=50\%$ 的矩形波即为方波。

实际矩形脉冲波的 t_r 和 t_f 都不等于 0，t_w、V_m 和 T 也受很多因素影响而不稳定。理想的矩形脉冲波参数为 $t_r=t_f=0$，t_w、V_m 和 T 也是稳定的。

我们总希望数字系统中矩形脉冲信号是理想的，但实践中并不容易获得理想脉冲信号，工程师们也是尽可能地获得满足电路需要的标准波形。

脉冲电路有脉冲整形电路和脉冲振荡电路，前者是将输入波形进行变换整形的电路，如施密特触发器、单稳态触发器；后者是脉冲产生电路，只要正常供电就能给我们提供脉冲信号，如多谐振荡器。

7.1.2　认识 555 定时器

555 定时器是一种多用途的中规模集成电路。该电路使用灵活、方便，只需外接少量的阻容元件就可以构成单稳、多谐和施密特触发器。因而在波形的产生与变换、测量与控制、家用电器和电子玩具等许多领域中都得到了广泛应用。

目前生产的定时器有双极型和 CMOS 两种类型，其型号分别有 NE555（或 5G555）和 C7555 等多种。通常，双极型产品型号最后的三位数码都是 555，CMOS 产品型号的最后四位数码都是 7555，它们的结构、工作原理及外部引脚排列基本相同。图 7-2 所示为 555 定时器的外观图。

一般双极型定时器具有较大的驱动能力，而 CMOS 定时电路具有低功耗、输入阻抗高等优点。555 定时器工作的电源电压很宽，并可承受较大的负载电流。双极型定时器电源电压范围为 5 ～ 16V，最大负载电流可达 200mA；CMOS 定时器电源电压变化范围为 3 ～ 18V，最大负载电流在 4mA 以下。

图 7-2 555 定时器的外观图

1. 555 定时器的内部结构

图 7-3 为 555 定时器的电气原理图、逻辑图和引脚排列图，其内部结构说明如下。

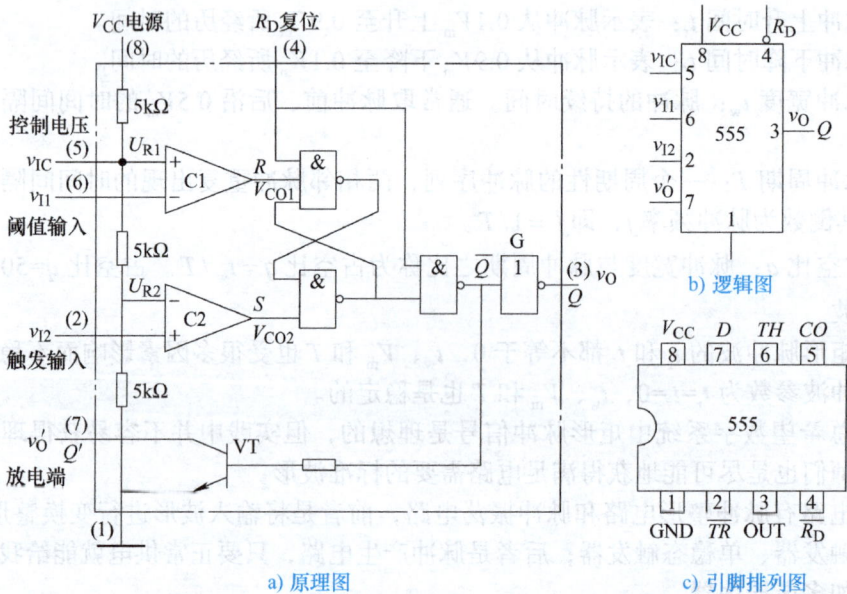

a) 原理图   c) 引脚排列图

b) 逻辑图

图 7-3 555 定时器的电气原理图、逻辑图和引脚排列图

1）电阻分压器。分压器由三个 5kΩ 的电阻串联而成，将电源电压分为三等份，为比较器提供两个参考电压，若控制端 v_{IC}（5 号端）悬空或通过电容接地，则

$$U_{R1} = \frac{2}{3}V_{CC} \qquad U_{R2} = \frac{1}{3}V_{CC}$$

若控制端 v_{IC} 外加控制电压 V_{IC}，则

$$U_{R1} = V_{IC} \qquad U_{R2} = \frac{1}{2}V_{IC}$$

2）两个电压比较器 C1 和 C2。当 $V_+ > V_-$ 时，$V_{CO} = 1$；当 $V_+ < V_-$ 时，$V_{CO} = 0$。

3）基本 RS 触发器：

当 $RS = 01$ 时，$Q = 0$，$\bar{Q} = 1$；当 $RS = 10$ 时，$Q = 1$，$\bar{Q} = 0$。

4）放电晶体管 VT 及缓冲器 G。放电开关由一个晶体管组成，称为放电管，其基极受基本 RS 触发器输出端 $\overline{Q}$ 控制。当 $\overline{Q}=1$ 时，放电管导通，放电端 Q' 通过导通的晶体管为外电路提供放电的通路；当 $\overline{Q}=0$ 时，放电管截止，放电通路被截断。增加放电晶体管，类似增加了一个 OC 门，提高低电平时的带负载能力。

2. 555 定时器的工作原理

当 555 定时器的 5 号引脚悬空时，比较器 C1 和 C2 的比较电压分别为 $2V_{CC}/3$ 和 $V_{CC}/3$。

1）当 $v_{I1} > 2V_{CC}/3$，$v_{I2} > V_{CC}/3$ 时，比较器 C1 输出低电平，C2 输出高电平，基本 RS 触发器被置 0，放电晶体管 VT 导通，输出端 v_O 为低电平。

2）当 $v_{I1} < 2V_{CC}/3$，$v_{I2} < V_{CC}/3$ 时，比较器 C1 输出高电平，C2 输出低电平，基本 RS 触发器被置 1，放电晶体管 VT 截止，输出端 v_O 为高电平。

3）当 $v_{I1} < 2V_{CC}/3$，$v_{I2} > V_{CC}/3$ 时，比较器 C1 输出高电平，C2 也输出高电平，即基本 RS 触发器 $R=1$，$S=1$，触发器状态不变，电路亦保持原状态不变。

由于阈值输入端（v_{I1}）为高电平（$> 2V_{CC}/3$）时，定时器输出低电平，因此也将该端称为高触发端（TH）。

因为触发输入端（v_{I2}）为低电平（$< V_{CC}/3$）时，定时器输出高电平，因此也将该端称为低触发端（TL 或 $\overline{TR}$）。

如果在电压控制端（5 脚）施加一个外加电压（其值在 $0 \sim V_{CC}$ 之间），比较器的参考电压将发生变化，电路相应的阈值、触发电平也将随之变化，并进而影响电路的工作状态。

另外，R_D 为复位输入端，当 R_D 为低电平时，无论其他输入端的状态如何，输出 v_O 为低电平，即 R_D 的控制级别最高。正常工作时，一般应将其接高电平。555 定时器的功能见表 7-1。

表 7-1　555 定时器的功能表

R_D	U_{TH}	$U_{\overline{TR}}$	输出端 Q	放电端 Q'	功能
0	×	×	0	与地导通	复位
1	$> \frac{2}{3}V_{CC}$	$> \frac{1}{3}V_{CC}$	0	与地导通	入高出低
1	$< \frac{2}{3}V_{CC}$	$> \frac{1}{3}V_{CC}$	保持状态不变	保持状态不变	保持
1	$< \frac{2}{3}V_{CC}$	$< \frac{1}{3}V_{CC}$	1	与地断开	入低出高
1	$> \frac{2}{3}V_{CC}$	$< \frac{1}{3}V_{CC}$	1		不允许

由表 7-1 可见，555 定时器的工作特点如下。

1）当两个输入端都大于参考电压时，可以认为输入 1，输出为 0。

2）当两个输入端都小于参考电压时，可以认为输入 0，输出为 1。

3）当输入电压取值在两个参考值之间时，输出保持不变。

4）当输入 $U_{TH} > 2V_{CC}/3$，$U_{TR} < V_{CC}/3$，内部 RS 触发器处于约束状态，不允许。

以上四个特点可用图 7-4 帮助理解和记忆。

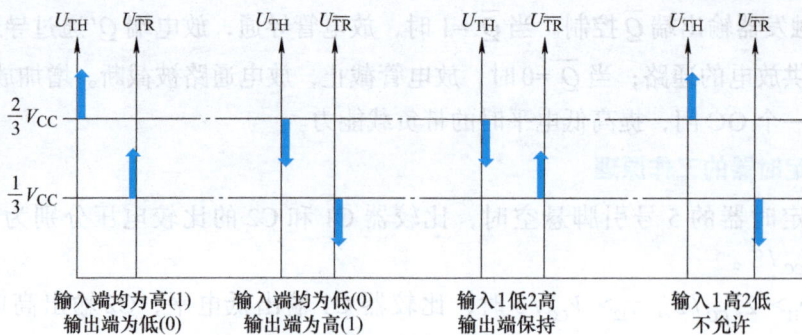

图 7-4　555 定时器输入端不同输入情况示意图

由图 7-4 和表 7-1 可以看出，在第一和第二种情况下，555 定时器具有一定的反向特性，在第三种情况下，555 定时器有一段保持区。

3. 555 定时器的主要参数

5G555（单时基双极型定时器）和 CC7555（单时基 CMOS 型定时器）的主要参数对比见表 7-2。

从表 7-2 可见：

1）二者的工作电源电压范围不同，但都有比较大的范围。

2）双极型定时器输入、输出电流较大，驱动能力强，可直接驱动负载，适合有稳定电源的场合使用。

3）单极型定时器输入阻抗高，工作电流小，功耗低且精度高，多用于需要节省功耗的领域。

表 7-2　两种 555 定时器的参数对比表

参数	CMOS 型 CC7555	TTL 型 5G555
电源电压 /V	$3 \sim 18$	$4.5 \sim 16$
静态电源电流 /mA	0.12	10
定时精度 /（%）	2	1
高电平触发端电压	$\frac{2}{3}U_{DD}$	$\frac{2}{3}V_{CC}$
高电平触发端电流 /μA	0.00005	0.1
低电平触发端电压	$\frac{1}{3}U_{DD}$	$\frac{1}{3}V_{CC}$
低电平触发端电流 /μA	0.00005	0.5
复位端复位电压 /V	1	1
复位端复位电流 /μA	0.1	400
放电端放电电流 /mA	$10 \sim 50$	200
输出端驱动电流 /mA	$1 \sim 20$	200
最高工作频率 /kHz	500	500

7.1.3　用 555 定时器构成施密特触发器

555 定时器可以构成三种典型的脉冲与整形电路：施密特触发器、多谐振荡器、单稳态触发器。

施密特触发器是具有滞回特性的数字传输门，是一种脉冲信号变换电路，用来实现波形整形和鉴幅。

1. 用 555 定时器构成施密特触发器的方法

图 7-5 是用 555 定时器构成的反向特性施密特触发器，其连接特征是："六二合一作输入，三为输出"。具体连接方式如下：

1）定时器的 6 号引脚（v_{I1}/U_{TH}）和 2 号引脚（$v_{I2}/\overline{U_{TR}}$）连接在一起作为电路的信号输入端；3 号引脚作为电路的信号输出端。

2）定时器的 8 号引脚是电源端，接电源正极，对应的 1 号引脚是接地端，4 号引脚是复位端，在正常使用时接电源正极。

3）定时器的 7 号引脚内部连接的是集电极开路的放电晶体管，如需使用，可在 7 号引脚加上拉电阻 R 接电源正极，其输出与 3 号引脚逻辑相同。

4）定时器的 5 号引脚是输入控制电压端，其电压值会代替为 $2V_{CC}/3$，从而控制 555 定时器的工作电压参数。此处不用，可以悬空，亦可接电容后接地，起到滤波防干扰的作用。

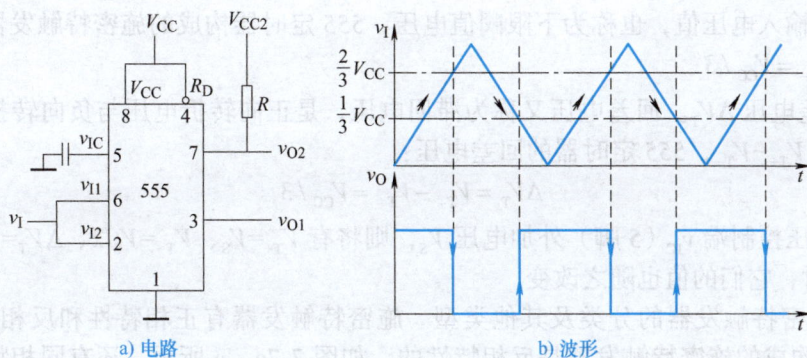

图 7-5　用 555 定时器构成的施密特触发器

设输入信号 v_I 为锯齿波，幅度大于 555 定时器的参考电压 $2V_{CC}/3$（5 号引脚控制端通过滤波电容接地），电路输入、输出波形如图 7-5b 所示。根据 555 定时器功能表 7-1 可知：

1）当 $v_I < V_{CC}/3$ 时，v_{O1} 输出高电平 1。

2）当 v_I 上升到 $V_{CC}/3 \sim 2V_{CC}/3$ 时，v_{O1} 输出保持不变，为高电平 1。

3）当 $v_I > 2V_{CC}/3$ 时，v_{O1} 输出低电平 0，当继续上升时，v_{O1} 保持不变。

4）当 v_I 下降时，在 $V_{CC}/3$ 以上 v_{O1} 输出低电平 0，当下降到 $V_{CC}/3 \sim 2V_{CC}/3$ 时，v_{O1} 输出保持不变，为低电平 0。

5）当 v_I 下降到 $2V_{CC}/3$ 时，电路输出跳变为高电平 1。而且在 v_I 继续下降到 0V 时，电路的这种状态不变。

通过以上分析可以得出：输入信号 v_I 电压上升时，达到 $2V_{CC}/3$ 后，输出端信号翻转；输入信号 v_I 电压下降时，降到 $V_{CC}/3$ 后，输出信号翻转。

在图 7-5 中，利用 OC 门的原理，R、V_{CC2} 构成另一输出端 v_{O2}，其高电平可以通过改

变 V_{CC2} 进行调节。

2. 施密特触发器的特性、主要参数和分类

（1）施密特触发器的电压滞回特性　施密特触发器具有电压滞回特性，即触发器在输入电压从小到大变化和从大到小变化时，所对应的转折电压（阈值电压）是不同的。图 7-6 所示是施密特触发器的逻辑符号和 555 定时器构成的施密特触发器的特性曲线，可以明显看出，输出电压 v_O 发生状态变化时对应了两个转折电压，当输入 v_I 从小到大变化（$0 \rightarrow V_{CC}$）时，对应的转折电压是 $2V_{CC}/3$；反之，当输入 v_I 从大到小变化（$V_{CC} \rightarrow 0$）时，对应的转折电压是 $V_{CC}/3$。

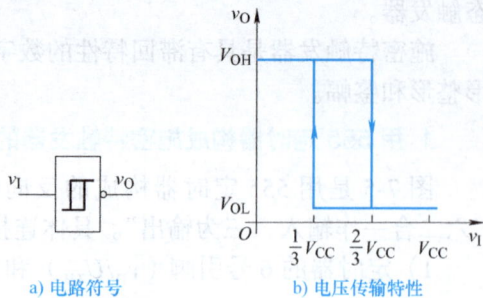

a) 电路符号　　　　　b) 电压传输特性

图 7-6　施密特触发器的电路符号和电压传输特性

（2）施密特触发器的主要静态参数

1）正向转折电压 V_{T+}。v_I 上升过程中，输出电压 v_O 由高电平 V_{OH} 跳变到低电平 V_{OL} 时所对应的输入电压值，也称为上限阈值电压，555 定时器构成的施密特触发器的正向转折电压 $V_{T+} = 2V_{CC}/3$。

2）负向转折电压 V_{T-}。v_I 下降过程中，输出电压 v_O 由低电平 V_{OL} 跳变到高电平 V_{OH} 时所对应的输入电压值，也称为下限阈值电压，555 定时器构成的施密特触发器的负向转折电压为 $V_{T-} = V_{CC}/3$。

3）回差电压 ΔV_T。回差电压又称为滞回电压，是正向转折电压与负向转折电压的差值，定义为 $V_{T+} - V_{T-}$，555 定时器的回差电压：

$$\Delta V_T = V_{T+} - V_{T-} = V_{CC}/3$$

若在电压控制端 v_{IC}（5 脚）外加电压 V_S，则将有 $V_{T+} = V_S$、$V_{T-} = V_S/2$、$\Delta V_T = V_S/2$，而且当改变 V_S 时，它们的值也随之改变。

（3）施密特触发器的分类及其他类型　施密特触发器有正相特性和反相特性之分，555 定时器构成的施密特触发器是反相特性的，如图 7-7a、c 所示，还有同相特性的施密特触发器，如图 7-7b、d 所示。

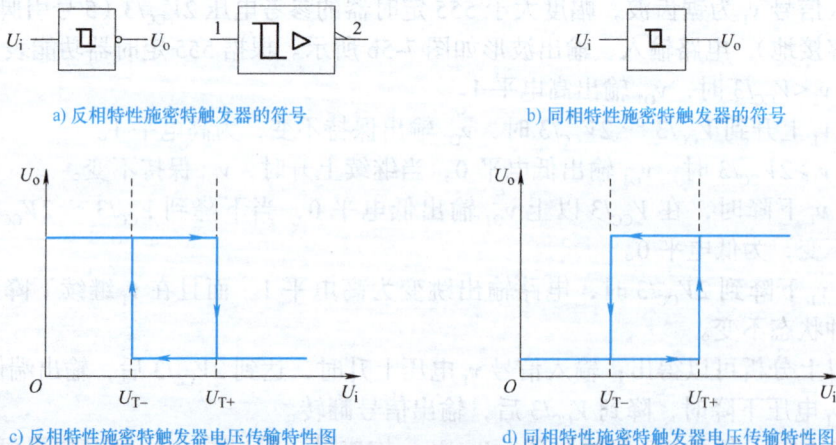

a) 反相特性施密特触发器的符号

b) 同相特性施密特触发器的符号

c) 反相特性施密特触发器电压传输特性图

d) 同相特性施密特触发器电压传输特性图

图 7-7　反相、同相特性施密特触发器的电路符号和电压传输特性

3. 施密特触发器的应用

（1）波形变换　施密特触发器可以将输入的非矩形波变换成矩形波输出，图 7-8 所示是用反相特性施密特触发器将正弦波变换成矩形波。

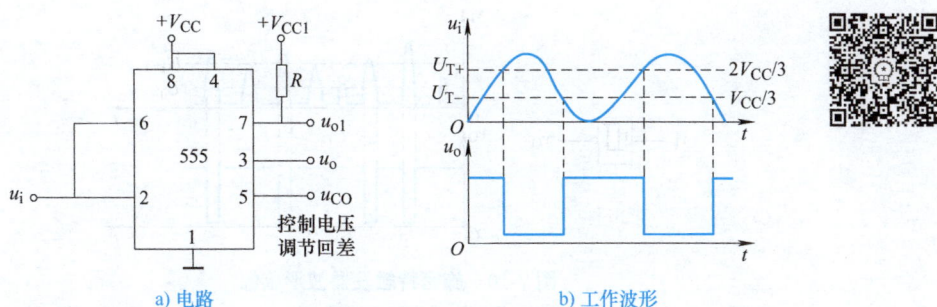

a) 电路　　　　　　　　　　　　　　　b) 工作波形

图 7-8　施密特触发器的波形变换作用

在图 7-8 中，输入波形在上升阶段，当 u_i 到达 U_{T+} 时，输出波形翻转，从逻辑 "1" 变成逻辑 "0"，在输入波形的下降阶段，当 u_i 到达 U_{T-} 时，输出波形翻转，从逻辑 "0" 变成逻辑 "1"。无论输入的是什么波形，只要输入信号电压由小变大时，遇到施密特触发器的 U_{T+}，输出端就会翻转；输入信号电压由大变小时，遇到施密特触发器的 U_{T-}，输出端也会翻转，输入信号在 U_{T+} 和 U_{T-} 之间时，输出端保持不变。

在 Proteus 中的仿真图如图 7-9a 所示。图中，施密特触发器使用 NE555 构成，其输入由信号源提供，仿真测试中可以使用正弦波或三角波进行测试，图 7-9b 是测试获得的输入和输出波形，从图中可以看到，输出波形发生翻转时对应的输入电压是不同的。

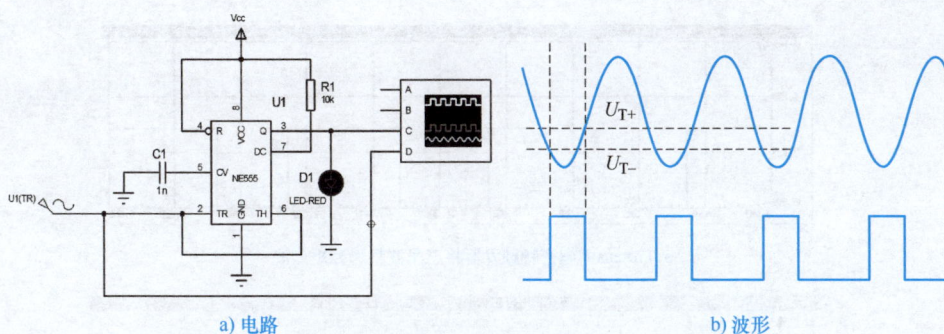

a) 电路　　　　　　　　　　　　　　　b) 波形

图 7-9　555 定时器构成施密特触发器波形变换仿真电路与波形

（2）鉴幅　使用施密特触发器可以鉴定输入波形中是否存在高于某个设定电压值的脉冲信号。如图 7-10 所示，施密特触发器的输入信号是不规则的脉冲信号，当输入信号中幅度有超过 U_{T+} 的波形时，施密特触发器的输出端求反输出一个负脉冲，从而鉴定输入端是否有高于 U_{T+} 的信号。

（3）整形　将形态不理想的矩形波输入施密特触发器可以获得形态较理想的矩形波，其基本工作原理同波形变换。如图 7-11a 所示，输入波形不规则或受到干扰，经过施密特触发器时，上升阶段波形电压超过 U_{T+} 后，输出波形成为低电平；下降阶段低于 U_{T-} 后，输出波形成为高电平；在 U_{T+} 和 U_{T-} 之间时，输出波形保持不变。可见，在 U_{T+} 之上、U_{T-} 之下、U_{T+} 和 U_{T-} 之间叠加到波形上的干扰信号只要不越界，都不会影响输出波形，因此，使用施密特触发器可以提高电路的抗干扰能力。图 7-11b 是 Proteus 中施密特触发器将三角波整形为矩形波的测试波形。图 7-11c 是 Proteus 中施密特触发器将无规则波整形为矩形波。也可以看出，施密特触发器可以整形，可以提高电路的抗干扰能力。测试电路使用的是反向特性的施密特触发器，输出信号和输入信号是反相的。

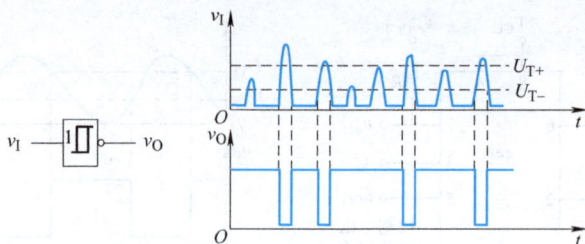

图 7-10　施密特触发器波形鉴幅

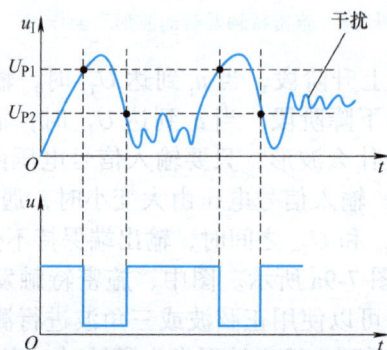

a) 施密特触发器波形整形——提高抗干扰能力

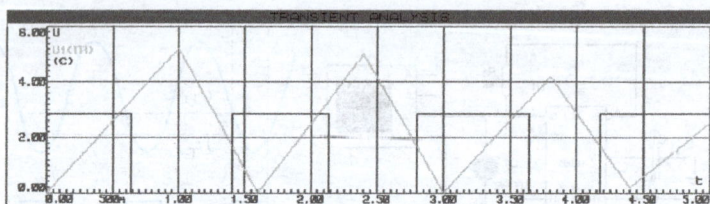

b) Proteus中施密特触发器将三角波整形为矩形波

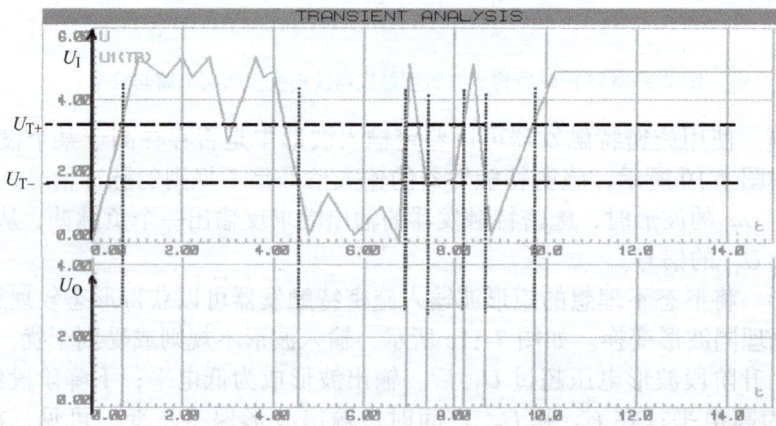

c) Proteus中施密特触发器用于波形整形仿真实例

图 7-11　施密特触发器用于整形

由施密特触发器的波形变换和整形功能可以看出，施密特触发器可以提高整个电路的抗干扰能力，外来的干扰信号使原信号增大只要不超出 U_{T+} 的范围，就不会在输出端有任何影响；外来的干扰信号使原信号减小只要向下跨过 U_{T-} 的范围也不会在输出端有任何影响。回差电压越大，施密特触发器的抗干扰能力越强，但施密特触发器的灵敏度也会相应降低。

在 Proteus 中获取图 7-11b、c 图表的方法如下。

1）设置激励信号源。在仿真电路中双击激励信号源（或右击选择编辑属性），出现信号源编辑窗口，如图 7-12a 所示。在编辑信号源属性的窗口中，"模拟类型"选择"分段线性激励源"，在右边的曲线图表中设置图表的尺寸参数后，在图表窗口中单击确定波形拐点生成波形，通过右击拖动拐点改变波形形状。也可单击图表右上方的三角符号，放大图表后编辑波形，如图 7-12b 所示。

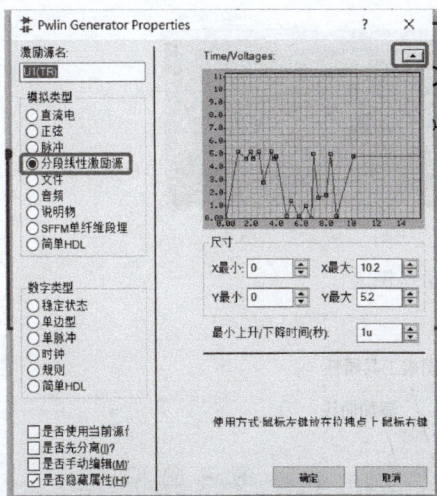
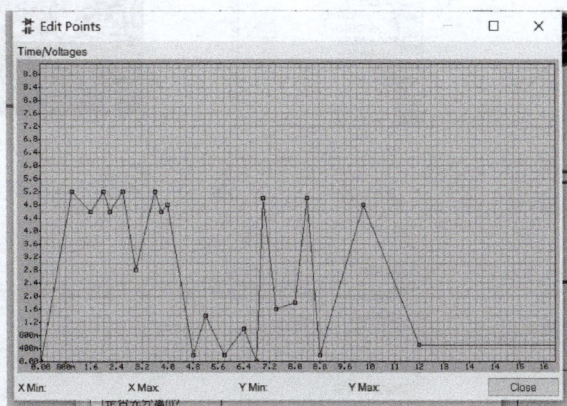

a) 激励信号源编辑窗口   b) 波形编辑窗口

图 7-12 编辑激励信号源属性窗口中获取线性分段线性脉冲

2）添加仿真测试点。在模式工具栏中单击"探针"图标，如图 7-13a 所示，选择电压探针（VOLTAGE），到仿真电路中需要测试电压的地方单击添加电压探测点，如图 7-13b 所示。

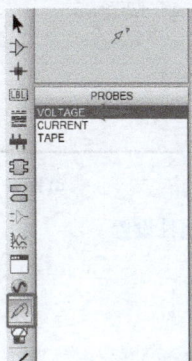
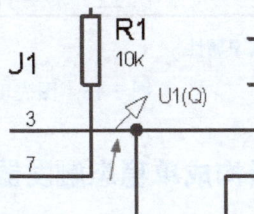

a)   b)

图 7-13 添加仿真测试探针

3）添加分析图表并设置属性。在左侧模式工具栏中单击仿真图表模式图标，如图7-14a所示，选择混合图表（MIXED），在电路图样的空白处按下鼠标左键并拖动，绘出分析图表工具，如图7-14b所示。图形分析工具的操作主要是正确设置参数和显示的波形。双击图表工具，进入单独的图表窗口并右击，可在菜单中选择需要的功能进行设置，如图7-15a所示，或在图表工具栏中单击操作命令按钮，如图7-15b所示。

在图表工具属性窗口中可设置仿真波形的开始时间和结束时间，如图7-15c所示。在增加曲线/波形窗口中可以选择电路图中激励源、探针探测点的波形在图表窗口中显示。设置好后，单击"仿真图表"命令绘制波形图。

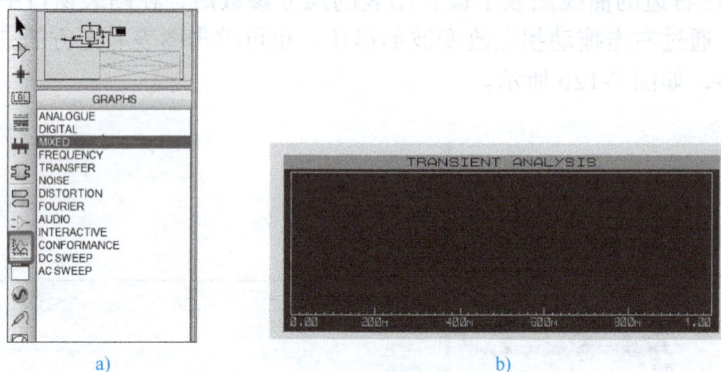

a)

b)

图7-14　给仿真电路添加分析图表

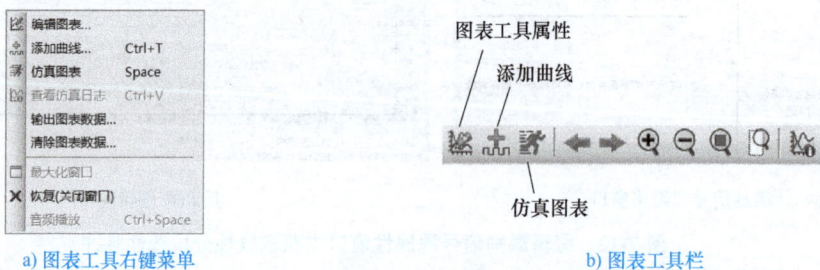

a) 图表工具右键菜单

b) 图表工具栏

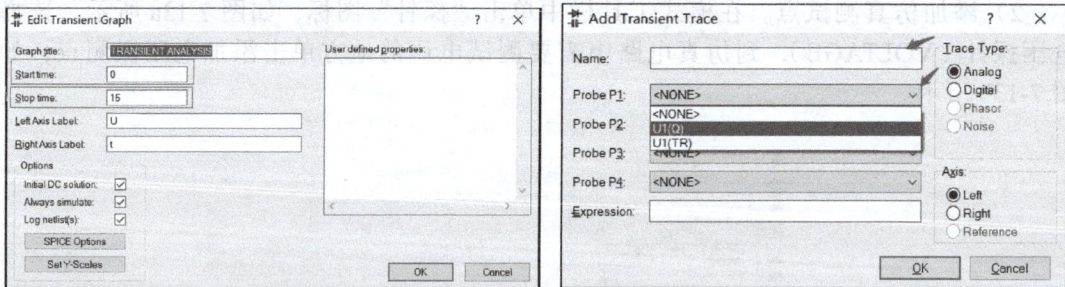

c) 编辑图表工具属性

d) 图表工具添加曲线

图7-15　图表工具的属性设置

7.1.4　用555定时器构成单稳态触发器

1. 单稳态触发器的电路特点及原理

单稳态触发器在数字电路中一般用于定时（产生一定宽度的矩形波）、整形（把不规

则的波形转换成宽度、幅度都相等的波形）及延时（把输入信号延迟一定时间后输出）等。单稳态触发器主要具有下列特点：

1）有一个稳定状态和一个暂稳状态。

2）在外来触发脉冲作用下能够由稳定状态翻转到暂稳状态。

3）暂稳状态维持一段时间后，将自动返回到稳定状态，暂稳状态时间的长短与触发脉冲无关，只取决于电路本身的参数。

用 555 定时器构成的单稳态触发器如图 7-16 所示。电路连接的特点："6、7 合一，上 R 下 C，2 入 3 出"。连接要点如下：

1）1、3、4、5、8 号引脚的连接方法同施密特触发器。

2）6 号和 7 号引脚连接在一起，上面加上拉电阻 R，下边连电容 C，然后接地。

3）2 号引脚作为电路的输入端，3 号引脚作为电路的信号输出端。

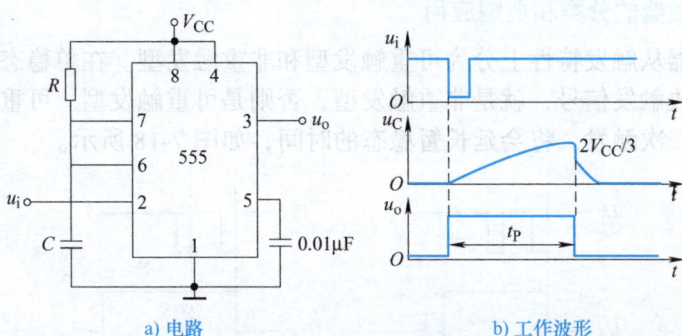

a) 电路　　　　　　　b) 工作波形

图 7-16　555 定时器构成的单稳态触发器

基本工作原理：接通 V_{CC} 后瞬间，V_{CC} 通过电阻 R 对电容 C 充电，当 u_C 上升到 $2V_{CC}/3$ 时，比较器 C1 输出为 0，将触发器置 0，$u_O=0$。这时 $\overline{Q}=1$，放电晶体管 VT 导通，电容 C 经过 7 号引脚通过 VT 迅速放电，电压降到低于 $V_{CC}/3$，直至到 0V，输出端翻转为"0"，电路进入稳态，稳定输出逻辑"0"。

u_i 为高电平，下降沿到来时，因为 $u_i<V_{CC}/3$，使 C2=0，触发器置 1，u_O 又由 0 变为 1，电路由稳态进入暂稳态。由于此时 $\overline{Q}=0$，放电管 VT 截止，V_{CC} 经 R 对 C 充电。虽然此时触发脉冲已消失，比较器 C2 的输出变为 1，但充电继续进行，直到 U_C 上升到 $2V_{CC}/3$ 时，比较器 C1 输出为 0，将触发器置 0，电路输出 $u_O=0$，VT 导通，C 放电，电路恢复到稳定状态。

该单稳态触发器处于暂稳态的时间称为输出脉冲宽度 T_w，近似计算公式为

$$T_w \approx 1.1RC$$

由 555 定时器构成单稳态触发器在 Proteus 中的仿真如图 7-17 所示。示波器屏幕中最上边（第一个）波形是 2 号引脚输入波形 U_{TR}，中间（第二个）波形是电容 C_1 上的电压波形 U_C，最下边（第三个）波形是 3 号引脚输出波形 Q。显然，输入触发脉冲下降沿有效，触发后电容充电至 $2V_{CC}/3$，输出波形翻转。**注意**：触发脉冲的下降沿要低于 $V_{CC}/3$。图 7-17 中输出端 Q 脉冲的脉冲宽度 T_w 近似为 0.55s，计算如下：

$$T_w \approx 1.1RC$$
$$= 1.1 \times 50\text{k}\Omega \times 10\mu\text{F}$$
$$= 0.55\text{s}$$

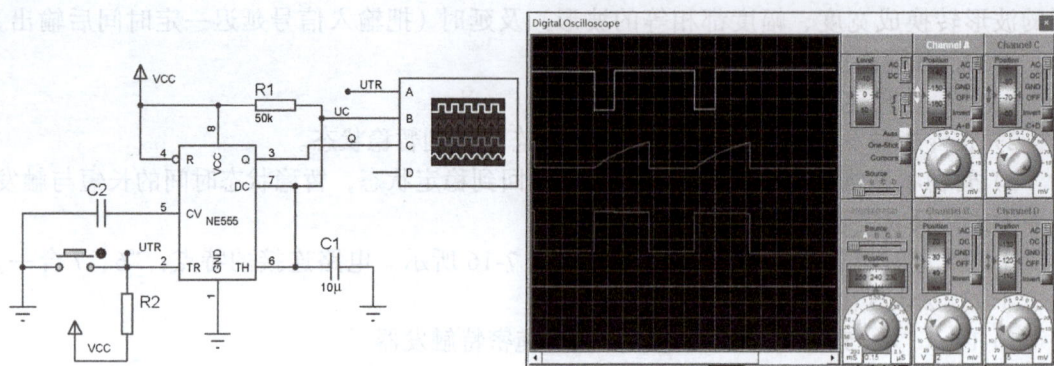

图 7-17 由 555 定时器构成单稳态触发器的 Proteus 仿真

2. 单稳态触发器的分类和典型应用

单稳态触发器从触发特性上分为可重触发型和非重触发型。在单稳态触发器处于暂稳态时，如不能接收触发信号，就是非重触发型，否则是可重触发型。可重触发型在一个暂稳态时间中接受二次触发，将会延长暂稳态的时间，如图 7-18 所示。

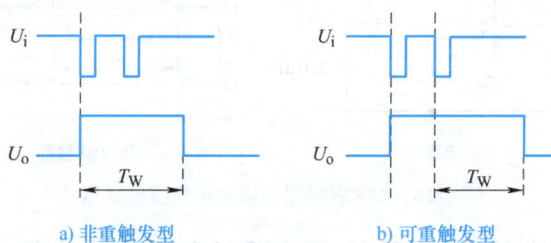

a) 非重触发型   b) 可重触发型

图 7-18   不同种类单稳态触发器的触发波形

（1）典型应用 1：定时与延时

单稳态触发器可以构成定时电路，与继电器或驱动放大电路配合，可实现自动控制、定时开关的功能，典型定时器电路如图 7-19 所示。

当电路接通 6V 电源后，经过一段时间进入稳定状态，定时器输出 U_o 为低电平，常开型继电器 KA 无电流通过，未形成导电回路，灯泡 HL 不亮。当按下按钮 SB 时，2 号引脚低电平触发端 $\overline{TR}$（外部信号输入端 U_i）接地，由高电平变为低电平，输入一个负脉冲，使电路由稳态转入暂稳态，输出 U_o 为高电平，继电器 KA 通电，使常开触点闭合，形成导电回路，灯泡 HL 亮。暂稳态出现的时刻是由按下按钮 SB 的时刻决定的，持续时间 T_W（灯亮时间）是由电路参数决定的，改变电路中的电阻 R_W 或电容 C，均可改变 T_W。

图 7-20 所示是由 555 定时器构成的延时器电路。与定时器电路相比，其主要区别是电阻和电容连接的位置不同，6 号引脚的连接不同，不是典型的单稳态触发器的连接。电路中的继电器 KA 为常开继电器，二极管 VD 的作用是限幅保护。

当开关 SA 闭合后，直流电源接通，555 定时器开始工作，若电容初始电压为零，因电容两端电压不能突变，而 $U_{DD}=U_C+U_R$，所以 $U_{TH}=U_R=U_{DD}-U_C=U_{DD}$，$Q=$ "0"，继电器 KA 常开触点保持断开；同时，电源开始向电容充电，电容两端电压不断上升，而电阻两端电压相应下降，当 $U_C \geq 2V_{CC}/3$，即 $U_{TH}=U_{\overline{TR}}=U_R \leq V_{CC}/3$ 时，$Q=$ "1"，继电器常开触点闭合；电容充电至 $U_C=U_{DD}$ 时结束，此时，电阻两端电压为零，电路输出 Q 保持为

"1"，从开关 SA 按下到继电器 KA 闭合这段时间称为延时时间。

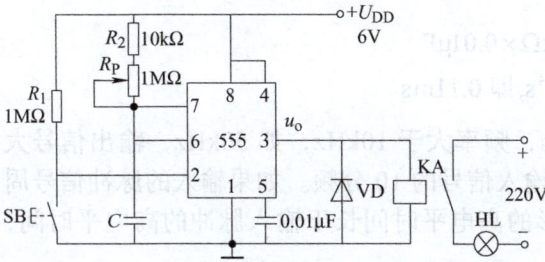

图 7-19 单稳态触发器用作定时器的电路

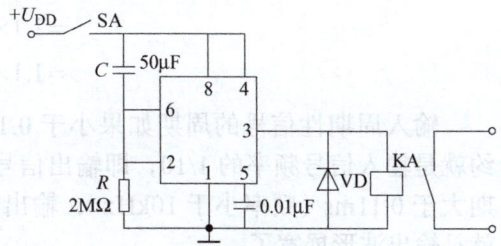

图 7-20 单稳态触发器作为延时器

图 7-21 是给读者提供的仿真测试图，电源电压为 6V，初始态 $Q=0$。SW1 闭合前，2 号引脚通过 R_1 接地，U_{TR} 为 0V，当 SW1 闭合后，通过对 C_1 的充电，使得 C_1 的分压 U_C 增加，由于 C_1 的左极板连接电源电压不变，C_1 的右极板电压逐渐降低，当降到 2V 后（$V_{CC}/3$），相当于给 555 定时器的 6 号和 2 号输入端输入 "0"，输出端 $Q=1$。Q 从 0 变成 1 的时间是从 SW1 闭合，U_{TR} 瞬间变成 6V 到由于 U_C 的增大而使 $U_{TR} \leq 2V$ 的时间，这个时间由 R_1 和 C_1 的参数决定，实际应用中，R_1 可以用可调电阻，以调整延时的时间。

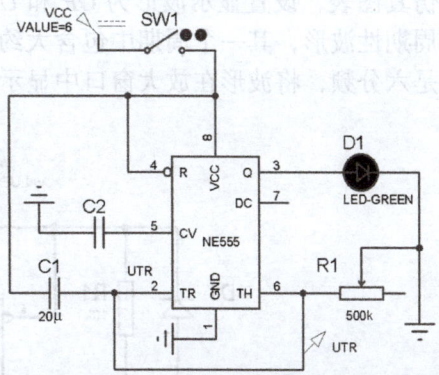

图 7-21 555 定时器延时电路的仿真测试

（2）典型应用 2：分频和信号展宽

对于非重触发型的单稳态触发器，当一个触发脉冲使之进入暂稳态后，在 T_w 时间内如果再输入其他触发脉冲，则对触发器不起作用，只有当触发器处于稳定状态时，输入的触发脉冲才起作用。分频电路正是利用这个特性将高频率信号变换为低频率信号，电路如图 7-22a 所示，工作波形如图 7-22b 所示。如果输入信号的周期小于单稳态触发器的 T_w，则可以用作信号展宽电路，其波形如图 7-22c 所示。

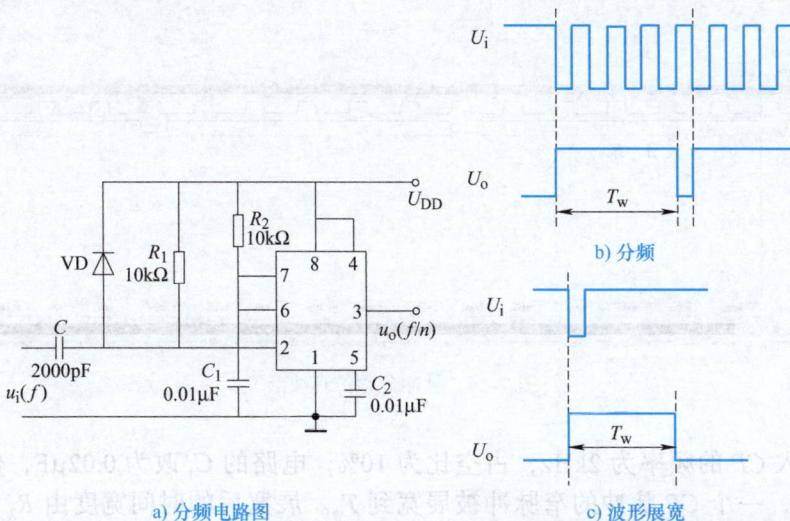

a) 分频电路图

b) 分频

c) 波形展宽

图 7-22 单稳态触发器用作分频器

在图 7-22a 所示电路中，$R_2=10\text{k}\Omega$，$C_1=0.01\mu\text{F}$，可以计算出：

$$T_\text{w} \approx 1.1RC$$
$$= 1.1 \times 10\text{k}\Omega \times 0.01\mu\text{F}$$
$$= 1.1 \times 10^{-4}\text{s}，即 0.11\text{ms}$$

输入周期性信号的周期如果小于 0.11ms，频率大于 10kHz，如 50kHz，输出信号大约就是输入信号频率的 1/10，即输出信号是输入信号的 10 分频。如果输入的脉冲信号周期大于 0.11ms（频率小于 10kHz），输出波形的高电平时间长于输入脉冲的高电平时间，就是输出波形展宽了。

如图 7-23 所示，设置输入脉冲 CP 的频率为 50kHz，对此电路进行仿真，增加数字仿真图表，设置显示波形为 CP 和 U_o，电路右侧是仿真波形图，可以明显看出，U_o 也是周期性波形，其一个周期中包含大约 6 个 CP 周期，所以 U_o 的频率基本是 CP 频率的 1/6，是六分频，将波形在放大窗口中显示，如图 7-24 所示。

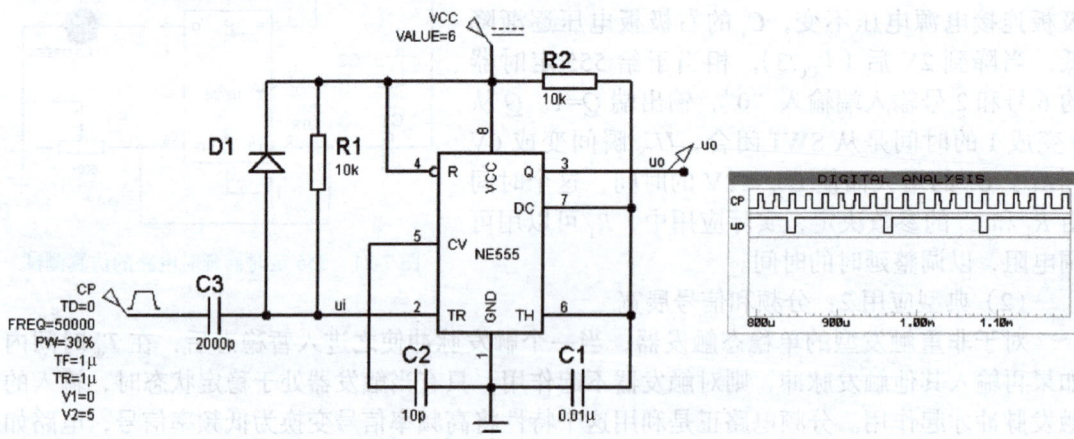

图 7-23　脉冲分频 / 展宽仿真电路

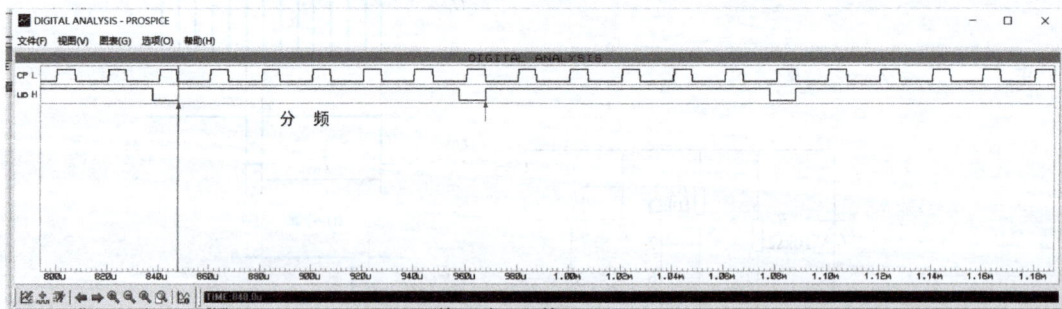

图 7-24　脉冲分频仿真波形

改变输入 CP 的频率为 2kHz，占空比为 10%，电路的 C_1 改为 $0.02\mu\text{F}$，仿真波形如图 7-25 所示，一个 CP 脉冲的窄脉冲被展宽到 T_w。展宽后的时间宽度由 R_2 和 C_1 确定，将 C_1 的值从 $0.01\mu\text{F}$ 改为 $0.02\mu\text{F}$，T_w 扩大一倍，展宽的效果更明显。

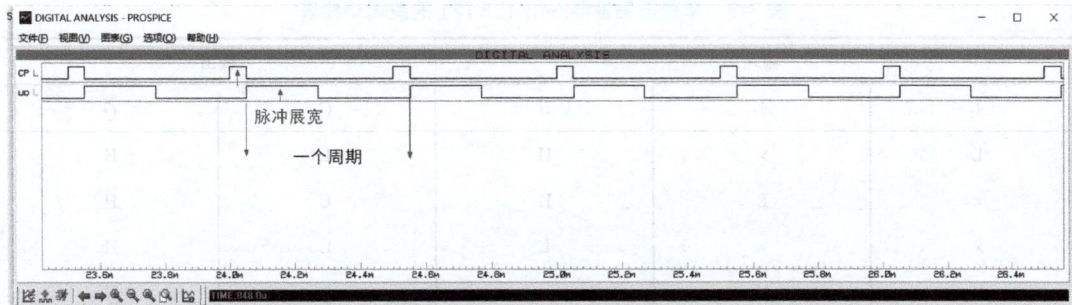

图 7-25　脉冲展宽仿真波形

3. 认识常用集成单稳态触发器

（1）非重触发型单稳态触发器 74LS121　单稳态触发器 74LS121（54LS121）内部原理和实物如图 7-26 所示。它是具有施密特触发器输入的单稳态触发器，正触发输入端（B）采用了施密特触发器，因此具有较高的抗干扰能力，典型值为 1.2V，又由于内部有锁存电路，对电源 V_{CC} 也具有较高的抗扰度，典型值为 1.5V。74/54LS121 受触发后，输出 Q 就不受输入信号 A_1、A_2、B 的影响，而仅与定时元件（R_{ext}、C_{ext}）有关，在全温度范围和 V_{CC} 范围内，其输出脉冲的宽度为

$$T_w = C_{ext} \cdot R_{ext} \cdot Ln2 \approx 0.7 C_{ext} \cdot R_{ext}$$

如果 R_x 选用最大推荐值，占空比可以达到 90%，由于内部电路的补偿作用，使输出脉冲信号的稳定性与温度和 V_{CC} 无关，而与外接定时元件的精度有关。54/74LS121 的功能表见表 7-3。各引脚符号含义如下：

① C_{ext}：10 号引脚，外接电容端。

② $\overline{Q}$：1 号引脚，负脉冲输出端。

③ R_{int}：9 号引脚，内电阻端。

④ A_1、A_2：3、4 号引脚，负触发输入端。

⑤ Q：6 号引脚，正脉冲输出端。

⑥ R_{ext}/C_{ext}：11 号引脚，外接电阻 / 电容端。

⑦ B：5 号引脚，正触发输入端。

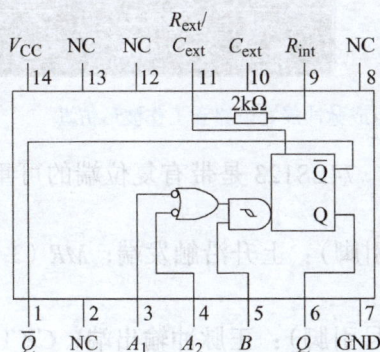

图 7-26　74LS121 内部原理图和实物

表 7-3 单稳态触发器 54/74LS121 的逻辑功能表

输入			输出	
A_1	A_2	B	Q	$\bar{Q}$
L	×	H	L	H
×	L	H	L	H
×	×	L	L	H
H	H	×	L	H
H	↓	H	⊓	⊔
↓	H	H	⊓	⊔
↓	↓	H	⊓	⊔
L	×	↑	⊓	⊔
×	L	↑	⊓	⊔

注：H 表示高电平，L 表示低电平，× 表示任意，↑ 表示低到高电平跳变，↓ 表示高到低电平跳变，⊓ 表示一个高电平脉冲，⊔ 表示一个低电平脉冲。

使用说明：

1）外接电容接在 10 号引脚 C_{ext}（正）和 11 号引脚 R_{ext}/C_{ext} 之间。

2）如用内部定时电阻，须将 9 号引脚 R_{INT} 接 V_{CC}。

3）为了改善脉冲宽度的精度和重复性，可在 11 号引脚 R_{ext}/C_{ext} 和 V_{CC} 之间接外接电阻，并且 R_{INT} 开路。

应用实例如图 7-27 所示，是采用 74LS121 实现脉冲展宽的仿真电路。当输入脉冲宽度较窄时，可以使用该电路进行展宽，图中只要合理选择 R 和 C，使可输出宽度符合要求的矩形脉冲。

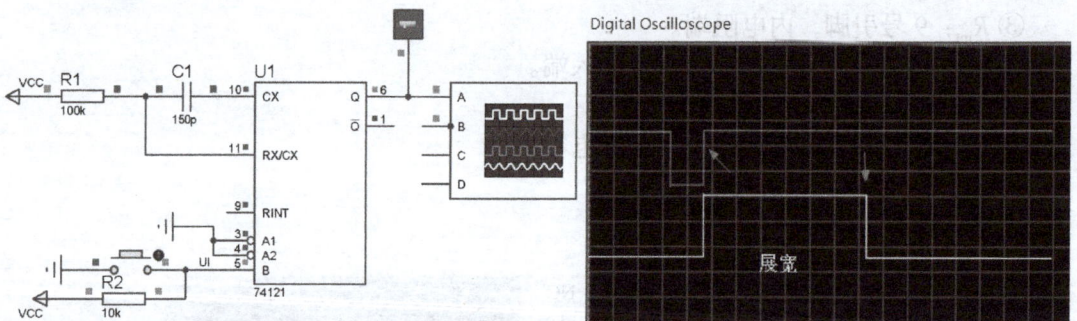

图 7-27 单稳态触发器 74LS121 组成脉冲展宽电路和工作波形仿真

（2）可重触发型单稳态触发器 74LS123 74LS123 是带有复位端的可重触发型单稳态触发器，主要引脚功能如下。

A（1 号引脚）：下降沿触发端；B（2 号引脚）：上升沿触发端；MR（3 号引脚）：复位端，低电平有效；

$\bar{Q}$（4 号引脚）：负脉冲输出端；Q（13 号引脚）：正脉冲输出端；CX（14 号引脚）：外接电容端；

R_x/C_x（15 号引脚）：外接电阻 / 电容端。

该单稳态触发器的工作极限值为

① 电源电压：7V；

② 输入电压：5.5V；

工作环境温度：54LS123 为 −55 ～ 125℃；74LS123 为 0 ～ 70℃。

储存温度：−65 ～ 150℃。

图 7-28 是 74LS123 的应用实例仿真电路和工作波形图，从右边的波形图可以看出，当在 T_W 时间内多次按下按钮，产生多次上升沿时，多次触发单稳态触发器，其输出 Q 的高电平时间被延长。

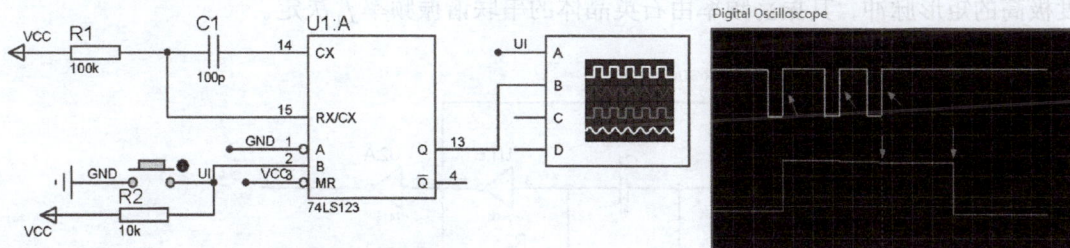

图 7-28　单稳态触发器 74LS123 仿真测试和工作波形

7.1.5　用 555 定时器构成多谐振荡器

多谐振荡器电路是一种矩形波产生电路，不需要外加触发信号，便能连续、周期性地产生矩形脉冲。该脉冲是由基波和多次谐波构成的，因此称为多谐振荡器电路。又因为其没有稳定的工作状态，多谐振荡器也称为无稳态电路。具体地说，如果一开始多谐振荡器处于 0 状态，那么，它在 0 状态停留一段时间后将自动转入 1 状态，在 1 状态停留一段时间后又自动转入 0 状态，如此周而复始，输出矩形波，常用作脉冲信号源及时序电路中的时钟信号。多谐振荡器的电路形式有多种，下面主要学习由 555 定时器构成的多谐振荡器。

1. 对称式多谐振荡器

图 7-29 是对称式多谐振荡器电路在 Proteus 中的仿真电路，它由两个 TTL 反相器经电容交叉耦合而成。矩形脉冲的振荡周期 $T ≈ 1.4R_FC_F$，当取 R_F 为 1kΩ，C_F 为 100pF ～ 100μF 时，该电路的振荡频率可在几赫到几兆赫的范围内变化。图中 U2：A 是 7414 施密特反相器，用来整形该多谐振荡器的输出波形。

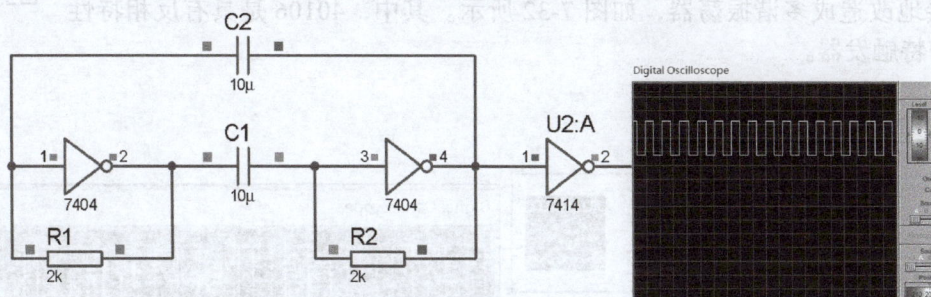

图 7-29　对称式多谐振荡器仿真图

这种多谐振荡器振荡频率不稳定，容易受温度、电源电压波动和 RC 参数误差的影响。而在数字系统中，矩形脉冲信号常用作时钟信号来控制和协调整个系统的工作，控制信号频率不稳定会直接影响系统的工作，所以一般的多谐振荡器是不能满足要求的，必须采用频率稳定度很高的石英晶体多谐振荡器。

2. 石英晶体多谐振荡器

将石英晶体串接在多谐振荡器回路中，就可以组成石英晶体振荡器，振荡频率只取决于石英晶体的固有谐振频率 f_0，而与 R 和 C 无关。在对称式多谐振荡器的基础上串接一块石英晶体，就可以构成一个石英晶体振荡器电路，如图 7-30 所示。该电路将产生稳定度极高的矩形脉冲，其振荡频率由石英晶体的串联谐振频率 f_0 决定。

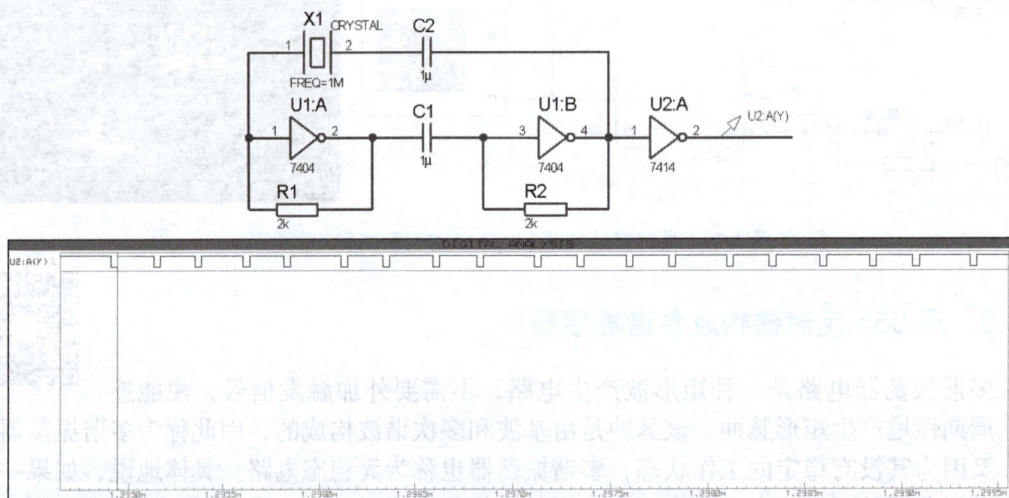

图 7-30　石英晶体多谐振荡器及仿真波形

目前，家用电子钟几乎都采用具有石英晶体振荡器的矩形波发生器。由于它的频率稳定度很高，所以走时很准。通常选用振荡频率为 32768Hz 的石英晶体谐振器，因为 $32768=2^{15}$，将 32768Hz 经过 15 次二分频，便可得到 1Hz 的时钟脉冲作为计时标准。

3. 由 555 定时器构成的多谐振荡器

555 定时器是一种中规模集成电路，只要在外部配上适当的阻容元件，就可以方便地构成脉冲产生和整形电路。先用 555 定时器构成施密特触发器，再按照图 7-31 所示，在施密特反相器的输出和输入端接反馈电阻，输入端通过电容接地改造成多谐振荡器，如图 7-32 所示。其中，40106 是具有反相特性的施密特触发器。

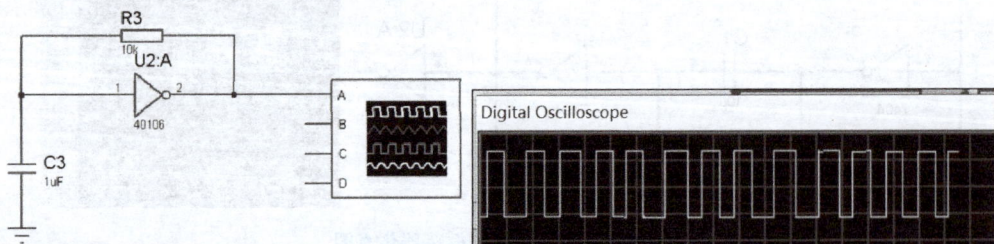

图 7-31　由施密特触发器构成的多谐振荡器

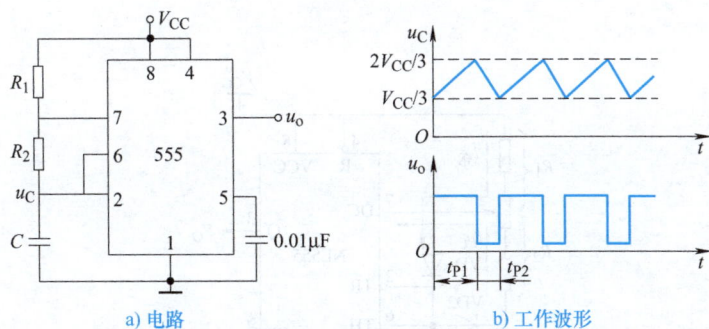

a) 电路　　　　　　　　　　b) 工作波形

图 7-32　由 555 定时器构成的多谐振荡器

由 555 定时器构成的多谐振荡器的连接要点是"二六合一，上 R 下 C，七加上拉同输出，再加反馈到六二"。基本工作过程：接通 V_{CC} 后，V_{CC} 经 R_1 和 R_2 对 C 充电。当 u_C 上升到 $2V_{CC}/3$ 时，$u_o=0$，VT 导通，C 通过 R_2 和 VT 放电，u_c 下降。当 u_c 下降到 $V_{CC}/3$ 时，u_o 又由 0 变为 1，VT 截止，V_{CC} 又经 R_1 和 R_2 对 C 充电。如此重复上述过程，在输出端 u_o 产生了连续的矩形脉冲，振荡周期 T 为

$$T \approx 0.7(R_1 + 2R_2)C$$

振荡频率 f 为

$$f = \frac{1}{T} = \frac{1}{0.7(R_1 + 2R_2)C} = \frac{1.43}{(R_1 + 2R_2)C}$$

占空比 D 为

$$D = \frac{t_{w1}}{T} = \frac{0.7(R_1 + R_2)C}{0.7(R_1 + 2R_2)C} = \frac{R_1 + R_2}{R_1 + 2R_2}$$

仿真电路及波形如图 7-33 所示。

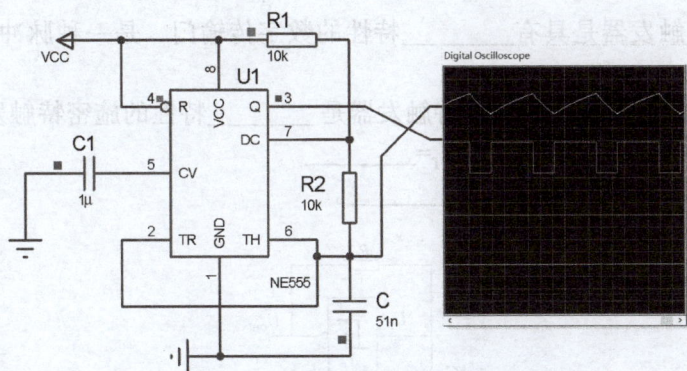

图 7-33　由 555 定时器构成的多谐振荡器仿真

在对振荡频率要求不是很严格的情况下，可以采用这个电路，这是工程实践上很成熟的电路。这个电路可以通过改变充放电回路来调整占空比，图 7-34 是一个占空比可调的多谐振荡器。对 C_1 充电时，电流流经 R_1 和 VD1；C_1 放电时，电流流经 VD2 和 R_2，经

555定时器的7号引脚放电。由此可见，通过调节R_1和R_2的比例，可以调节矩形脉冲的占空比。

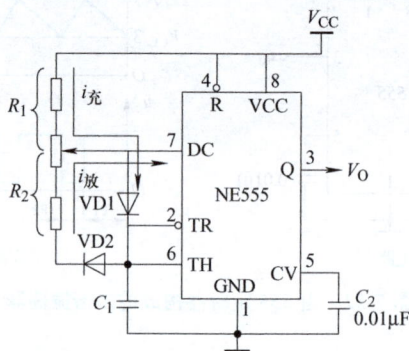

图7-34 占空比可调的多谐振荡器

4. 由CD4060构成的矩形脉冲电路

当对振荡频率要求较高时，可以用石英晶体振荡器再使用CD4060集成分频器进行分频，获得所需要的矩形脉冲信号。CD4060的基本情况和构成多谐振荡器脉冲电路的方法及仿真请参考5.3.2节。

巩固与提高

1. 知识巩固

1-1 脉冲电路有脉冲_____电路和脉冲_____电路，前者是将输入波形进行变换整形的电路，如_____、_____；后者是脉冲产生电路，只要正常供电，就能提供脉冲信号，如_____。

1-2 在图7-3中，555定时器内部由三个5kΩ的电阻串联成分压器，若控制端S（5号端）悬空或通过电容接地，则$U_{R1} =$_____，$U_{R2} =$_____。

1-3 施密特触发器是具有_____特性的数字传输门，是一种脉冲信号变换电路，主要用来实现_____和_____。

1-4 用555定时器构成的施密特触发器是_____特性的施密特触发器，其关键参数$V_{T+} =$_____，$V_{T-} =$_____，$\Delta V_T =$_____。

1-5 图7-35所示电路的功能是_____。

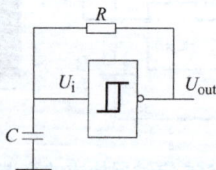

图7-35 练习1-5图

1-6 若把图7-36的输入电压同时加到T1000系列反相器和反相输出的施密特触发器上，试定性画出它们的输出电压波形，并指出两个输出电压波形有什么不同。

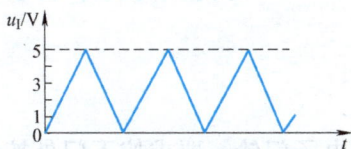

图 7-36　练习 1-6 图

1-7　图 7-37 是用 5G555 接成的脉冲鉴幅器。为了从图 7-37b 的输入信号中将幅度大于 5V 的脉冲检出，电源电压 V_{CC} 应取多少？如果规定 V_{CC}=10V，不能任意选择，则电路应做哪些修改？

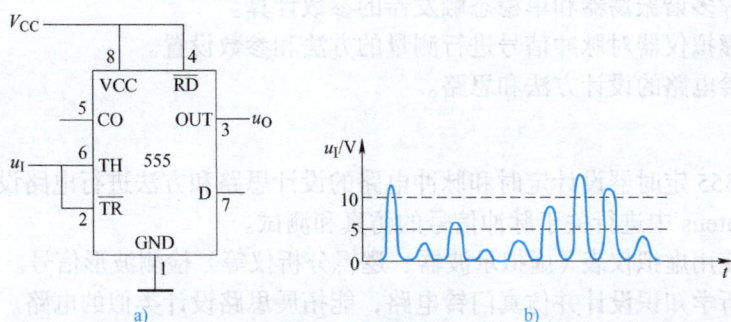

图 7-37　练习 1-7 图

1-8　单稳态触发器有一个_____状态和一个_____状态；_____状态时间的长短与触发脉冲无关，取决于_____。单稳态触发器在数字电路中一般用于_____、_____、_____。

1-9　用 5G555 组成的单稳态触发器如图 7-38 所示。已知：R=27kΩ，C=0.05μF，V_{CC}=12V，请计算输出脉冲宽度。

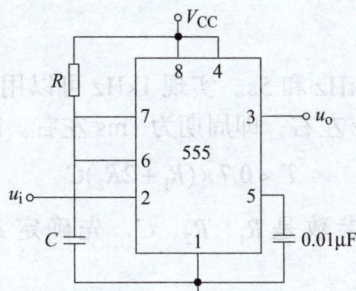

图 7-38　练习 1-9 图

2. 能力提高

2-1　请设计一个能输出 1kHz 矩形波脉冲的电路，并用示波器、逻辑分析仪、分析图表（数字）进行波形分析。

2-2　请用 CD4060H 和 D 触发器设计 1Hz 脉冲电路并进行仿真测试。

任务 7.2 设计并仿真电子门铃

任务要求

请用 555 定时器设计一个电子门铃，要求按下门外按钮 S 时，电子门铃以 1kHz 左右的频率响铃 5s。响铃的声调、响铃的时间可以根据用户需要调整。门铃的电源为 5V 左右，可以用电池或 5V 直流电源供电。设计电路，在 Proteus 中仿真并根据条件制造电路。

知识目标：

1. 熟练掌握多谐振荡器和单稳态触发器的电路构成。
2. 熟练掌握多谐振荡器和单稳态触发器的参数计算。
3. 掌握用虚拟仪器对脉冲信号进行测量的方法和参数设置。
4. 掌握门铃电路的设计方法和思路。

能力目标：

1. 能运用 555 定时器设计定时和脉冲电路的设计思路和方法进行电路设计。
2. 会在 Proteus 中进行关于脉冲信号的仿真和测试。
3. 能熟练使用虚拟仪表（虚拟示波器、逻辑分析仪等）检测波形信号。
4. 能运用所学知识设计并仿真门铃电路，能拓展思路设计类似的电路。

实践建议

教师引导学生先进行电路结构设计并确定重要参数，分模块设计电路后进行信号匹配，将电路整合在一起，进行模拟仿真测试，最后根据条件制作门铃电路。

知识与操作

7.2.1 确定关键参数

本设计中，关键参数是 1kHz 和 5s。实现 1kHz 可以用 555 定时器构成多谐振荡器，适当调整参数，使之达到 1kHz 左右，即周期为 1ms 左右。简要计算如下：

$$T \approx 0.7 \times (R_1 + 2R_2)C$$

决定周期/频率的三个参数是 R_1、R_2、C，先确定 $R_1=R_2=10\text{k}\Omega$，再确定 C 的取值，即

$$1\text{ms} \approx 0.7 \times (10\text{k}\Omega+2 \times 10\text{k}\Omega)C$$

可得 $C \approx 50\text{nF}$。

因此，可以选择 51nF 或 47nF 的电容。

实现 5s 定时，可以使用 555 定时器构成的单稳态触发器。使用公式 $T_w \approx 1.1RC$，先确定 $R=500\text{k}\Omega$，计算 C：

$$C \approx T_w/(1.1R)=5\text{s}/(1.1 \times 500 \times 10^3\Omega)=1.0 \times 10^{-5}\text{F}=10\mu\text{F}$$

因此，可以选择 R=500kΩ，C=10μF。

7.2.2　设计电路并仿真

1. 多谐振荡器的实现

多谐振荡器电路设计及仿真如图 7-39 所示。从其示波器波形分析，时间轴单位是 0.2ms/Grid，每个周期约占用 5Grid，周期约为 1ms，频率约为 1kHz，输出波形的频率符合设计要求。

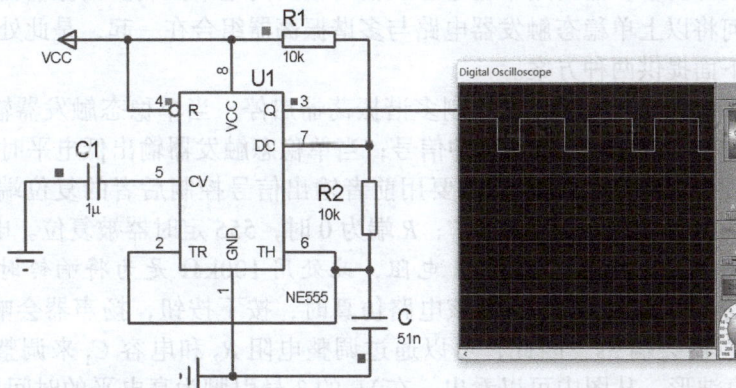

图 7-39　多谐振荡器的电路设计及仿真

2. 单稳态触发器的实现

单稳态触发器的电路设计及仿真如图 7-40 所示。从图 7-40b 所示波形可见，当按钮按下后，输出波形跳变为高电平，维持时间大约是 5s。由于逻辑分析仪的界面有限，不能全部显示波形，将图中电阻由 500kΩ 改为 100kΩ 后，波形如图 7-41 上面第一条波形所示，大约是 1s，说明在电阻值为 500kΩ 时，高电平维持时间大约是 5s。

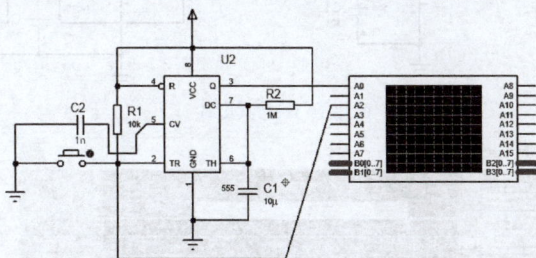

a) 电路设计

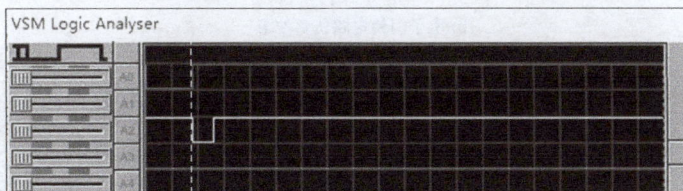

b) 仿真波形

图 7-40　单稳态触发器的电路设计及仿真

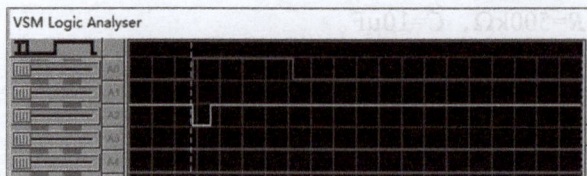

图 7-41　脉冲宽度为 1s 的单稳态触发器的波形

3. 电路整体设计与调试

实现项目设计要求，需要用单稳态触发器的输出高电平控制多谐振荡器的脉冲输出。如何将以上单稳态触发器电路与多谐振荡器组合在一起，是此处要解决的问题。下面提供两种方案。

方案 1：用单稳态触发器输出控制多谐振荡器启停。当单稳态触发器输出高电平时，多谐振荡器工作，正常输出 1kHz 脉冲信号；当单稳态触发器输出低电平时，多谐振荡器不工作，不输出脉冲信号。显然，需要用前者输出信号控制后者的复位端 R，即 4 号引脚，因为 R 端为 1 时，555 定时器工作；R 端为 0 时，555 定时器被复位。电路如图 7-42a 所示（提示：图中，R_2 应使用 500kΩ 电阻，此处用 100kΩ 是为将响铃时间减少至 1s，方便使用逻辑分析仪观察波形）。用该电路仿真时，按下按钮，扬声器会响 1s，将 R_2 改为 500kΩ，扬声器会响 5s。因此，可以通过调整电阻 R_2 和电容 C_1 来调整响铃的时间。图 7-42b 是仿真波形，从图中可以看出，在 U_2 的 3 号引脚为高电平的时间里，U_1 的 3 号引脚输出 1kHz 的脉冲信号。图 7-42c 是提高波形分辨率后看到 1kHz 的脉冲信号，可以看到脉冲信号的占空比不是 50%。

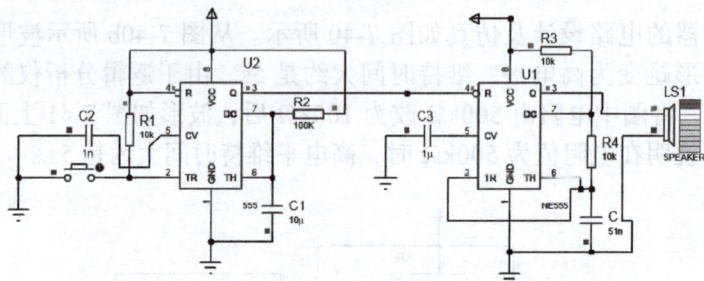

a) 电子门铃仿真电路

b) 电子门铃电路仿真波形1

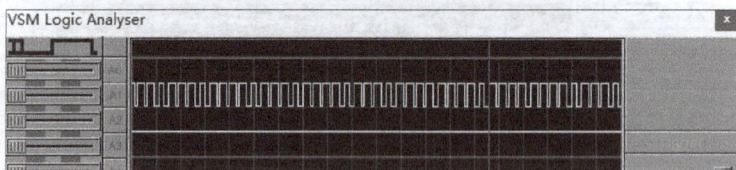

c) 电子门铃电路仿真波形2

图 7-42　用 555 定时器设计的电子门铃仿真电路及波形

方案 2：用与门作信号选通。使用与门或者与非门电路将单稳态触发器的输出脉冲对多谐振荡器发出的 1kHz 的脉冲进行选通，也可以实现本设计功能。电路如图 7-43 所示，波形如图 7-44 所示。

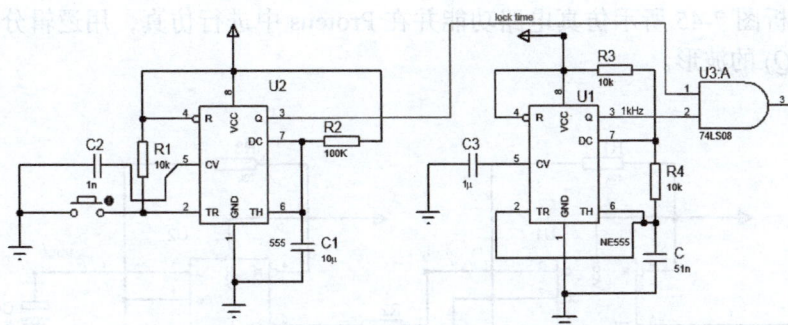

图 7-43　用 555 定时器设计的电子门铃仿真电路

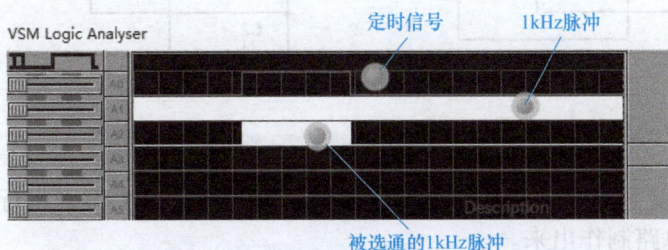

图 7-44　用 555 定时器设计的电子门铃仿真波形

电子门铃设计所需元器件清单见表 7-4。

表 7-4　用 555 定时器设计电子门铃元器件清单

元器件名称	参数 / 型号	数量
555 定时器	NE555	2
按键		1
电阻	10kΩ　0.6W	3
电阻	100kΩ　0.6W	1
电容	1nF、51nF、1μF、10μF	各 1
蜂鸣器	Speaker	1
与门（方案 2）	74LS08	1

巩固与提高

1. 知识巩固

1-1　用 555 定时器构成的单稳态触发器的有效触发信号是_____，稳态时输出_____，暂稳态时输出_____，暂稳态的脉冲宽度计算公式是_____。

1-2　用 555 定时器构成的多谐振荡器的输出波形周期公式是_____，影响周期的参数有_____、_____、_____。

1-3 在进行数字电路分析时，常用的虚拟仪器仪表有_____（至少列举三种）。

2. 能力提高

2-1 分析图 7-45 所示仿真电路功能并在 Proteus 中进行仿真，用逻辑分析仪绘制出 $U_1(Q)$ 和 $U_2(Q)$ 的波形。

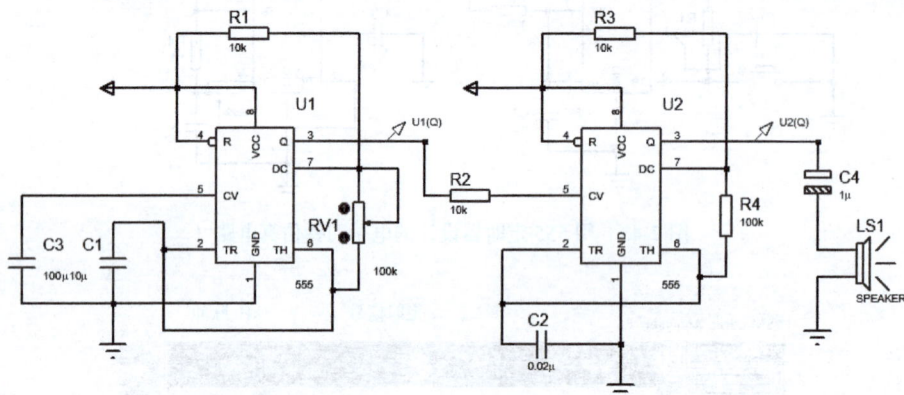

图 7-45 练习 2-1 图

2-2 请按照以下要求改变电子门铃的设计，并选择一种方案，自行选购元器件，利用面包电路板将电路制作出来。

1）将电子门铃的 1kHz 脉冲用 CD4060 和晶体振荡器实现。

2）将电子门铃的声音变成每次响两声，第一声为 1kHz 左右，第二声为 500Hz 左右，每一声的时间为 1s。

3）在前面变化的基础上将第一声时间变成 1.5s，第二声时间仍是 1s。

项目考核与评价

请参考项目一"项目考核与评价"内容，根据实际学习过程情况开展考核与评价。

常用集成电路逻辑符号对照表

电路名称	国标符号	国内惯用符号	国际流行符号	IEEE 符号	IEC 国际电工委员会符号
与门	&			&	&
或门	≥1	+		+	≥1
非门	1 / 1				▷
与非门	&				&
或非门	≥1	+		+	≥1
与或非门	& ≥1	+		+	& ≥1 / &
异或	=1	⊕		=1	=1
同或	=1	⊙ ⊕		=1	=1
缓冲器	▷	▷		▷	▷

(续)

电路名称	国标符号	国内惯用符号	国际流行符号	IEEE 符号	IEC 国际电工委员会符号
OC/OD 与非门					
三态输出非门					
传输门					
半加器					
全加器					
基本 RS 触发器					
同步 RS 触发器					
上升沿触发 D 触发器					
下降沿触发 JK 触发器					
脉冲触发（时钟）JK 触发器					
施密特输出特性的非门					

参考文献

[1] 阎石 . 数字电子技术基础 [M]. 6 版 . 北京：高等教育出版社，2016.

[2] 杨志忠，宋宇飞，卫桦林 . 数字电子技术 [M]. 6 版 . 北京：高等教育出版社，2023.

[3] 康华光，张林 . 电子技术基础：数字部分 [M]. 7 版 . 北京：高等教育出版社，2018.

[4] 朱清慧，张凤蕊，翟天嵩，等 . Proteus 教程：电子线路设计、制版与仿真 [M]. 3 版 . 北京：清华大学出版社，2016.

参考文献